"南北极环境综合考察与评估"专项

南极周边海域
矿产资源潜力调查与评估

国家海洋局极地专项办公室 编

U0351563

海洋出版社

2016年·北京

图书在版编目（CIP）数据

南极周边海域矿产资源潜力调查与评估 / 国家海洋
局极地专项办公室编. —北京：海洋出版社, 2016.5
ISBN 978-7-5027-9430-9

Ⅰ. ①南… Ⅱ. ①国… Ⅲ. ①南极－海域－矿产资源
－资源潜力－资源调查②南极－海域－矿产资源－资源潜
力－资源评价 Ⅳ. ①P617.166.1

中国版本图书馆CIP数据核字(2016)第097353号

NANJI ZHOUBIAN HAIYU KUANGCHAN ZIYUAN QIANLI
DIAOCHA YU PINGGU

责任编辑：王　溪
责任印制：赵麟苏

海洋出版社 出版发行
http://www.oceanpress.com.cn
北京市海淀区大慧寺路 8 号　　邮编：100081
北京朝阳印刷厂有限责任公司印刷　　新华书店北京发行所经销
2016年5月第1版　　2016年5月第1次印刷
开本：889 mm × 1194 mm　　1 / 16　　印张：12.75
字数：320千字　　定价：85.00元

发行部：62132549　邮购部：68038093　总编室：62114335
海洋版图书印、装错误可随时退换

极地专项领导小组成员名单

组　　长：陈连增　国家海洋局

副组长：李敬辉　财政部经济建设司

　　　　曲探宙　国家海洋局极地考察办公室

成　　员：姚劲松　财政部经济建设司（2011—2012）

　　　　陈昶学　财政部经济建设司（2013—）

　　　　赵光磊　国家海洋局财务装备司

　　　　杨惠根　中国极地研究中心

　　　　吴　军　国家海洋局极地考察办公室

极地专项领导小组办公室成员名单

专项办主任：曲探宙　国家海洋局极地考察办公室

常务副主任：吴　军　国家海洋局极地考察办公室

副主任：刘顺林　中国极地研究中心（2011—2012）

　　　　李院生　中国极地研究中心（2012—）

　　　　王力然　国家海洋局财务装备司

成　　员：王　勇　国家海洋局极地考察办公室

　　　　赵　萍　国家海洋局极地考察办公室

　　　　金　波　国家海洋局极地考察办公室

　　　　李红蕾　国家海洋局极地考察办公室

　　　　刘科峰　中国极地研究中心

　　　　徐　宁　中国极地研究中心

　　　　陈永祥　中国极地研究中心

极地专项成果集成责任专家组成员名单

组　长：潘增弟　国家海洋局东海分局

成　员：张海生　国家海洋局第二海洋研究所

　　　　余兴光　国家海洋局第三海洋研究所

　　　　乔方利　国家海洋局第一海洋研究所

　　　　石学法　国家海洋局第一海洋研究所

　　　　魏泽勋　国家海洋局第一海洋研究所

　　　　高金耀　国家海洋局第二海洋研究所

　　　　胡红桥　中国极地研究中心

　　　　何剑锋　中国极地研究中心

　　　　徐世杰　国家海洋局极地考察办公室

　　　　孙立广　中国科学技术大学

　　　　赵　越　中国地质科学院地质力学研究所

　　　　庞小平　武汉大学

"南极周边海域矿产资源潜力调查与评估"专题

承担单位：国家海洋局第二海洋研究所

参与单位：国家海洋局第三海洋研究所

国家海洋局第一海洋研究所

"南极周边海域矿产资源潜力调查与评估"报告

编写人员：丁巍伟，尹希杰，梁瑞才，董崇志，

裴彦良，王春阳

序　言

"南北极环境综合考察与评估"专项（以下简称极地专项）是 2010 年 9 月 14 日经国务院批准，由财政部支持，国家海洋局负责组织实施，相关部委所属的 36 家单位参与，是我国自开展极地科学考察以来最大的一个专项，是我国极地事业又一个新的里程碑。

在 2011 年至 2015 年间，极地专项从国家战略需求出发，整合国内优势科研力量，充分利用"一船五站"（"雪龙"号、长城站、中山站、黄河站、昆仑站、泰山站）极地考察平台，有计划、分步骤地完成了南极周边重点海域、北极重点海域、南极大陆和北极站基周边地区的环境综合考察与评估，无论是在考察航次、考察任务和内容、考察人数、考察时间、考察航程、覆盖范围，还是在获取资料和样品等方面，均创造了我国近 30 年来南、北极考察的新纪录，促进了我国极地科技和事业的跨越式发展。

为落实财政部对极地专项的要求，极地专项办制定了包括极地专项"项目管理办法"和"项目经费管理办法"在内的 4 项管理办法和 14 项极地考察相关标准和规程，从制度上加强了组织领导和经费管理，用规范保证了专项实施进度和质量，以考核促进了成果产出。

本套极地专项成果集成丛书，涵盖了极地专项中的 3 个项目共 17 个专题的成果集成内容，涉及了南、北极海洋学的基础调查与评估，涉及了南极大陆和北极站基的生态环境考察与评估，涉及了从南极冰川学、大气科学、空间环境科学、天文学以及地质与地球物理学等考察与评估，到南极环境遥感等内容。专家认为，成果集成内容翔实，数据可信，评估可靠。

"十三五"期间，极地专项持续滚动实施，必将为贯彻落实习近平主席关于"认识南极、保护南极、利用南极"的重要指示精神，实现李克强总理提出的"推动极地科考向深度和广度进军，"的宏伟目标，完成全国海洋工作会议提出的极地工作业务化以及提高极地科学研究水平的任务，做出新的、更大的贡献。

希望全体极地人共同努力，推动我国极地事业从极地大国迈向极地强国之列！

前　言

　　南极洲是世界上平均温度最低的一块大陆，地处酷寒，98% 的面积被冰雪覆盖；也是世界上最高的大陆，平均海拔高度为 2 350 m。由于其所处的特殊地理、地质位置和独特的自然条件，人们对它的地质研究程度相比其他大陆最低。但南极洲又是地球整个圈层，包括岩石圈、大气圈、生物圈和水圈在内的极其重要的一部分，比如它在冈瓦纳大陆裂解和全球现今构造格局形成中的重要作用，比如它的冰川作用对陆缘沉积及全球气候的影响，比如绕南极环流对全球海洋温、盐交换的影响，比如南极洲独特的生物资源及生态环境，而且南极洲的陆地和陆缘也蕴含着包括固体金属矿产和油气资源在内的丰富资源。因此，南极洲在自然资源和科学研究上具有无可估量的价值与潜力，研究程度低，也意味着具有更多的惊喜等待我们去发现。

　　国际科学界对于南极洲的研究源于 20 世纪，前仆后继的探险者用生命开拓和发现南极洲这块未知的大陆。大规模而系统的与地球物理相关的研究工作源于 1957—1958 年"国际地球物理年计划"开始实施之后，地质与地球物理探测相结合的研究工作取得了长足的进展（陈廷愚等，2008）。自此之后各个国家在南极洲广大地区开展了包括人工地震、重力、磁力、遥感和 GPS 测量在内的大量调查研究工作，获取了大量的地质与地球物理数据，极大地增进了对南极洲陆内和陆缘构造变形、岩浆作用、深部结构、沉积地层等信息的了解。至今各国在南极洲已经建有 60 多个观测站和 100 多个考察基地。全球深部钻探计划（ODP）及前身深海钻探计划（DSDP）在南极陆缘的普里兹湾区（ODP 119 及 ODP 188 航次）、南极半岛东缘的威德尔海区（ODP 113 航次）、南极半岛西部陆缘（DSDP 325 航次及 ODP 178 航次）开展的钻探工作提供了南极陆缘区地层的时代、岩性、物性等在内的精准信息。据 2014—2015 年在美国地球物理年会（AGU）获取的信息，目前对南极洲的地质与地球物理工作主要向内陆挺近，尤其是在内陆布设大量的地震台站以获取南极洲深部地壳的信息，同时在内陆区开展钻探技术，目前欧美已经开始研发能钻投冰层获取底部岩心的小型钻机，为获取南极洲内陆基底岩性提供了可能性。

　　中国对南极的科学考察工作始于 1984 年的南大洋科考，并于 1985 年在南极半岛北端的南设得兰群岛乔治王岛建立了第一个南极考察站——长城站，之后又陆续建成了中山站、昆仑站和泰山站。尤其是在南极"冰穹 A"上建立的昆仑站使得中国对南极洲的考察挺进内陆。同时中国也自 1984 年之后开展了 30 多次的南极科学考察，获取了大量的极地地球科学数据和样品，在地质与地球物理学、物理海洋学、冰川学、测绘学、大气科学、生物生态学等领域获得了重要的科学新发现，取得了一批高水平的科研成果。

板块陆缘是板块构造研究的重点区域，南极大陆边缘是全球非常独特的复合型大陆边缘，其东南极主要为被动陆缘，而西南极则发育了太平洋向南极洲俯冲的主动陆缘，包括洋壳俯冲和消亡、陆壳增生、沟弧盆体系形成、火山等等众多地球科学问题均在此汇聚。更为重要的是南极陆缘并非均是冰川作用的沉积，在冰川作用之前，冈瓦纳大陆裂解时在南极陆缘形成了一系列的断陷盆地，并沉积了富含有机质的中生代海相地层，该套地层是全球油气的主要烃源岩，在与南极陆缘为被动陆缘的印度 - 斯里兰卡陆缘、澳大利亚陆缘及南美洲陆缘均有丰富的油气资源发现，这也预示在南极陆缘蕴藏着丰富的油气和天然气水合物资源。研究与认识南极不仅具有重要的科学意义，也是维护我国海洋权益不可分割的一部分，具有重大的战略意义。但由于条件所限，比如"雪龙"号并非专业的地球物理调查船，比如南极陆缘周边很多地区常年被冰川覆盖等等，以往我国在南极陆缘开展的地球物理工作非常之少，而且并没有系统性。这均需要我们将南极大陆边缘作为研究区，以地球物理探测、地球物理数据收集、整理和分析为手段，深入探索陆缘区的构造现象和构造变形特征，揭示南极陆缘演化的动力学机制及其控制因素，提升寻找资源的能力，也会对海洋科学诸多前沿领域产生巨大的推动作用。

因此，本书根据近年来在南极周边海域的海洋地质与地球物理考察资料，结合在威德尔海 - 南极半岛外缘海域、普里兹湾的专项地质与地球物理调查以及南极一船两站走航海洋地球物理调查获取的包括重力、磁力、海底热流、沉积底质在内的地质与地球物理数据，重点针对南极陆缘普里兹湾及附近海域、南极半岛东缘的威德尔海及鲍威尔盆地区、南极半岛西缘陆架区的天然气水合物资源以及油气资源进行调查，通过对研究区大陆边缘盆地地质构造特征及形成演化、地壳结构及张裂过程以及沉积盆地油气富集成藏规律方面的研究，总结地质和矿产资源富集成藏控制因素，对矿产资源潜力进行评估，并初步圈定可能的远景区。

本书研究范围主要包括三个区域：东南极的普里兹湾区，西南极南极半岛东缘及威德尔海区以及南极半岛西缘陆架区（图 1）。这三个区域不仅是"南极周边海域环境综合考察与资源潜力评估"专题的重点研究区域，也是具有不同构造背景的区域，如普里兹湾为被动陆缘，南极半岛东缘及威德尔海区既有被动陆缘及边缘海盆，也有主动陆缘，而南极半岛西缘则蕴含了洋陆碰撞 - 弧后扩张以及洋中脊俯冲的复杂信息。这些区域也是国际地学界研究的重点，不同国家已在这些区域进行了不少地质与地球物理调查，对这些数据的收集，结合我国南极地质与地球物理航次获取的最新数据，足以支撑对这些区域构造、沉积、深部结构以及资源潜力的研究。

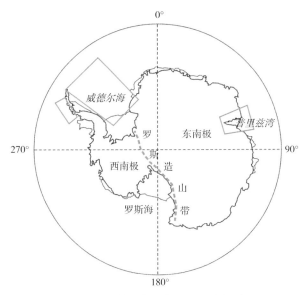

图1　南极陆缘研究区位置图（图中红框）

本书是"南北极环境综合考察与评估"专项成果之一，也是"南极周边海域矿产资源潜力调查与评估"项目组五年来集体研究的结晶，项目组绝大多数研究人员均积极参与了本书的各章节撰写，所涉及的资料不仅包括项目组获取的数据，同时也包括了撰写人自己掌握的大量宝贵数据。本书前言由丁巍伟执笔；第一章由丁巍伟、林秀斌执笔；第二章由丁巍伟、董崇志、梁瑞才、裴彦良执笔；第三章由董崇志、丁巍伟、梁瑞才、裴彦良执笔；第四章有董崇志、王春阳、梁瑞才、裴彦良执笔；第五章由丁巍伟、尹希杰执笔；第六章由尹希杰执笔。全书最后由丁巍伟汇总、统稿并修改、编辑完成。马乐天，程子华，方鹏高，丁航航协助编辑了本书。本书的出版得到了国家海洋局极地研究中心和国家海洋局极地专项办公室的大力支持，本书还得到了海洋公益性行业科研专项项目"外大陆架划界与国际海底资源关系评估辅助决策系统研制和示范应用（201205003）"的资助，再次一并致以衷心感谢。

编　者

2016 年 1 月

目　次

第1章 南极洲区域地质概况及大地构造演化

1.1 区域地质概况

南极洲大致以南极点为中心，整个大陆都处于60°S以南，面积大约$1400 \times 10^4 \, \text{km}^2$，占地球总面积的1/10，南极洲陆地的98%常年被冰雪覆盖，冰盖的平均厚度约为2 ~ 2.5 km，最厚可达4.8 km。

从大的构造格局来看，南极洲大陆可以分为东南极、西南极及位于其间的横贯南极造山带三大构造单元（如图1-1）。其中，东南极以老的变质岩为特征，主要为新元古代至早古生代的变质基底岩系，通常被称为东南极地盾，也同时发育早泥盆世至侏罗纪的沉积盖层；西南极为环太平洋活动带的褶皱系，发育早中生代埃尔斯沃斯造山带、晚中生代至早新生代的安第斯造山带以及晚新生代火山岩系；横贯南极造山带是一条早古生代活动的造山带，可能与冈瓦纳大陆聚合形成过程有关。

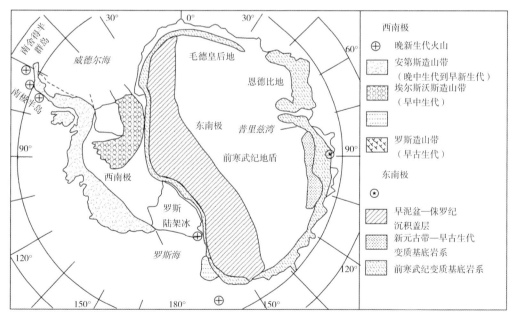

图1-1 南极洲大陆大地构造单元划分简图

据位梦华，1986；陈廷愚等，2008改编

东南极地盾是南极大陆最大的构造单元，是典型的地盾，其基底岩层由前寒武纪至早古生代中、高级角闪岩相及麻粒岩相片麻岩等构成，上覆晚古生代至早中生代近水平的沉积盖

层。东南极的太古代地层主要发育于恩德比地（Enderby Land），以纳皮尔（Napier）杂岩为代表（陈廷愚等，1995）。在普里兹湾地区赖于尔群岛（Rauer Islands）和西福尔丘陵（Vestfold Hills）地区出露太古代正片麻岩。在南查尔斯王子山（Prince Charles Mountains）还发育大片的太古代绿岩带。东南极的元古界地层分布很广。此外，东南极地区还发育有基性—酸性侵入岩，特别是紫苏花岗岩。

西南极褶皱系主要为中、新生代造山带，包括南极半岛、玛丽伯德地和威德尔海西海岸等，地质历史复杂。其中，南极半岛一带发育有典型的沟—弧—盆体系，表现出与太平洋俯冲密切相关的特点。整个西南极地区沉积岩和火山岩系列分布广泛，大部分岩层都经历了强烈的褶皱和变质作用，部分地区出露中—晚元古代及早古生代变质岩系和沉积岩系。

罗斯造山带是横贯南极的山脉，为早古生代发育的造山带，其大地构造特征具有过渡性质，基底与东南极地盾相似，盖层的发育则与西南极有关。基底岩系为下伏的元古宙或新元古代至早古生代变质基底岩系，上覆发育产状极为平缓的泥盆纪至三叠纪沉积岩，基底岩系与沉积盖层之间呈构造不整合接触。沉积盖层下部以泥盆系泰勒群（Talor Group）为代表，为一套浅海—滨海相至陆相的砂岩、粉砂岩及石英砂岩；中部为石炭纪末至二叠纪初的冰碛岩；上部以维多利亚群为代表，主体为含舌羊齿的煤系地层。另外，罗斯造山带还发育有晚元古代、早古生代中酸性侵入岩以及早、中侏罗世基性玄武岩，可能与冈瓦纳古陆的解体有关。在上新世至更新世发育一层冰期层，并有大量碱性玄武岩喷发，如罗斯岛上的埃尔伯斯（Erbus）火山（陈廷愚等，1995）。

1.2 南极洲大地构造演化

1.2.1 前寒武纪

从基于全球古地磁数据库的板块构造重建结果来看（图1-2），中元古代时，东南极板块与澳大利亚板块联合在一起，此时的印度板块则独立于东南极—澳大利亚联合板块之外（对此存有争论，如Li和Powell（2001）的板块重建方案中将印度板块与东南极和澳大利亚板块联合在一起，但是近些年对于普利兹造山带属于泛非期碰撞造山带这一构造属性的厘定，将印度板块独立于东南极—澳大利亚板块之外的方案可能更为合理），普里兹湾地区可能处于被动大陆边缘环境；新元古代时期，随着印度板块不断向东南极—澳大利亚板块靠近，普里兹湾地区可能处于活动大陆边缘环境，直到印度与东南极、澳大利亚最终在泛非期联合形成冈瓦纳大陆（见1.2.2节内容）。

南极洲的前寒武系主要分布在东南极地区，现今为止所测到的最古老的岩石为普里兹湾相邻的恩德比地的纳皮尔山脉中的纳皮尔杂岩，前苏联学者用Pb同位素法测得的年龄值为4 000 Ma，显示属于太古宙，为一套麻粒岩相的深变质岩系，其后澳大利亚的学者也得到了相似的年龄值，分别为2 400 ~ 4 000 Ma和2 400 ~ 3 100 Ma。在毛德皇后地的花岗岩中也测得了约3 000 Ma的年龄，威尔克斯地有1 500 ~ 500 Ma的年龄资料。角闪岩和绿片岩相岩类见于大陆一侧基岩最内部出露处的兰伯特冰川最前端，可见薄片状和非薄片状花岗岩侵入角闪岩和绿片岩相岩类中。毛德皇后地西部发育有前寒武纪碎屑岩类，包括杂砂岩、长石砂岩和砾岩，属浅水沉积环境。这些碎屑岩与基性和中性熔岩流呈互层关系，有些熔岩具枕状构造，可能为海底喷发的产物。这些碎屑岩及基性和中性熔岩受区域变质作用影响不深，仅见绢云母化长石。前寒武纪时期（约 1 600 Ma）的巨大辉绿岩体侵入其中，在毛德皇后地西部还有较高级变质岩类，同时该地区还见有可能的前寒武纪时期的深成岩、闪长岩和花岗岩等。

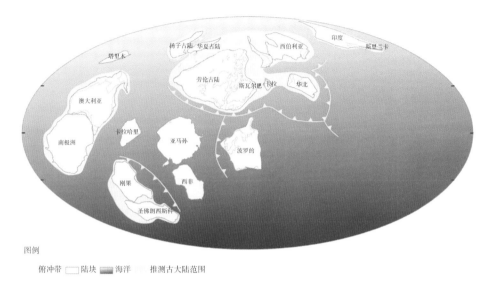

图1-2 全球中元古代（1 100 Ma）古板块构造重建

1.2.2 新元古代至早古生代泛非构造运动

泛非构造事件是地质时期全球具有重要意义的一次构造运动，该构造运动是冈瓦纳超大陆聚合与形成的直接结果，对全球众多地区产生了作用的构造影响，造就了多条横贯全球的巨型造山带，包括巴西利亚造山带、科巴伦造山带、东非造山带、罗斯-德拉梅雷造山带以及横贯南极造山带等等（图 1-3）。

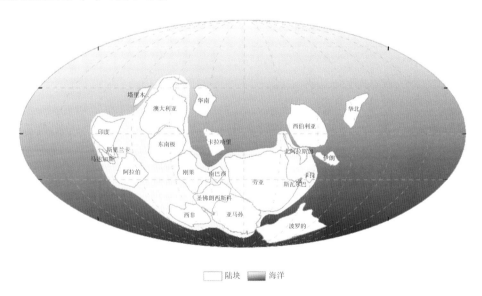

图1-3 全球新元古代（600 Ma）古板块构造重建

寒武纪（510 Ma）时，经过泛非运动之后，南美、非洲、阿拉伯、印度、南极和澳大利亚已经聚合形成了冈瓦纳大陆。此时，现今南大西洋南部地区被聚合在一起的非洲西部和南美东部所占据，位于冈瓦纳大陆的内部；非洲北部和南美北部位于冈瓦纳大陆的外围地区，处于被动大陆边缘环境；南美西部地区位于冈瓦纳大陆的外围地区，但处于活动大陆边缘环境（图1-4）。

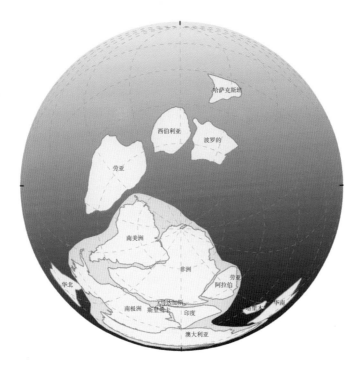

图1-4　寒武纪（510 Ma）古板块构造重建

横贯南极造山带代表着东南极和西南极完成拼合，标志着现今意义上的南极洲板块正式形成。造山带的基底岩系主要为元古界变质岩以及泛非期的变质岩系，与东南极地盾具有相似的基底特征；上覆沉积盖层则具有与西南极相似的特征，这也从侧面印证了东南极和西南极在泛非期完成碰撞拼合。罗斯造山带内的岩体以古生代花岗岩为主，代表性的岩体有 Granite Habour 岩体和 Admiralty 岩体，主要由花岗岩、闪长花岗岩和英云闪长岩组成。

1.2.3　二叠纪—三叠纪早期裂谷事件

在冈瓦纳超大陆形成之后的很长一段时间内，非洲、马达加斯加、印度、澳大利亚和南极洲板块联合在一起的冈瓦纳大陆构造较为稳定，接受剥蚀（图1-5）。

直到二叠纪—三叠世时，可能由于造成潘吉亚泛大陆中南方冈瓦纳大陆与北方劳亚大陆裂解分离的超级地幔柱的影响，在普里兹湾地区发育早期裂谷作用，在普里兹湾地区发育二叠系—三叠系的沉积层序。二叠—三叠系沉积物露头仅出露在北查尔斯王子山的 Beaver 湖地区，但是地球物理资料显示其可能还局限地分布于兰伯特地堑和普里兹湾盆地。在比佛湖地区的露头，可见二叠—三叠系层序厚度约270 m，为含煤陆相地层，称为艾米莉群（Amery Group）（McLoughlan and Drinnan, 1997），被认为属于兰伯特地堑西部地区的一个小型断陷盆地沉积（Shipboard Scientific Party, 2000）。Cooper 等（1991）将二叠—三叠系称为 PS.4 层序，认为是一套陆相河流汇水盆地的粉砂岩和红层砂岩沉积。

图例

→俯冲带 ☐陆块 ▨海洋 ▨推测古大陆范围

图1-5 全球晚古代早期（320 Ma）古板块构造重建

1.2.4 侏罗纪以来冈瓦纳裂解

侏罗纪开始的又一次大火成岩省和地幔柱事件造成了南方冈瓦纳大陆的裂解分离，非洲、马达加斯加、南美、印度和澳大利亚相继与南极洲分离，形成现今的板块格局。

侏罗纪（165 Ma）时，冈瓦纳与劳亚大陆持续分离，非洲与南美北部重新回到冈瓦纳外围的被动大陆边缘环境；非洲西缘和南美东缘由于裂谷作用尚未开始，处于冈瓦纳大陆的陆内环境；非洲东南部地区处于卡鲁地幔柱持续影响下的伸展环境；南美西缘、南极南缘和澳大利亚东南缘处于泛大洋俯冲背景下的活动大陆边缘环境（图1-6）。

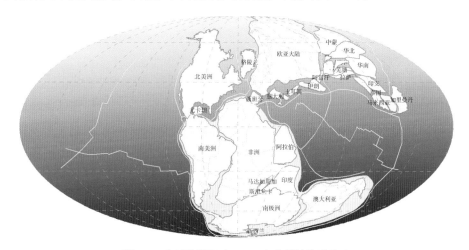

图1-6 全球侏罗纪（165 Ma）古板块构造重建

中侏罗世时，南方冈瓦纳大陆所属板块中出现了3个大火成岩省。①南非的卡鲁(Karoo)大火成岩省。该大火成岩省体积约为 $2.5 \times 10^6 \, km^2$，并且一直延伸到东南极洲的 Dronning Maud Land (Cox, 1988)。U-Pb锆石法测得的年龄为（ 183 ± 0.6) Ma (Encamacion et al., 1996)。Duncan 等（1997）通过 $^{40}Ar / ^{39}Ar$ 法测年后认为，该大火成岩省的活动时间非常短暂，仅从 183 Ma 活动至 180 Ma，持续仅 3 Ma 左右。②南极洲的 Ferrar 大火成岩省。该大火成岩省体积约为 $0.5 \times 10^6 \, km^3$，位于罗斯造山带（横贯南极山脉，Transantarctic Mountains ）一狭长的带内（长约2000 km），一直延续到澳洲的塔斯马尼亚岛、澳大利亚和新西兰（Minor and Mukasa, 1995; Storey and Kyle, 1997; Duncan et al., 1997; White and McKenzie, 1995; White, 1997）。南极洲的Ferrar闪长岩的U-Pb锆石法测得的年龄为（183±1）Ma（Minor and Mukasa, 1995），Dufek层状辉长岩岩体所获得的$^{40}Ar/^{39}Ar$年龄为（182.5±2.4）Ma（Storey and Kyle, 1997）。③南美Chon Alike Silicic大火成岩省。该大火成岩省的体积约为$1.7×10^6 km^3$，主要由硅质岩组成，位于南美的巴塔哥尼亚地区，Rb-Sr等值线年龄为（188±1.0）Ma、（183±2.0）Ma、（181±7.0）Ma、（181±4.0）Ma、（178±1.0）Ma、（169±2.0）Ma和（168±2.0）Ma（Storey and Kyle, 1997），相较于煤铁质岩石有更长的岩浆活动时间，可能代表着早期的侵入岩的再次熔融活动。Storey和Kyle(1997)将冈瓦纳大陆裂解与这些大火成岩省的活动相联系，提出冈瓦纳大陆之下发育的地幔柱导致了该大陆的最终裂解。白垩纪/新生代交界时的印度德干大火成岩省可能也与印度此时与南极洲—澳大利亚的分离密切相关。

从板块构造恢复结果来看，非洲与南美以及非洲—印度—南极洲在早白垩世裂解作用已经开始，表现为南大西洋南部两岸已经开始分离（图1-7）。从约132 Ma南大西洋最南端的海底扩张开始，整个南大西洋边缘地区都经历了显著的伸展/地壳减薄，Parana-Etendeka断裂带大约右旋走滑了约175 km（Torsvik et al., 2009）。这意味着，即使海底扩张作用向北传播并且在约3~4 Ma内到达了Parana-Etendeka断裂带一线，Parana-Etendeka断裂带以北地区（如巴西陆缘的桑托斯/坎波斯）经历了显著的伸展作用，这些伸展作用直到Barremian期为止部分被Parana-Etendeka断裂带的右旋活动所调节。与此同时，非洲和南美大陆内部的板内裂谷作用显著发育。

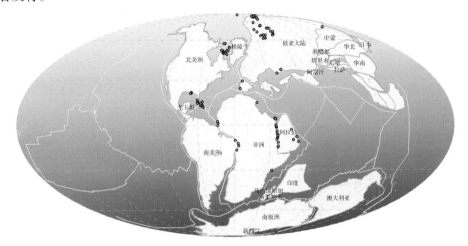

图1-7　全球早白垩世（125 Ma）古板块构造重建

晚白垩世（90 Ma）时，冈瓦纳地区的板块构造表现为冈瓦纳大陆的持续裂解，此时非洲与南美洲已经完全拉开，南大西洋形成；印度–马达加斯加板块与非洲和南极–澳大利亚已经完全分离，印度洋已经形成但范围有限；南极板块与澳大利亚板块的裂解作用刚刚开始，尚未完全分离（图1-8）。

古近纪（40 Ma）时，非洲与南美板块持续分离，南大西洋不断扩大；非洲与南极–澳大利亚持续分离；南极与澳大利亚板块直接扩张洋脊形成，大洋持续拉开；印度板块快速向北移动并与马达加斯加分离，印度洋持续扩大，相应地，新特提斯洋缩小并最终关闭（图1-9）。

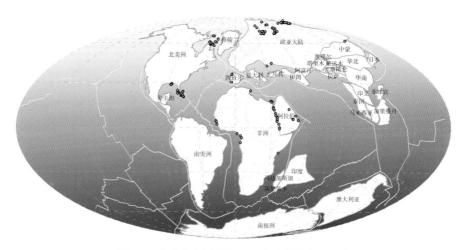

图1-8 全球晚白垩世（90 Ma）古板块构造重建

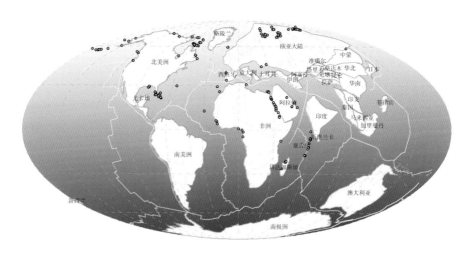

图1-9 全球古近纪（40 Ma）古板块构造重建

新近纪（15 Ma）时，南美与非洲板块分离作用持续，南大西洋宽度不断扩大；非洲与阿拉伯板块之间的裂谷作用开始；印度与欧亚板块之间的碰撞作用持续，阿拉伯板块与欧亚板块的碰撞作用开始，新特提斯洋完成关闭；澳大利亚和南极洲分离作用持续，大洋不断扩大（图1-10）。

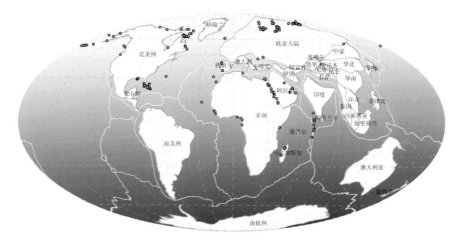

图1-10 全球新近纪（15 Ma）古板块构造重建

参考文献

陈廷愚, 沈延彬, 赵越等 . 2008, 南极洲地质发展与冈瓦纳古陆演化 . 北京 : 商务印书馆 .

陈廷愚, 谢良军, 赵越等 . 1995. 南极洲地质图（1 : 5 000 000）（附说明书）. 北京 : 地质出版社 .

位梦华 . 1986. 奇异的大陆——南极洲 . 北京 : 地质出版社, 142–146.

Cooper A K, Stagg H M J, Geist E. 1991. Seismic stratigraphy and structure of Prydz Bay, Antarctica: Implication from Leg 119 Drilling[C]. [In] Barron J, Larsen B (Eds), Proceeding of the Ocean Drilling Program, Scientific Results, Vol. 119, College Station, TX (Ocean Drilling Program), 5–25

Cox K G, 1988. Karoo Province[C]. [In] Macdougall J D (Eds). Flood Baslts. Hingham: Kluwer Academic Publishers, 23–271.

Duncan R A, Hooper PR, Rehacek J, 1997. The timing and duration of the Karoo igneous event, southern Gondwana[J]. Journal of Geophysical Research, 102: 18127–18138.

Encamacion J, Fleming T H, Elliot D H et al, 1996. Synchronous emplacement of Ferrar and Karoo dolerites and the early breakup of Gondwana[J]. Geology, 24: 535–538.

Li Z X and Powell C, 2001. An outline of the palaeogeographic evolution of the Australiasian region since the beginning of the Neoproterozoic[J]. Earth–Science Reviews, 53: 237–277.

McLoughlin S and Drinnan A N, 1997. Revised stratigraphy of the Permian Bainmedart coal measures, northern Prince Charles Mountains, East Antarctica[J]. Geological Magazine, 134: 335–353.

Minor D R and Mukasa S B, 1995. A new U–Pb crystallization age and isotope geochemistry of the Dufek layered mafic intrusion: implications for the formation of the Ferrar Volcanic Province[J]. EOS, 76: 285–286.

Shipboard Scientific Party, 2000, ODP Leg 188 Preliminary Report: Prydz Bay–Cooperation Sea, Antarctica: glacial history and paleoceanography[M]. ODP Preliminary Report, 88.

Storey B C and Kyle P R, 1997. An active mantle mechanism for Gondwana breakup. South African[J], Journal of Geology, 100: 283–290.

White R S, and McKenzie D, 1995. Mantle plumes and flood basalts[J]. Journal of Geophysical Research, 100: 17543–17585.

White R S, 1997. Mantle plume origin for the Karoo and Ventersdrop fllod baslts, South Africa. South African[J]. Journal of Geology, 100: 271–282.

第2章 普里兹湾地质特征

2.1 地质概况

普里兹湾位于南极洲东部陆缘，地处兰伯特地堑的向海端，为向东开口的喇叭状海湾，为兰伯特冰川向南大洋输送沉积物的主要通道，大致介于 66°—80° E（图 2-1）。普里兹湾是认识白垩纪冈瓦纳古陆裂解、新生代大陆边缘形成以及新近纪以来冰川活动的关键区域，而且还具有可观的油气资源潜力。其在科学研究和自然资源上的价值和潜力，激发了多个国家的相关组织及科学家的兴趣。从 20 世纪 80 年代早期以来，澳大利亚、日本、俄罗斯（苏联）和美国等在此进行了一系列重磁震综合地球物理调查。大洋钻探计划（ODP）也分别于 1987 年和 2000 年在普里兹湾进行了 ODP119 和 ODP188 两个航次的调查，前者在该区共钻探了 5个站位，后者为 3 个站位，获取了新近纪以来较为完整的沉积序列。

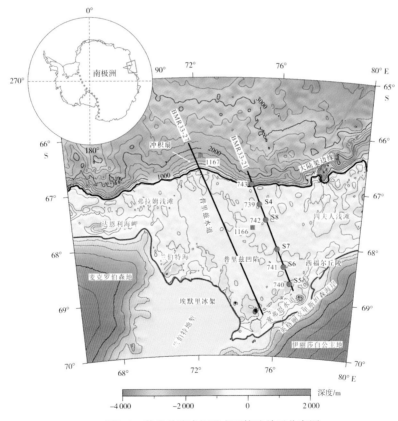

图2-1 普里兹湾水深及主要构造单元分布图

图中黑色实线为本次研究进行重磁震联合反演的测线

普里兹湾南侧的兰伯特冰川长达 700 km 以上，是东南极洲冰盖最大的一条冰川，向海延伸为埃默里冰架，形成了普里兹湾的西南边缘。普里兹湾的东南为伊丽莎白公主地的英格丽德－克里斯滕森（Ingrid Christensen）海岸，北部为大陆架坡折带，西侧为麦克罗伯逊地。与南极洲其他大陆架类似，由于受冰川剥蚀，普里兹湾具有较深（超过1 000 m）的内陆架和较浅（< 200 m) 的外大陆架。沿着英格丽德－克里斯滕森海岸的 Svenner 水道，其最大水深超过1 000 m，而位于海湾西南角的兰伯特海的水深可达1 400 m。埃默里冰架的前端，普利兹凹陷的大部分区域水深为600 ～ 700 m。

普利兹水道横贯海湾的西部，从普利兹凹陷延伸到 600 m 水深的陆架边缘，将四夫人浅滩和达恩利海岬附近的弗拉姆浅滩分开。普里兹湾大陆坡的东部较为陡峭，被深海峡谷所切割，上覆滑坡沉积物，而西部呈现向海凸出的轮廓，为普利兹冲积扇。该冲积扇的水深从大陆架边缘约 500 m 缓慢增加到大约 2 700 m。

2.2 地球物理场特征及地壳结构

国外学者在普里兹湾的工作极大地促进了对该海域的地质构造及演化过程的认识，但主要集中在新近纪以来冰川活动史的研究上，如新生代冰盖随南大洋变化的相关事件（Hambrey et al., 1991; Hemer and Harris, 2003; O'Brien et al., 1999），陆坡沉积中冰进和间冰期记录（O'Brien and Leitchenkov, 1997; Whitehead et al., 2006），古环境及古气候的变化（O'Brien and Leitchenkov, 1997; Whitehead et al., 2006）等，而对深部地壳结构的研究较少。我国于1989年在普里兹湾东部岸上的拉斯曼丘陵建立了第二个南极考察站——中山站，详细调查和研究了邻近陆上区域的构造变质作用及泛非事件（O'Brien and Leitchenkov, 1997; Whitehead et al., 2006），但对普里兹湾海域地球物理场的特征研究不多，而深部地壳结构的研究更是未见报道。

本段以研究区的卫星重磁数据为基础，以多道反射地震、声呐浮标折射地震和 ODP 钻井结果为约束，以普里兹湾近岸基底露头的岩性为参考，通过自由空气、均衡残余重力异常和磁力异常特征分析，研究普里兹湾的深部结构，并通过重力正反演拟合方法，构建了两条横跨研究区的物性结构剖面（测线位置如图 2-1 所示），进而分析和探讨洋陆过渡带位置和岩石圈有效弹性厚度，初步建立了研究区地壳结构的总体框架，可为下一步的详细调查和研究提供参考。

2.2.1 数据来源及方法

2.2.1.1 水深数据

水深数据收集自全球地形数据库（版本 14.1）(ftp://topex.ucsd.edu/pub/global_topo_1min)，分辨率为 1′×1′（1 ～ 12 km），该全球地形数据库集合了船载多波束测量和卫星测量地形数据。在一般情况下，该数据库中的数据同船载测量的结果吻合得比较好。研究区海底地形如图 2-1、图 2-2 所示。

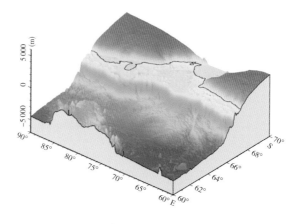

图2-2 普里兹湾区三维海底地形图

2.2.1.2 重力数据

重力数据收集自全球卫星测量数据（Geosat and ERS–1 satellite）（版本 18.1）（ftp://topex.ucsd.edu/pub/global_grav_1min），分辨率 $1' \times 1'$，精度 3 ~ 7 mGal。前人研究表明，对于波长超过 20 ~ 25 km 的信号，卫星数据与船载测量相比没有明显差异，一般为 4 ~ 7 mGal。当船测航线与 Geosat 卫星 ERM（Exact Repeat Mission）航线重合时，其精度提高到 3 mGal。自由空气重力异常图及剖面图如图 2–3、图 2–4 所示。

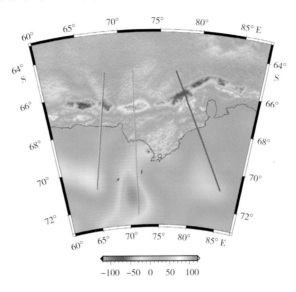

图2–3　研究区自由空气重力异常图

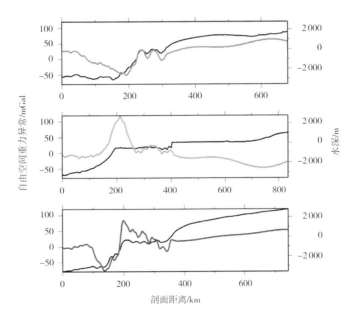

图2–4　研究区重力异常剖面图（位置见图2–3）

2.2.1.3 磁力数据

本次研究收集的磁力数据主要来源于 ADMAP（Antarctic Digital Magnetic Anomaly Project）

南极数数字磁力异常项目。ADMAP 项目从 l995 年开始实施，项目将已有的地面磁异常与南极及其 60°S 附近的卫星磁异常统一起来，综合了 1999 年以前的超过 710×10^4 km 的海洋、航空磁测数据。这个跨国际的研究项目受到南极科学研究委员会（SCAR）和国际地磁与超高层大气物理协会（IAGA）的资助。ADMAP Ⅰ 项目由英国剑桥大学负责，ADMAP Ⅱ 项目由意大利罗马的国家地质研究所（ING）负责。按照 SCAR / IAGA 工作小组的目标和 ADMAP 项目议定书的要求，目前在大范围数据编辑、磁异常数据库已经完成，可以在网站下载使用。

在 ADMAP 数据库中包含了项目收集处理了所有海洋磁测数据和航空磁测数据，所有数据的测线图如图 2-5 所示。由于各个航次数据测量年代不同，使用的仪器各异，数据库中磁力测线数据测点间隔不等，最小间隔为 5 s，最长间隔超过 1 min。

本项目研究区为普里兹湾及其邻域，具体坐标范围在 63°—73°S，60°—87°E 之间，研究区范围内地貌晕染图及 ADMAP 磁力测线如图 2-5 所示。作图采用的极射赤平投影（polar stereographic），起始经线 75°E，不变形纬线 70°S。图 2-5 中以不同颜色代表不同的航次数据，例如，红色测线为俄罗斯航空磁测数据，黑色测线为俄罗斯海洋船测磁力数据。

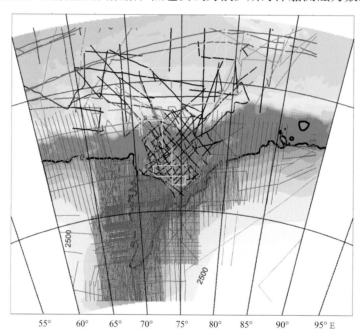

图2-5　研究区范围内地貌图及ADMAP磁力测线图

2.2.2　重力场特征

为了分析反映浅部地质体的短波长重力异常，在对自由空气重力异常进行布格校正的基础上（图 2-6），进一步进行均衡残余校正处理，结果如图 2-7 所示。

布格校正方法采用 Fullea 等（2008）提出的专门针对卫星自由空气异常和卫星地形网格数据的方法。该方法根据地形与重力场计算点之间的距离，选择三种不同精度的算法进行全布格校正，并且能够同时对陆地和海洋的重力异常进行归算。通常情况下，认为正布格异常对应于薄地壳，而负布格异常对应于厚地壳，这是由于布格校正仅消除了地形效应，而没有考虑山根或者反山根的地形补偿质量产生的重力影响。这种地形补偿质量将产生大振幅、长波长的重力异常，可能会严重阻碍根据短波长异常对浅部地质体进行解释。

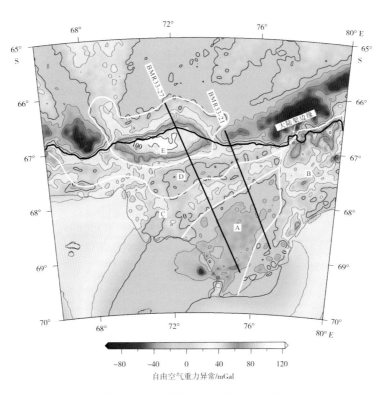

图2-6 普里兹湾自由空气重力异常图

等值线间隔为20 mGal，其中粉线为大陆架边缘，白线为根据均衡残余重力异常划分的区域（A~E）边界

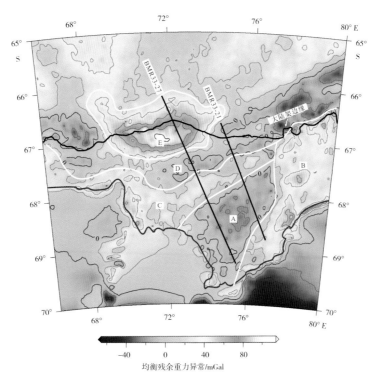

图2-7 普里兹湾的均衡残余异常图

等值线间隔为20 mGal，其中粉线为大陆架边缘，白线为该异常划分的区域（A~E）边界

均衡残余校正正是将地形补偿质量产生的重力异常减去，以达到突出短波长异常的目的。校正过程采用 Airy 均衡补偿模型，并取地壳密度为 2.67 g/cm³，地壳与上地幔的密度差异为 0.45 g/cm³，海平面处的莫霍面补偿深度为 25 km。虽然选取何种均衡模型及参数在普里兹湾海域很难精确地获知，但是不同模型或参数产生的误差主要影响长波长重力异常，而对短波长异常影响较小。这种均衡残余校正依据 Airy 模型，避免了滤波或者多项式拟合等提取浅部重力异常处理方法带来的随意性，并且能够通过修改模型参数的方式，更佳地模拟研究区的地壳结构。

根据获得的均衡残余重力异常特征，可将普里兹湾海域可以划分为 5 个区域（图 2-6，图 2-7）。A 区主要位于大陆架的内侧，呈 NE 向，宽度从埃默里冰架向四夫人浅滩逐渐减小。该区表现为典型的凹陷盆地负异常特征，最低的均衡残余异常值大致位于凹陷的中部，约为 –28 mGal。前人一般认为该区是兰伯特地堑的延伸，两者在地壳结构上较为相似，但 Stagg（1985）和 Ishihara 等（1999）认为普里兹湾在结构上与兰伯特地堑存在差异，他们在缺少陆地重磁资料情况下，根据普里兹湾海域重力异常的趋势，推测 A 区可能不是埃默里冰架或者兰伯特地堑的延伸。图 2-7 显示，该区的均衡残余异常与埃默里冰架靠近海岸区域的特征存在不同，可经过分析后，我们认为埃默里冰架的正异常可能是布格校正及均衡残余校正未能考虑低于地壳密度的冰架的影响而导致校正过量引起的。因此，根据卫星自由空气重力异常在这两个区域的延续性特征（图 2-6），推测其地壳结构可能相似。A 区的西南半区和东北半区的磁异常特征存在差异。西南半区表现为负异常背景上叠加了尖峰状较高幅度的短波长正异常，负异常最低可达 –160 nT，正异常最高接近于 360 nT。这种尖峰状正异常可能与局部的岩浆岩侵入有关。东北半区的磁异常与 B 区和 C 区呈渐变过渡，表现为平缓的长波长正异常特征。

B 区主要位于四夫人浅滩，呈 NNE 向，并朝向海方向逐渐变宽，北界到达大陆架坡折带。其自由空气重力异常除了中部存在局部高幅正异常外，总体表现为南低北高的特征，范围为 –20 ~ 100 mGal。这与普里兹湾水深从内陆架向陆架坡折带逐渐变浅的地形特征相对应。经过布格和均衡残余校正之后，这种地形引起的区域性长波长异常得到了较好消除。均衡残余异常表现为较低幅正异常背景上，叠加了几处较高幅度的圈闭状正异常，最高超过 80 mGal。该区的磁力异常除了西南角的低幅负异常、中部从大陆延伸的较高幅负异常和北部小范围的圈闭状低幅负异常外，基本为不规则的高幅正异常，最高可达 400 nT。重、磁异常同时在该区为高幅度的正异常，表明其基底较浅，并且可能广泛存在岩浆侵入形成的火成岩。

C 异常区主要表现为正的均衡残余异常。根据磁力异常特征，可划分为东半部分和西半部分，其东半部分主要位于大陆架的中部，而西半部分沿着弗拉姆浅滩的大陆架内侧分布。与自由空气重力异常相比，该区的均衡残余校正主要体现在对兰伯特海和弗拉姆浅滩的地形校正。东半部分的均衡残余异常呈 NE 向条带状分布，并且宽度逐渐变窄，幅度逐渐减小，最后在该区东界变为负值。这种宽度和幅度的变化趋势表明该区的基底沿着 NE 向逐渐变深。西半部分的均衡残余异常与 B 区相似，但随着远离海岸逐渐减小。这两部分的磁力异常特征差异较大。东半部分的磁异常与 B 区相似，为不规则的局部高幅正异常，说明基底可能存在岩浆侵入，其基底顶界面在地震剖面上表现为不规则的特征。而西半部分的磁力异常较为平缓，从达恩利海岬向东南方向逐渐由低幅正异常变为较高幅度负异常。在东、西部分的边界，磁力异常变化非常剧烈，沿 NE 方向的水平梯度较大。该边界以 NW 向朝大陆架坡折带延伸，可能对应了断距较大的断层。

D 区大致呈"V"形负均衡残余异常条带状分布，其下端位于大陆架中部偏陆架坡折带一侧，而左、右两翼分别沿着 NW 和 NE 向朝弗拉姆浅滩和四夫人浅滩的大陆坡延伸。在两翼位置上，大陆架边缘与邻近大陆坡的自由空气重力异常形成一正一负的结构，表现为典型的被动大陆边缘的重力特征。该区的自由空气重力异常与均衡残余异常差别较大。前者在大陆架内部和大陆坡之间的不连续特征较为明显。在两侧的大陆架边缘和弗拉姆浅滩为较高幅度的正异常，而它们之间为低幅度的条带状负异常。但经过均衡残余校正后，除了达恩利海岬附近的低幅正异常外，该区总体呈现一致性的负异常特征。该区的磁力异常在弗拉姆浅滩和四夫人浅滩的大陆坡主要表现为正负相间的不规则形态，而其余区域表现为长波长低幅正异常背景上叠加了短波长的高幅正异常，最高超过 400 nT，与 C 区东半部分相似。

E 区处于大陆架的外侧，即普利兹冲积扇的位置。该区在外大陆架和大陆坡的自由空气重力异常和均衡残余重力异常均呈现高幅正异常特征，最高均超过 100 mGal。与左、右两侧大陆架边缘的重力异常相比，在大陆坡，明显缺失了高幅负异常部分，表明其地壳结构与典型的被动大陆边缘之间存在差异。该区磁力异常表现为平滑的长波长特征，由西侧较大幅度的负异常逐渐向东测变为小幅度的正异常。这种特征说明存在高磁化率的基底侵入火成岩的可能性不大，而较大可能是由于该区的地壳并未达到 Airy 均衡状态，其下部莫霍面深度较浅，从而具有高幅度的均衡残余异常。

2.2.3　磁场特征及磁性基底反演

根据区域地质特征和东南极总体磁力异常趋势，结合研究区磁力异常的走向、幅值和组合的特征（图 2-8），将研究区磁场分为四个区（图 2-9），分别为兰伯特异常区（Ⅰ）、西福尔异常区（Ⅱ）、安得比异常区（Ⅲ）和南凯尔盖朗异常区（Ⅳ）主要磁力异常分区，主磁力异常分区又可以进一步划分为多个次级异常区。

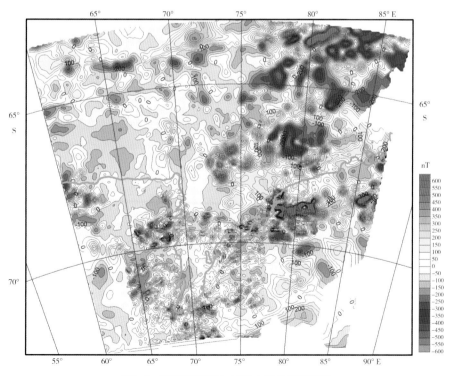

图2-8　研究区范围内 ΔT 磁力异常等值线图

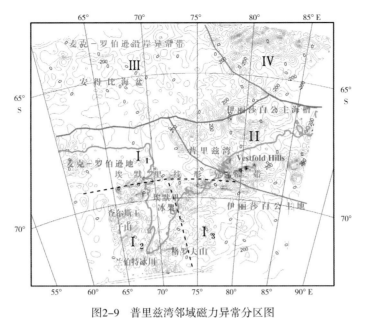

图2-9 普里兹湾邻域磁力异常分区图

Ⅰ.兰伯特异常区；Ⅱ.西福尔异常区；Ⅲ.安得比异常区；Ⅳ.凯尔盖朗异常区

解析延拓是一种磁异常解释常用的处理方法，向上延拓可以削弱局部干扰异常，反映深部异常。由于磁场随距离的衰减速度与地质体体积有关。体积大，磁场衰减慢；体积小，磁场衰减快。对于同样大小的地质体，磁场随距离衰减的速度与地质体埋深有关。埋深大，磁场衰减慢；埋深小，磁场衰减快。因此，小而浅的地质体磁场比大而深的地质体磁场随距离衰减要快得多。这样，通过向上延拓就可以压制局部异常的干扰，反映出深部大的地质体。我们可以将磁场向上换算以加大距离，使一些局部干扰随换算的高度增大而减小，而剩下的就是深部大的磁性地质体所产生的磁场。

因此，为了突出区域异常，对磁力异常网格化数据进行了解析延拓，得到了上延20km和50km的系列图件，如图2-10和图2-11所示。

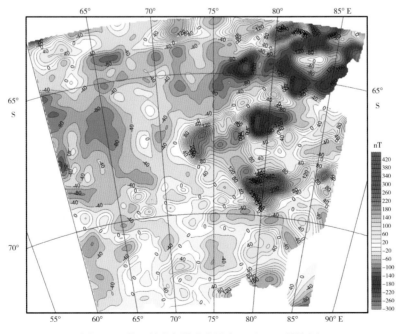

图2-10 普里兹湾邻域磁力异常上延20km晕染图

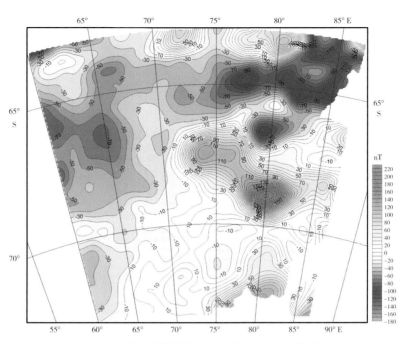

图2-11 普里兹湾邻域磁力异常上延50 km晕染图

磁异常的导数在突出浅源异常、区分水平叠加异常、确定异常体边界和消除或削弱背景场等方面具有明显效果，并且有利于某些非二度异常的解释。因此，为了突出局部异常，对研究区磁力异常网格化数据进行了导数运算，得到了磁力异常 X 方向水平导数等值线图、Y 方向水平导数等值线图和一阶垂直导数等值线图，分别如图 2-12 至图 2-14 所示。

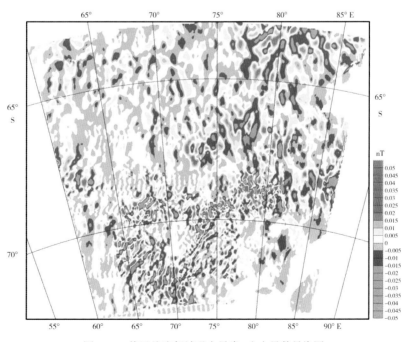

图2-12 普里兹湾邻域磁力异常X方向导数晕染图

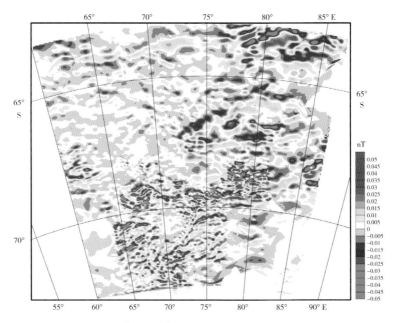

图2-13 普里兹湾邻域磁力异常Y方向导数晕染图

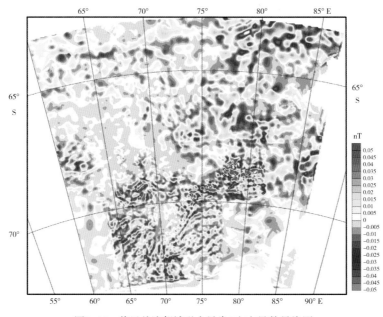

图2-14 普里兹湾邻域磁力异常Z方向导数晕染图

2.2.3.1 磁力异常分区

兰伯特异常区（Ⅰ）：兰伯特异常区在研究区南部，在68°S以南，由磁力异常等值线图可以看出，该区磁力异常走向北东向，这在磁力X方向导数异常图（图2-12）上更加明显。

兰伯特异常区区最显著的是埃默里磁力异常带，它是一条近东西走向的半连续磁力异常高值拉伸带，大概位置在69°—70°S之间。埃默里磁力异常带可以作为该区磁力异常特征分界带，在埃默里带以北（$Ⅰ_1$）包括麦克-罗伯逊地区域，磁力异常变化平缓、波长短、没有明显的走向，以显著的低梯度、低幅值磁异常为特征，而埃默里带以南的兰伯特异常区域（$Ⅰ_2$、$Ⅰ_3$）表现为一组明显北东走向、长波长的异常构造。兰伯特异常区西南部（$Ⅰ_2$）查尔斯山脉和兰伯特裂谷西翼区域，磁力异常走向约57°，长度达130km，宽度约20km。区内的正、负值异常分别是基底和盖层岩系的反应，基底主要由镁铁质－长英质复合正片麻岩构成，而上覆岩系主要由混合质副片麻岩构成（刘晓春等，2007）；兰伯特异常区东南部（I₃）为兰伯特裂谷的东翼，与西部相同的是磁力异常走向仍为北东向，但异常走向更加偏北，约为37°，长度达400km，宽度约9km。格罗夫山磁异常面貌与相邻的兰伯特断裂明显不同，以走向变化的短波长、低幅值异常为特征。兰伯特异常区东南部（I₂）与西南部（I₃）的分界为一长波长异常区。

西福尔异常区（Ⅱ）：由图2-8可以看出，在西福尔丘陵周边以醒目的短波长、高幅值正值磁力异常为特征，异常幅值高达1600nT以上，在上延20km和50km的磁力图（图2-10、图2-11）上仍很明显，说明异常由深部地质体产生，这可能与早太古代高级变质岩相关（Tingey，1991）。在伊丽莎白公主海槽为南极大陆边缘与Kerguelen高地之间一个相对狭长的地区，此海域磁力异常为东西走向，磁力异常幅值高（～1000nT），梯度小（～5nT/km），这可能是其北部的凯尔盖朗高原火成岩地质和东南印度海脊快速扩张的共同作用的结果。

安得比异常区（Ⅲ）：安得比海盆是位于南凯尔盖朗高原与南极大陆边缘之间的一片宽广海域，其西北边界为凯尔盖朗断裂带和克罗泽海盆。由磁力异常图（图2-8）及其Y方向导数图（图2-13）可以看出，在研究区西北部沿着64°S、60°—73°E，存在一条明显的磁力异常条带，异常带呈弓形走向为近东西走向，它是安得比中央海盆磁力异常条带系列中最南的一条，该带状异常命名为麦克－罗伯逊沿岸异常带（MCA），前人在海盆北部已经识别出与MCA相配对的磁异常条带，海底扩张年龄大约130Ma（Gaina，2003；Gaina，2007）。除MCA外在此异常区磁力异常幅值宽缓，无明显走向。

在穿过麦克－罗伯逊沿岸异常带（MCA）的重磁震综合剖面图（图2-15）可以看出，MCA与地震剖面上的向陆方向的声学基底下降相对应，可以解释为一条主要的地壳边界，可能是南极大陆地壳与海洋地壳的边界（COB）。图中地震剖面显示声学基底起伏剧烈、在剖面北部可以识别出废弃的扩张中心（XR），磁力异常剖面有以XR为中心对称的起伏。

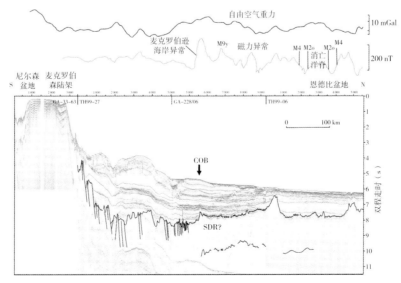

图2-15 穿过麦克-罗伯逊沿岸异常带的重磁震综合剖面图
（Stagg et al.，2004；Carmen and Gaina，2007）
COB为陆洋地壳边界

南凯尔盖朗异常区（Ⅳ）：研究区涉及南凯尔盖朗海台最南部一隅，南凯尔盖朗海台是位于印度洋南端的一个洋底高原，海台北西向延伸 2 300 km，是洋底高原的典型代表（徐菲等，2003）。由图 2-8 可以看出，该区以北东东至近东西向异常，MCA 磁力异常带可能延续到本区西南部。在大面积强负异常中叠合高值正异常，最大正值磁异常幅值超高 800 nT，此异常可能与 Kerguelen 地幔柱相关，Coffin 等（2002）给出了在南凯尔盖朗高原形成之前［约（118 ± 2）Ma］存在地幔热异常（Coffin et al., 2002）的证据，据信凯尔盖朗地幔柱近地表影响范围可达 2 000 km。

2.2.3.2　磁性基底反演

（1）岩石磁性。

普里兹湾东面海岸露头为由太古代和元古代变质岩组成。拉斯曼丘陵 60% 基底由谷粒状石榴石组成，10% 由深蓝色董青石组成。少量元古代片麻岩和寒武纪花岗岩沿着东岸的南部西福尔丘陵大部区域零散分布。西福尔丘陵的基底为太古代片麻岩，他们被几代元古代铁镁质岩墙所切割（Tingey, 1991）。

McLean 等（2002）对东南极兰伯特裂谷区域的岩石磁性进行了收集和整理。研究结果发现普里兹湾南部的岩石中，副片麻岩的磁性很弱，只有 37×10^{-5} SI，而长英质片麻岩的磁性较强，达 $3\,590 \times 10^{-5}$ SI；Vestfold 山岩石磁性很强、变化极大，为（40 ~ 22 700）$\times 10^{-5}$ SI。普里兹湾沿岸—埃默里冰架东缘出露镁铁—长英质复合正片麻岩和混合岩化副片麻岩，正片麻岩被认为是基底岩系并与赖于尔群岛东南的正片麻岩相对应，混合岩化副片麻岩则代表基底岩系之上的沉积盖层。

（2）磁异常的分离。

由于实际测量的界面异常叠加了许多干扰异常，比如浅部的具有磁性的地质体产生的异常等，为了提高反演的精度，在计算界面深度之前，要在测量异常的基础上，尽量剔除非界面因素引起的干扰异常。近几十年来，小波多尺度分析放在在地球物理信号处理领域得到了广泛的引用，这主要得益于小波的时频局域分析能力。小波多尺度分解能将磁异常精细地分解到多个不同的尺度来反映不同尺度和深度的异常，常被用于区域重磁场的分解和分析。小波逼近法是目前较为常用的方法之一，它具有低阶小波细节不变的有点，也就是说不管怎么选择小波阶数（人为选定）n，小波变换出来的低阶小波细节都是一样的，所不同的只是小波细节的个数和 n 阶逼近，这一准则是离散小波变换特有的优点，对异常分解非常有利。如假设 $n = 3$，小波分析后取得小波细节 D1、D2、D3，和三阶逼近 D3，看 A3 是否有平滑的区域场的特征，如果是，则 A3 为区域场，DL = D1 + D2 + D3 为局部场，否则继续改变 n，直到取得满意结果为止（赵百民等，2006；刘天佑等，2007）。

本项目对研究区磁异常进行了 4 阶小波分解，如图 2-16 至图 2-23 所示。由图可见，一阶细节显得很是杂乱琐碎，这可能是随机干扰或浅部地质体产生；二阶细节只为局部异常，可能为中浅部地质体产生；三阶细节可能为中部地质体的反应，三阶逼近虽宽缓但仍欠平滑；四阶细节波长明显增长，应为较深层地震体的反应，四阶逼近异常具有明显的平滑的区域场特征，可以作为深层结晶基底磁场的反应。

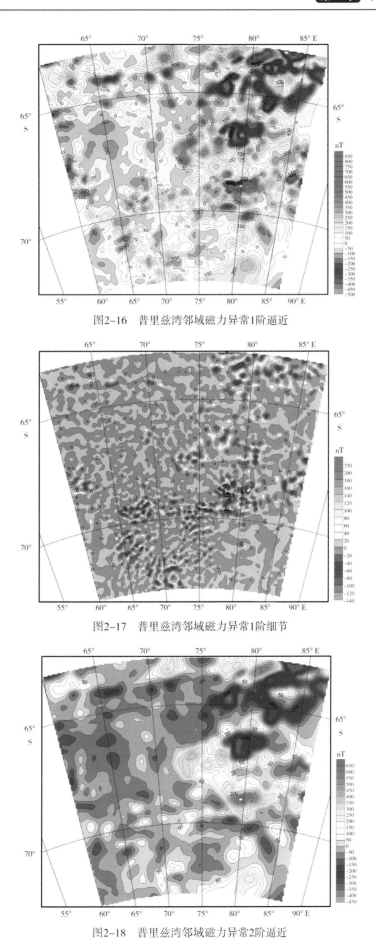

图2-16 普里兹湾邻域磁力异常1阶逼近

图2-17 普里兹湾邻域磁力异常1阶细节

图2-18 普里兹湾邻域磁力异常2阶逼近

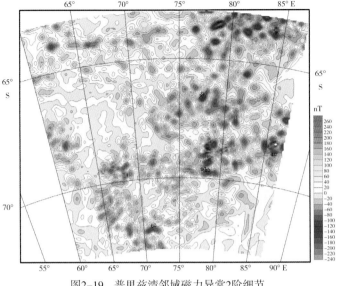

图2-19 普里兹湾邻域磁力异常2阶细节

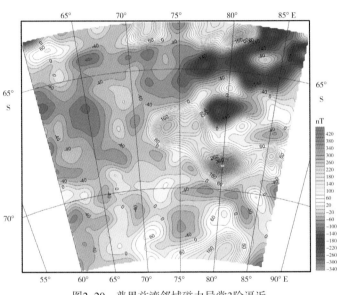

图2-20 普里兹湾邻域磁力异常3阶逼近

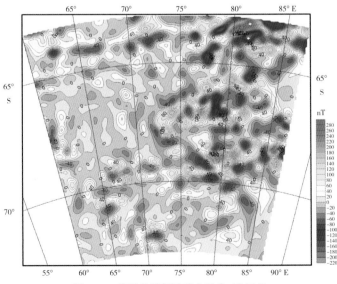

图2-21 普里兹湾邻域磁力异常3阶细节

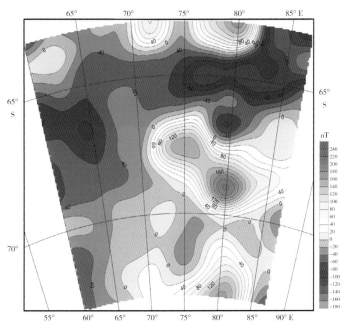

图2-22 普里兹湾邻域磁力异常4阶逼近

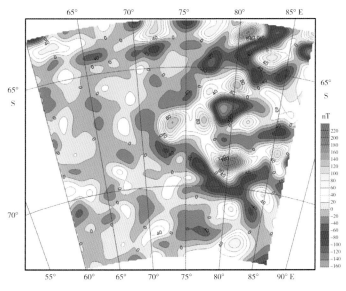

图2-23 普里兹湾邻域磁力异常4阶细节

（3）Parker 法磁性基底反演。

20 世纪 70 年代以来，R. L. Parker 提出了一种界面重磁场的正反演公式。由于它能计算物性横向变化的连续界面、速度快，所以很快得到了广泛的应用，成为磁性界面反演的经典算法，中国地质大学研发的 MAG 3.0 软件集成了 Parker 法反演磁性基底的方法。

Parker 法反演磁性基底需要给出的参数包括磁性界面平均磁化强度、磁性下界面埋藏深度和磁性基底平均深度。根据研究区岩石磁性统计结果，研究区沉积岩及寒武系至中生代的浅变质岩基本无磁性或弱磁性，地层的磁性主要由火山岩及侵入岩（如玄武岩等）引起；中生代侵入岩、火山岩及古生代具有磁性的岩石均可成为磁性基底，总结研究区地层磁性分布如表 2-1 所示。

表2-1 研究区地层磁性分布

地 层	磁化强度／（A/m）
新生界	0
中生界	0
未变质古生界	0
变质古生界及前古生界	0.2 ~ 12

根据前人研究成果（Stagg et al., 2004；Gaina et al., 2007；Singh et al., 2008），普里兹湾邻域磁性基底平均埋深取9.5 km，磁性界面平均磁化强度差取7 A/m。在本次研究中我们采用MAG 3.0软件进行磁性基底的反演，该软件集成了Parker法，反演磁性基底结果如图2-24所示。

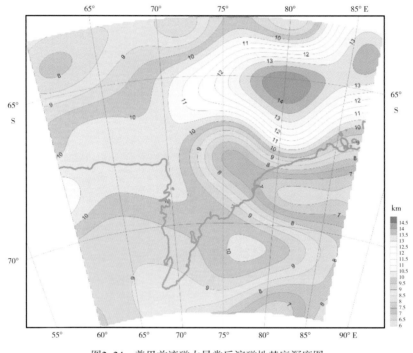

图2-24 普里兹湾磁力异常反演磁性基底深度图

由图可见，研究区磁性基底总体呈近东西走向分布，埋深6 ~ 15 km。兰伯特裂谷区域磁性基底总体呈现大面积宽缓的等值线特征，埋深7 ~ 10 km，方向大致呈NWW—SEE向；西福尔丘陵地区是整个研究区磁性基底埋深最浅的区域，最低不足6 km，整体呈近东西向延伸，往海域呈现近NW—SE向；从陆架区向海一侧磁性基底突然加深，在安得比海盆区磁性基底北东向延伸展布，深度增加至10 km以上。最深的地区出现在伊丽莎白海槽以北海域，埋深达到15 km。更往北磁性基底有逐渐变浅，为8 ~ 10 km，整体幅值比较宽缓，并大致呈近EW向展布。

2.2.4 地壳结构特征

在对BMR33-21和BMR33-27两条多道地震剖面进行层序解释的基础上（测线位置见图2-1），本次研究利用2.5维重力模拟方法，构建了沿这两条测线的深部密度剖面（图2-25、

图 2-26）。由于多次波干扰和较厚的上覆沉积层对地震波的衰减，仅在剖面 BMR33-27 的大陆架中部观测到隆升的沉积基底，而且考虑到影响岩石磁化率的因素较多（如热液侵蚀作用、结晶速度等），所以将不对磁力异常进行模拟，仅利用它对岩浆岩侵入的水平宽度进行定性界定。虽然 ODP 钻井提供了新生代地层或者部分白垩纪地层的岩石密度，但是由于地层深度沿着剖面方向变化较大，产生的压实效应导致 ODP 钻井获得的较浅岩石密度不能够代表整个层位的平均情况。因此本次研究仍然根据岩石声速和密度的经验关系，利用声呐浮标折射地震反演获得的声速换算出岩石密度作为重力模拟的初始密度模型。沉积层的初始几何模型同样根据该速度对多道地震剖面进行时深转换后获得。在拟合观测重力异常和计算重力异常的正反演过程中，地层的速度和密度将根据需要进行微调。

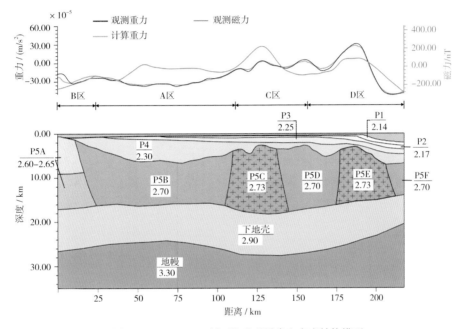

图2-25　BMR33-21剖面的重磁异常和密度结构模型

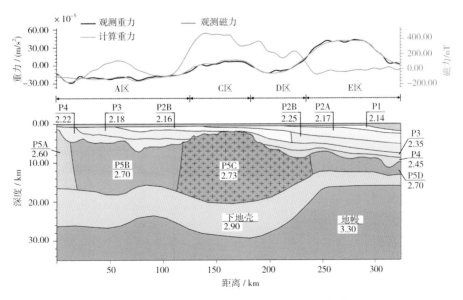

图2-26　BMR33-27剖面的重磁异常和密度结构模型

由于沉积层的浅部形态、沉积层和基底的密度能够通过多道地震数据或者声呐折射地震数据较好地约束，因此，重力模拟的主要贡献在于推断沉积基底或下地壳异常体的形态。

2.2.4.1 陆架区东侧（剖面 BMR33-21）

剖面 BMR33-21 全长约 215 km，从东南向西北经过 B 区、A 区、C 区和 D 区，横跨四夫人浅滩、普利兹凹陷和陆坡区域（图 2-25）。其自由空气重力异常表现为三阶区域场特征，在剖面东南端约为 0 mGal，向西北方向逐渐减少，到普利兹凹陷的中部约为 –22 mGal，然后逐渐增大，在大陆架坡折带达到 46 mGal，最后在大陆坡逐渐减小，于剖面的西北端减小到 –37 mGal 左右。三个主要的重力高值异常叠加在该趋势上，分别位于 130 km、160 km 和 190 km 附近。该剖面的磁力异常表现为二阶的区域场特征，在剖面东南端约为 –67 nT，向西北方向逐渐增大，到达 C 区的南端（130 km 处）达到最大，约为 320 nT，然后逐渐减小，在西北端约为 –20 nT。这种区域性趋势在 C 区的南端和大陆架坡折带叠加了两个明显的高磁异常。

沉积层 P1 ~ P4 的划分与多道地震剖面一致（具体见 2.2 节 构造变形特征与沉积演化），其密度分别为 2.14 g/cm³、2.17 g/cm³、2.25 g/cm³ 和 2.3 g/cm³。总沉积厚度在 A 区以及 D 区的南端和大陆坡区域较厚，最厚可达 5.5 km，而在 B 区缺失，在 C 区和大陆架坡折带较薄，对应于沉积基底的抬升。根据重磁特征，可将沉积基底 P5 划分为 7 个块体，其中 P5B、P5D 和 P5F 的密度为 2.70 g/cm³，P5A 可划分为上、下两个部分，其密度较小，分别为 2.60 和 2.65 g/cm³，而 P5C 和 P5E 密度较大，均为 2.73 g/cm³。这两个密度较大的块体对应了短波长的高磁异常，进一步说明该区域存在侵入的岩浆岩。下地壳和上地幔的密度分别假设为 2.9 和 3.3 g/cm³。该剖面的结晶地壳厚度在 B 区、C 区和大陆架坡折带较大，而普利兹凹陷和大陆坡区域较薄，但仍然大于 13 km，表现为减薄陆壳的特征。

2.2.4.2 陆架区西侧（剖面 BMR33-27）

剖面 BMR33-27 全长约 325 km，从东南向西北方向依次经过 A 区、C 区、D 区和 E 区，横跨普里兹湾大陆架和上陆坡（图 2-26）。该剖面的自由空气重力异常表现为高、低异常相间的特征，在 A 区和 D 区较小，分别约为 –26 mGal 和 –6.5 mGal，而 C 区和 E 区较大，约为 25 mGal 和 100 mGal。该剖面的磁力异常表现为二阶区域场特征，在剖面东南端约为 –50 nT，向西北方向逐渐增加，在 C 和 D 区达到 440 nT，高磁异常区的宽度可达 100 km，然后向大陆坡方向逐渐减小，在剖面的西北端约为 15 nT。

沉积层 P1~P4 的划分基本与多道地震剖面一致，其密度范围为 2.14~2.45 g/cm³。由于外大陆架的沉积深度较大陆架内侧要深，因此沉积层 P2B、P3 和 P4 的在剖面右侧的密度略大于左侧。总沉积厚度在 A 区表现典型的凹陷盆地特征，两侧较薄，中间较厚，约为 6.2 km，到 C 区厚度最小，可达 1.4 km，然后向大陆坡急剧增加，最厚处超过 8 km。沉积基底 P5 可划分为 4 个块体，其中块体 P5B 和 P5D 密度均为 2.70 g/cm³，块体 P5A 的密度较小，为 2.60 g/cm³，而块体 P5C 的密度较大，为 2.73 g/cm³。这一高密度块体对应于高磁异常区，结合多道地震剖面上呈现的杂乱不规则反射特征，综合说明存在基底侵入的岩浆岩的可能较大。下地壳和上地幔密度分别假设为 2.9 和 3.3 g/cm³。该剖面的结晶地壳厚度总体表现为向外大陆架和大陆坡逐渐减薄的趋势，在 A 和 C 区，约为 17 ～ 28 km，到大陆坡减小为平均 6 km，最薄处可达 4.6 km。其莫霍面深度在 D 区的东南侧与西北侧呈现显著不同的特征，在东南侧约为 29 km，而到西部侧急剧减小为 16.3 km。

剖面 BMR33-27 和 BMR33-21 在 A 和 C 区的地壳结构总体上较为相似，除了前者的总沉积厚度在 C 区略小于后者。两条剖面的主要差别在于 D 区以及 BMR33-21 剖面缺少高重力异常的 E 区。在 D 区，BMR33-27 剖面的总沉积厚度是 BMR33-21 剖面的 1.5 倍以上，而在该区的西北侧，前者的结晶基底较后者薄，并且莫霍面深度较浅。在大陆架边缘，BMR33-21 剖面的重力特征表现为被动大陆边缘的典型特征，在大陆架外侧为高幅正异常，而在大陆坡表现为高幅负异常，但在 BMR33-27 剖面，高幅正异常的宽度较大，超过 50 km，并且缺少负异常部分。这种重力异常的差异表现为两条剖面在总沉积厚度、基底特征以及莫霍面深度上的不同。

2.2.4.3 洋陆过渡带（COT）

Ishihara 等（1999）认为如果不考虑低幅正异常的影响，D 区的自由空间重力异常基本表现为负异常条带状特征，大陆架内部区域与四夫人浅滩一侧的大陆坡区域的负重力异常带连为一体，推测在大陆架内部的 COT 位置向陆方向偏移。但是由于重力船测测线的覆盖不足，他们仅对 70°E 以东海域进行了分析。本文通过普里兹湾全海域的自由空气重力异常和均衡残余异常的分析，发现 D 区呈 "V" 形分布，在达恩利海岬以西也与大陆坡连成一片，特别是在均衡残余异常特征方面表现得更为明显。

在普里兹湾冲积扇区域（E 区），大量的沉积物由兰伯特冰川通过普利兹水道向外输送，在陆架边缘和陆坡位置堆积形成了厚度超过 8 km 的沉积层。这种巨厚的沉积体在剖面 BMR33-27 的重力模拟中也得到了证实。层序地层揭示至少有 3 次陆架边缘进积序列，推断初始的古陆架边缘位于向岸方向 75~80 km 的位置。这大致对应了 COT 向陆方向的偏移距离。自由空气和均衡残余重力异常在陆架边缘均大于 100 mGal，并且堆积了巨厚的低密度沉积物，几乎排除了存在岩浆侵入形成高密度体的可能，而如 BMR33-27 剖面模拟结果所示，在 E 区存在薄地壳，可能为洋壳，或与洋壳厚度相近的过渡壳。

尽管在普里兹湾冲积扇缺少充分的深部地震证据，但笔者更倾向于认为该处为过渡壳。Stagg 等（2005）利用多道地震反射特征界定普里兹湾大陆边缘的 COT 向海端（即 COB）可能位于大陆架边缘向海 150~300 km 的位置（图 2-27），在多道地震剖面上表现为明显的高达 1 km 的向海方向的基底抬升。如果 E 区为洋壳，则与 COB 位置冲突，这也从侧面说明该区为薄陆壳的可能性较大。因此，本文推测 D 区和 E 区可能同属于 COT 向陆一侧的部分（图 2-27），对应于陆壳向海方向逐渐减薄。

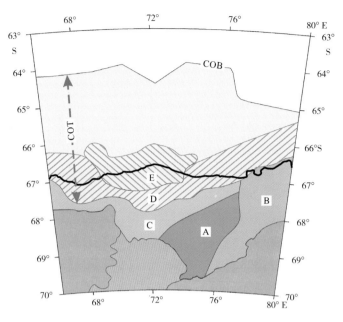

图2-27 普里兹湾大陆边缘的构造单元图

其中黄色代表COT区域，COB位置引自Stagg等（2005）

2.2.4.4　岩石圈有效弹性厚度

普利兹冲积扇（E区）的自由空气重力异常与典型的被动大陆边缘存在明显的不同，表现为高幅度的正异常。其均衡残余异常同样表现为这种特征，在排除存在高密度体的可能性后，说明现今该区的地壳没有达到Airy均衡稳定状态。对于短波长的局部沉积负载，岩石圈倾向于以挠曲的形式进行区域均衡调整，而挠曲变形大小与有效弹性厚度有关。裂谷大陆边缘的有效弹性厚度反映了其长周期的稳定状态以及热力学演化过程，而不是对裂谷期以来的特定时间段的响应。

在假设沉积主要集中在大陆边缘而不是在整个海盆均匀分布的前提下，如果较快的沉积速率发生在大陆边缘演化的早期，这时岩石圈相对较热，则有效弹性厚度较小，但如果较快的沉积速率发生在大陆边缘演化的晚期，由于岩石圈冷却导致挠曲强度变强，其有效弹性厚度则较大。普里兹湾的演化过程与后一种情况类似，在白垩纪的第二期裂谷之后，于早古新世至晚始新世期间发生明显的沉积间断，然后进入被动大陆边缘盆地的快速沉积阶段，沉积中心迁移至陆架坡折带，并主要分布在普利兹水道的槽口冲积扇位置，同时由冰川剥蚀的沉积物也向陆架边缘进积加厚。早古新世至晚始新世期间的沉积间断有利于普里兹湾岩石圈逐渐冷却，其挠曲强度逐渐变强。之后的冲积扇沉积体负载在该高强度岩石圈之上，使得后者发生挠曲变形，在冲积扇下部的莫霍面加深，但较Airy均衡或者低强度岩石圈时的莫霍面下降深度要小。这种巨厚沉积体及其下部莫霍面加深较小的特征，导致普利兹冲积扇具有幅度较大的自由空气和均衡残余重力异常。

图2-28总结了具有较厚沉积负载的一些典型大陆边缘地区，如亚马逊冲积扇、印度孟加拉湾、台湾前陆盆地、新西兰大陆边缘西部台地、东南极洲大陆边缘的Wilkes地以及阿拉伯联合酋长国和也门的阿拉伯板块边缘的有效弹性厚度与初始裂谷期时代的关系，表明初始

裂谷期时代越老，岩石圈冷却时间越长，其有效弹性厚度越大。这种关系与 Parsons 和 Sclater（1977）的岩石圈板块冷却模型和 Burov 和 Poliakov（2001）的二维有限元模拟结果基本吻合，并且主要分布在冷却模型的 300～600℃ 等温线之间。其中亚马孙冲积扇与普里兹湾冲积扇在地形、自由空气重力异常和沉积演化过程等方面均呈现较为相似的特征。Watts 等（2009）利用挠曲回剥和重力模拟的方法估算亚马孙冲积扇的有效弹性厚度约为 30 km。

这种估算方法需要地震剖面对基底深度进行较为精确地界定，而在普里兹湾可以获得的地震资料由于巨厚的沉积物对地震波的衰减和多次波的影响，仅能在局部反映基底的形态，但是通过有效弹性厚度与初始裂谷期时代的关系，推测普里兹湾冲积扇附近区域的有效弹性厚度较大，可能为 24～49 km，时代则对应于第二期裂谷的初期（早白垩纪 145 Ma）。

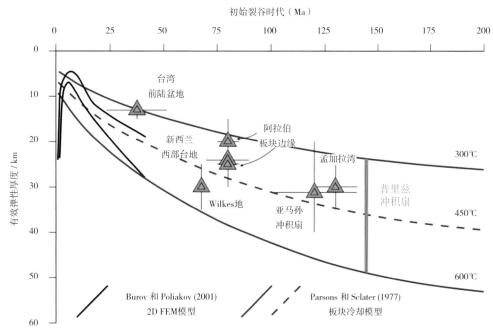

图2-28　岩石圈有效弹性厚度与初始裂谷时代的关系（修改自Watts等, 2009）

其中粉红色粗线为普利兹冲积扇的有效弹性厚度范围

2.2.4.5 高磁化率岩石

重力异常分区的走向与作为三联点坳拉槽的兰伯特地堑在普里兹湾的构造走向基本一致，为 SW—NE 向，据此我们推测研究区重力异常主要反映了二叠纪—三叠纪超级地幔柱对普里兹湾的裂谷作用的影响。但是磁力异常的走向与重力异常明显不同，呈 SE—NW 向。按照磁力异常的特征，大致可以划分为两个区域，其中东北区表现为显著的高磁正异常特征，最大超过 400 nT，而西南区表现为尖峰状高幅磁异常叠加在平缓的低幅度异常之上，这种尖峰状高幅磁异常位于 A 区的西南侧。

普里兹湾磁力异常和重力异常在走向上的差异，说明磁力异常不是主要源自前寒武纪变质岩结晶基底的地势起伏，而可能主要反映岩浆作用形成的较高磁化率的铁镁质火成岩影响。火成岩的分布可能主要由断层控制，比如在 C 区东、西部分的边界，磁力异常变化非常剧烈，说明该边界可能对应了断距较大的断层。重力异常和磁力异常在走向上的差异还说明岩浆作用和基底隆升可能不是发生于同一时期，岩浆作用的时代可能先于或者晚于基底隆升的时代（二叠纪—三叠纪）。第一种可能是铁镁质火成岩形成于前寒武纪。前人在普里兹湾 B 区东部岸上的西福尔丘陵发现在前寒武纪存在多期的铁镁质岩墙群侵入，主要为高镁拉斑玄武岩和富铁拉斑玄武岩两种。其中在中元古代的岩浆作用始于正断层的活动，并且存在两次明显的岩浆侵入，其时间分别为 1 380 Ma 和 1 245 Ma。这两次岩浆侵入的应力场方向基本一致，并且对应于线性条带状的地壳抬升，可能是由于片状上涌软流圈或者狭长的地幔柱的作用，而不是由于低角度的底侵。第二种可能是铁镁质火成岩形成于南极洲板块和印度板块裂谷期间（白垩纪）。首先，板块重构的研究表明，普里兹湾东部（B 区）与孟加拉湾西部为共轭大陆边缘，均表现为高幅磁力异常，可能与早白垩纪凯尔盖朗热点形成的大火山岩省对应。其次，地震剖面 BMR33-27 在大陆架中部的不规则杂乱反射特征如果确实由岩浆侵入形成，则根据地层接触关系，推断其岩浆侵入的时间要晚于沉积基底。

2.2.4.6 地壳结构特征分析

在对普里兹湾的卫星自由空间重力异常和磁力异常，以及计算的均衡残余异常的特征进行分析的基础上，结合 ODP 钻井资料和声呐浮标折射地震资料，重点对 BMR33-21 和 BMR33-27 两条多道地震剖面进行了解释和重力正反演模拟，获得了以下认识（董崇志等，2013）。

① 根据重力异常的特征，普里兹湾的地壳结构可以划分为 5 个区域，其中普利兹凹陷（A 区）的基底较深，表现为凹陷盆地的负异常典型特征，而四夫人浅滩（B 区）的基底普遍存在抬升，可能属于凹陷的肩部。在大陆架中部（C 区东半部分）存在 SW—NE 向的条带状基底抬升，并向 NE 方向逐渐变深，其重力模拟结果表现为高密高磁的特征。C 区的东半部分和西半部分的磁力异常在 NE 方向的水平梯度较大，推测可能存在断距较大的断层。在中大陆架外侧（D 区），均衡残余重力异常呈"V"形负异常条带状分布，可能由于古陆架地形的影响，在普利兹水道位置向陆方向偏移，推测该区与 E 区可能同属于 COT 向陆的部分，在重力模拟剖面上对应于地壳向海方向逐渐减薄，而到 E 区其厚度与洋壳厚度相似。重力异常分区的走向与作为三联点坳拉槽的兰伯特地堑在普里兹湾的构造走向基本一致，据此我们认为研究区重力异常可能主要反映了二叠纪—三叠纪超级地幔柱对普里兹湾的裂谷作用的影响。

② 普利兹冲积扇区域的自由空间重力异常和均衡残余异常均表现为高幅正异常特征，其原因可能是由于位于大陆架边缘的超过 8 km 厚的沉积体，负载在较大有效弹性厚度的岩石圈之上。根据岩石圈板块冷却模型和统计规律，推测有效弹性厚度可能为 24~49 km。这种较大有效弹性厚度可能与该区域第二期裂谷期之后的沉积间断以及快速进积加厚的演化过程有关。

③ 普里兹湾磁力异常的走向与重力异常明显不同，大致可分为东北高幅正异常区和西南低幅异常区。重磁异常在走向上的差异反映高磁异常主要来源于岩浆作用形成的铁镁质火成岩的影响，并且岩浆作用的时代不同于基底隆升的时代，而可能形成于前寒武纪或者南极洲和印度板块裂谷期间（白垩纪）。

2.3 构造变形特征及沉积演化

2.3.1 数据来源

本次研究所用多道地震数据收集自 Antarctic Seismic Data Library System (SDLS)，共收集普里兹湾及邻近海区近百条地震剖面。地震数据的采集部门包括 Australian Geological Survey Orgination（澳大利亚），Japan Antarctic Survey（日本），Polar Marine Geosurey Expedition（俄罗斯），OGS 和 USGS（美国），采集的时间主要集中在 20 世纪 80—90 年代，采集的具体参数未知。数据包括导航数据及 Segy 数据，目前已收集到的数据均已导入 Landmark 的 Discovery 地震数据解释软件中。本世纪以来所作的多道地震数据数据由于未过时效期，未能收集。主要地震测线的基本信息见表 2-2，测线位置图如图 2-29 所示。

表2-2 普里兹湾及邻区地震数据情况

地 区	专 项	采集单位	采集时间	测线名称及数目	SEGY 数据	NAV 数据
普里兹湾	BMR33	澳大利亚地质调查局	1982	BMR33 系列，共 35 条	有	有
普里兹湾	TH99	日本南极地质调查局	1999	TH99 系列，共 12 条	有	有
威尔克斯地	TH98	日本南极地质调查局	1998	TH98 系列，共 14 条	有	有
普里兹湾	TH89	日本南极地质调查局	1989	TH89 系列，共 17 条	有	有
罗斯海	SAE-34	俄罗斯 Sevmorgo 研究所	1989	SEV89 系列，共 11 条	有	有
普里兹湾	RAE40	俄罗斯极地海洋地质调查局	1995	RAE40 系列，共 14 条	有	有
普里兹湾	RAE39	俄罗斯极地海洋地质调查局	1994	RAE39 系列，共 10 条	有	有
威尔克斯地	L184AN	美国海洋地质调查局，美国地质调查局	1984	L184AN 系列，共 15 条	有	有

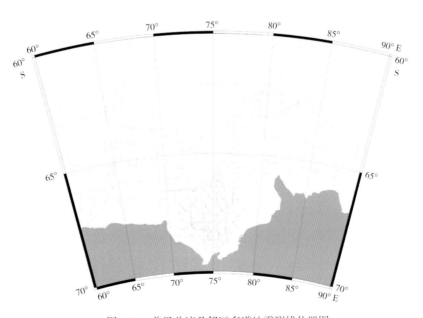

图2-29 普里兹湾及邻区多道地震测线位置图

2.3.2 地层单元划分及地震反射特征

本次研究从所收集的多道地震数据中选取了 15 条地震剖面进行研究。地震数据的采集部门包括 1982 年澳大利亚地质调查局（Australian Geological Survey Organization）采集的 BMR33 系列地震剖面 10 条，日本南极调查局（Japan Antarctic Survey）1989 年采集的 TH89 系列 4 条及 1998 年采集的 TH98 系列 1 条（具体位置见图 2-30）。

在研究区可以收集到的钻井资料主要为 1987 年 ODP 119 航次的 5 口钻井（739 井、740 井、741 井、742 井及 743 井）（Barron and Larsen, 1991）以及 2000 年 ODP 188 航次的 2 口钻井（1166 及 1167 井）（O'Brien et al., 2001）。这些钻井基本只钻遇新生代的地层（740 井和 741 井钻遇部分白垩系地层），因此地震剖面解释中层位的标定在钻井资料的基础上，主要以不整合面及其与之对比的整合面为层序界面的原则，根据地震的反射特征，包括连续性、振幅、频率、反射终止（上超、削截、下超）等对研究区进行划分，同时也参考了前人文章对地层的解释以及年代标定工作（Cooper et al., 1991; Shipboard Scientific Party, 2001; Stagg, 1985; Stagg et al., 2004; Whitehead et al., 2006）。地震剖面的解释完成后，利用 Discovery 软件做了各沉积单元的等底图及等厚图，由于研究区不同区域地层的层速度差异较大，等底图和等厚图均未作时深转换。

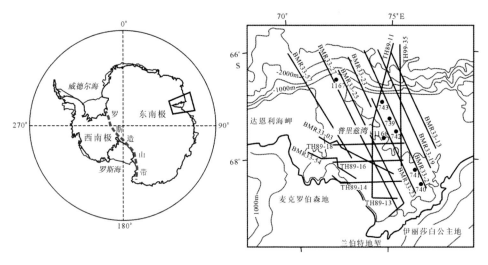

图2-30 普里兹湾主要构造单元图

黑色实线为本文所用多道地震测线，黑色圆点为ODP钻井位置图；左图方框为普里兹湾在南极洲的位置

根据普里兹湾盆地的构造地质背景、钻井资料以及对研究区有重要影响的冰川作用，将普里兹湾的地层划分为 5 套，从新至老依次为 PS.1、PS.2、PS.3、PS.4、PS.5（图 2-31）。不同的沉积单元对应了不同的构造与沉积事件，具有不同的反射特征、地质时代和内部结构。以下将由老至新对各沉积单元的主要反射及沉积特征进行详述。

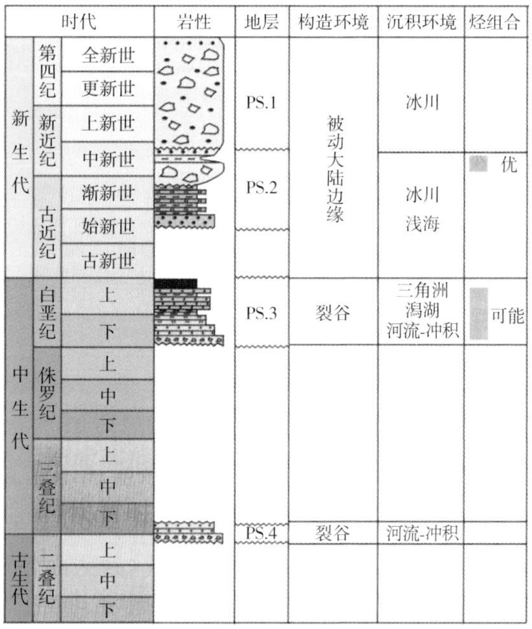

时代
岩性
地层
构造环境
沉积环境
烃组合
新生代
第四纪
全新世
更新世
新近纪
上新世
中新世
古近纪
渐新世
始新世
古新世
中生代
白垩纪
上
下
侏罗纪
上
中
下
三叠纪
上
中
下
古生代
二叠纪
上
中
下
PS.1
PS.2
PS.3
PS.4
被动大陆边缘
裂谷
裂谷
冰川
冰川
浅海
三角洲
潟湖
河流-冲积
河流-冲积
优
可能

图2-31 研究区主要沉积单元划分及岩性图

2.3.2.1 PS.5（前寒武纪？变质基底及侵入岩体）

PS.5是一个性质不确定的地层单元，该单元的顶部为一个高频连续的双曲线反射面，起伏不大，海域内的钻井均未钻遇，目前对其的认识主要来源于陆上露头的认识，从北东向西南依次发育太古代维斯特福德丘陵区的变质麻粒岩地块、太古代—元古代赖于尔群岛正片麻岩、普里兹湾—埃默里冰架东缘—格罗夫山地区中元古代—古生代变质杂岩、北查尔斯王子山的中—新元古代变质杂岩和南查尔斯王子山的太古代变质杂岩(李淼等, 2007; 刘小汉等, 2002)。在普里兹湾中部的基底隆起上，地震资料显示PS.5基底中有岩浆侵入体（图2–32），其顶部为极不规则的起伏面，内部反射杂乱。Stagg(1985)认为该反射体为侵入岩，时代比前寒武纪基底要新。

1.0
2.0
3.0
双程走时 / S
0
50 km
PS.1
PS.2下部
PS.2上部
PS.3
PS.4
PS.5
多次波
多次波
岩浆侵入体?

图2–32 BMR33–27多道地震剖面（上）及地质解释（下）

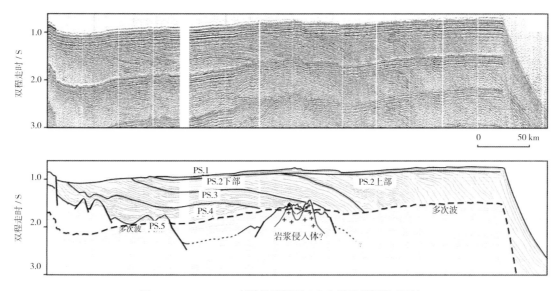

2.3.2.2 PS.4（晚二叠世—早三叠世，第一期裂谷沉积）

PS.4 只有在内陆架的地震剖面中可以观察到，地震反射特征表现为分层差至好，低振幅，向海一侧倾斜，并消失在海底的多次波中，上覆 PS.3。普里兹湾西侧 BMR33-27 地震剖面显示 PS.4 及上覆 PS.3 之间为一明显的角度不整合面，在不整合面之下地层发生强烈削截（图 2-32）。在该基底隆起向海一侧的边缘未见，有可能被多次波掩盖。该不整合面在普里兹湾东侧表现为近似整合（BMR33-21 测线，图 2-33）。在近 NW—SE 走向的 BMR33-03 地震剖面中 PS.4 只在中部隆起的右侧出现，顶部也为明显的角度不整合面，而在左侧未见该层序，初步判断该套沉积在普里兹湾的西侧可能已经剥蚀消失（图 2-34）。ODP 119 航次的在 740 站位钻遇该层，表现为陆相无化石红层砂岩及粉砂岩，部分含煤。陆上北查尔斯王子山的比佛湖（Beaver Lake）地区有出露该沉积单元，厚度约 270 m，为含煤陆相地层，被认为是属于兰伯特地堑西部地区的一个小型断陷盆地沉积 (Shipboard Scientific Party, 2001)。

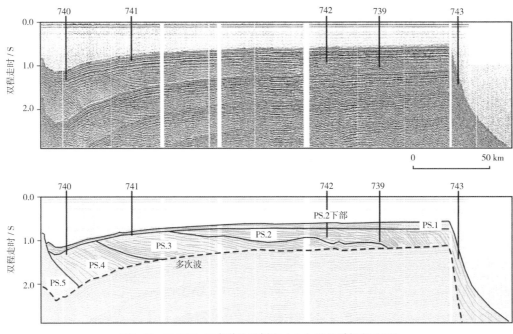

图2-33 BMR33-21多道地震剖面（上）及地质解释（下）

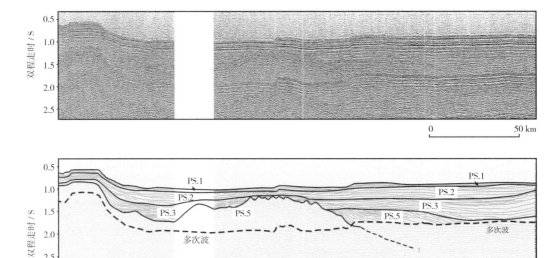

图2-34 BMR33-03多道地震剖面（上）及地质解释（下）

2.3.2.3 PS.3（白垩纪，第二期裂谷沉积）

PS.3 在普里兹湾近岸到陆架坡折带 30 km 处大部分的地震测线中均可追踪，在不同的位置表现出不同的反射特征。在内陆架区域表现为高振幅、连续性中至好的反射特征，向海倾斜且倾角较大。靠近陆地一侧沉积表现为强烈的削截，其上不整合覆盖着薄层的 PS.1，或者直接出露海底（图 2-32）。而在中陆架区域表现为连续平行的层状反射，地层倾角变缓，其上不整合覆盖 PS.2 沉积。再往陆架外侧倾角又再次变陡，并消失于多次波之下（图 2-33）。ODP 119 航次的 740 井和 741 井位均钻遇该套沉积，在内陆架一侧钻井资料显示为早白垩世陆相的砂岩和粉砂岩，底部见砾石层，顶部为泥岩，总体组成一个较为完整的从下至上变细的层序。本层序含有较为丰富但是分布不均匀的有机质以及植物炭质物。而往外侧，在中陆架及靠近 739 井位处反射连续性很好。739 站位未钻遇该沉积层，ODP 188 航次 1166 站点钻遇该地层，钻井资料显示其由晚白垩世滨海 - 潟湖相暗色钙质泥岩和砂质粉砂岩组成，富含煤层，发育生物扰动痕迹。地震反射特征的变化以及钻井资料均表明 PS.3 的沉积环境由内侧的陆相变为外侧的滨海相，同时构造环境也由开始的大陆裂谷阶段开始向被动陆缘阶段转化。

2.3.2.4 PS.2（晚始新世—中新世，被动大陆边缘—冰川沉积）

PS.2 的地震反射特征表现为强振幅、亚连续至连续，基本未发生变形，在各地震剖面均可追踪。主要分布在中—外陆架区。在中陆架区该层序倾向较缓，往外部陆架倾向变得陡倾，并逐渐进积加厚，并消失于多次波之下。在中陆架区低角度区域会有局部的高扰动或者变形的反射，形成不规则的顶底面，在普里兹湾的西侧该发生扰动的单元可以被更明显的识别（图 2-33）。该层序顶部发生削截，形成角度不整合面。与下伏 PS.3 为不整合接触，在普里兹湾的东区该不整合面尤为明显（图 2-33 中 BMR33-21 测线），而在西侧不整合面不是很显著（图 2-32 中 BMR33-27 测线）。

根据 ODP 119 航次的钻井资料，PS.2 为海相冰川沉积，时代为晚始新世—早渐新世（739井、742 井及 743 井位），Erohina 等（2004）依据 ODP 188 航次的成果对 PS.2 做了更为精细的划分，其中下部冰川层序为晚始新世期间滨海—三角洲相砂岩，上部冰川层序为晚始新世—早渐新世的滨海相粉砂岩和泥岩互层（图 2-32 中 BMR33-27 测线）。下部冰川层序与上部冰川层序之间在大陆架地区为不整合接触（顶积层不整合覆盖于下伏前积层之上），在大陆坡地区的前积层与顶积层可能为整合接触，靠近陆架坡折带的前积层可能沉积于中新世。下部冰川层序在地震反射中表现为成层状的连续和不连续反射层，并倾向海一侧，其中倾角较缓的可能为顶积层与前积层之间的过渡，大陆坡外侧倾角较陡的反射层则表现为明显的被动大陆边缘前积层特征。总体上厚度由大陆架外侧向滨岸地区减薄，这可能是由于大陆架地形所造成的。PS.3 与 PS.2 之间的不整合面分开了冰期和前冰期被动大陆边缘层序的沉积。

2.3.2.5 PS.1（上新世—全新世，冰川沉积）

上新世至全新世的冰川层序分布在沉积层的顶部，大陆架地区主要以水平层直接不整合覆盖在下伏层序上，在地震反射上，表现为杂乱的不连续或部分连续的特征。在大陆架外侧，该层表现为水平反射，同时反射层表现得更为连续（图 2-32、图 2-33）。总体上，上新世—全新世的冰川层序在大陆架地区表现出被动大陆边缘顶积层的特征，不整合覆盖在下伏早期前积层之上。而在大陆坡地区，上新世—全新世的冰川层序向海一侧加厚，总体上表现为被动大陆边缘前积层的特征。上新世—全新世的冰川层序厚度随着所处位置的变化而有所变化，在普里兹湾盆地紧邻大陆的西部地区仅有数米厚，而到了远离大陆的盆地东侧和外侧地区厚度可达约 250 m。该上部冰川层序在普里兹湾各处均可钻遇，由顶部数米厚的硅藻软泥（全新世）与下伏由砾石和高度紧密和块状的冰碛岩组成。

2.3.3 普里兹湾的构造变形特征与沉积演化

对地震剖面的解释表明，普里兹湾是一个典型陆缘盆地，其形成发育经历了两期分别发生在晚二叠世—早三叠石和白垩纪的裂谷盆地，新生来之后的被动陆缘盆地，以及后期冰川改造等几个不同阶段，分别与晚古生代以来泛大陆裂解，中生代以来冈瓦纳大陆裂解，南大洋海底扩张，以及新生代以来南极广泛的冰川作用相关。

根据地震剖面解释，我们将研究区的各层的厚度、各层底界的深度以及总沉积厚度进行了计算，并用 MatLab 软件进行成图，获取了普里兹湾区总沉积等厚图及沉积基底等底图（图 2-35 和图 2-36）。这些图显示普里兹湾可以大致上分为三个沉积结构单元，分别为中部隆起带、南部隆起带和中部凹陷带，并在整体上形成了两隆夹一凹的沉积结构。

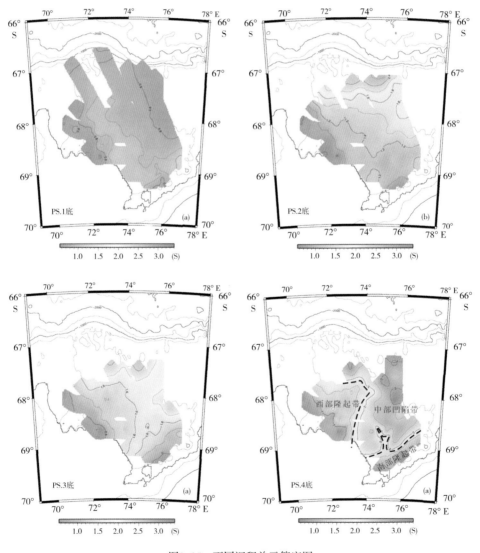

图2-35 不同沉积单元等底图
(a)PS.1底界；(b)PS.2底界；(c)PS.3底界；(d)沉积基底

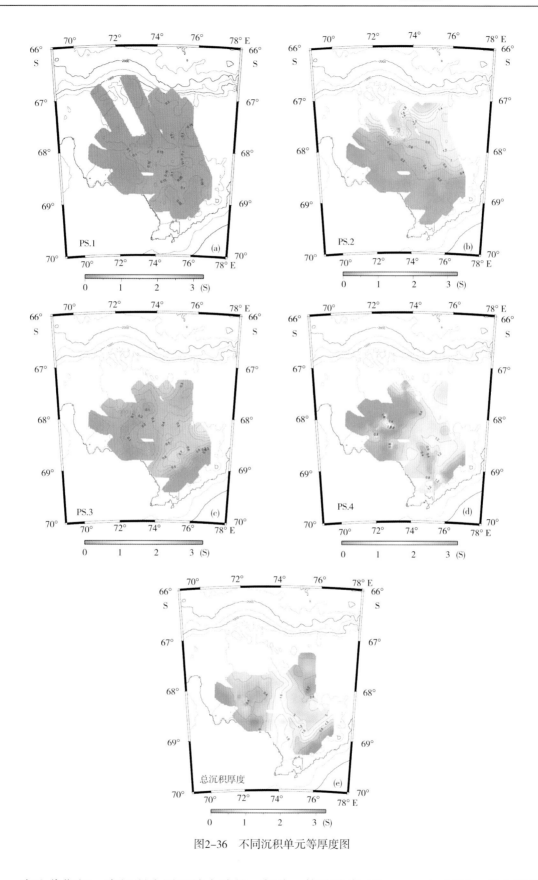

图2-36 不同沉积单元等厚度图

古生代期间，南极洲为冈瓦纳大陆的一部分，构造稳定（Boger et al., 2001；刘小汉等，2002）。普里兹湾位于印度—澳大利亚—南极洲大陆的内部，构造环境稳定，并受到剥蚀。该阶段接受沉积较少，广泛发育高级变质作用，形成了前寒武纪中 – 低麻粒岩相的变质岩，形成了现今普里兹湾的基底（图2-37）。

至二叠纪—三叠纪期间，受到超级地幔柱的影响，冈瓦纳大陆与劳亚大陆开始裂解（Kanao et al., 2004；Stagg, 1985；陈廷愚等，2008），普里兹湾地区发育早期的裂谷作用，发育二叠系—三叠系的沉积层序（PS.4）。同时可能伴随着岩浆活动（李淼等，2007），形成了BMR33-27剖面所显示的陆架中部隆起内侵入构造（图2-32）。该时期沉积底界等时图和厚度等时图均显示沉积中心主要位于普里兹湾的中部［图2-35(d)、图2-36(d)］，形成大致呈NNE-SSW向展布凹陷带，而在西侧隆起带和南侧隆起带沉积较薄。断层对沉积的控制作用在沉积中心的边缘更为明显，过西侧隆起区的地震测线均显示有大量的正断层发育，并对沉积起到控制作用（如图2-32中BMR33-27测线），形成明显的断陷结构。西侧和南侧隆起带长期隆升剥蚀，地层向着隆起逐渐尖灭，部分地区基底直接出露（图2-34）。

侏罗纪开始的又一次大火成岩省和地幔柱事件造成了南方冈瓦纳大陆的裂解分离，非洲、马达加斯加、南美、印度和澳大利亚相继与南极洲分离（Kanao et al., 2004；Stagg, 1985；陈廷愚等，2008）。在此构造背景下普里兹湾在白垩纪经历了第二期裂谷盆地发育演化阶段（图2-37）。该阶段的沉积仍然受到断裂作用的影响，但其控制作用并不像第一期那么明显，形成了断坳结构。沉积中心仍位于普里兹湾的中部，大致可以分为两个，其中位于内陆架的沉积大致为NE—SW向展布的坳陷结构，而在外陆架区呈现逐渐向外缘加深的进积结构［图2-35(c)、图2-36(c)］，这可能与沉积由内向外发育，同时构造环境由裂谷盆地向被动陆缘盆地逐渐转变相关。

对于印度东部陆缘盆地的研究表明，该区发育了侏罗—早白垩世的克拉通相陆缘裂谷和海相裂谷沉积，以及晚白垩世以来后裂谷期海相沉积（Prabhakar and Zutshi, 1993）。这表明中生代之前普里兹湾的构造演化历史与印度东部陆缘的沉积盆地一致，显示印度东部和普里兹湾及邻近陆缘为共轭陆缘。

随着印度—澳大利亚板块与南极洲板块的持续裂离，最终至晚白垩世以来发生海底扩张，形成南大洋。普里兹湾开始进入被动大陆边缘盆地的构造环境，沉积中心开始向陆架坡折带迁移，总体上厚度由内陆架向外侧逐渐进积加厚［图2-35(c)、图2-36(c)］。但是由于晚渐新世开始了南极洲东部的陆上冰川作用，普里兹湾的沉积主要受到冰川作用的控制，并未表现出典型的被动大陆边缘浅海 – 滨海的层序特征。内陆架发生隆升，同时强烈的冰川作用使得该区包括PS.4、PS.3及部分PS.2的地层被冰架剥蚀（图2-37）。被剥蚀的沉积物向陆架边缘逐渐进积加厚，距离可达39 ~ 55 km。

上新世至今以冰川的顶积作用为主，沉积厚度薄，没有明显的沉积中心［图2-35(c)、图2-36(c)］，在部分区域甚至缺失。最终形成现今的构造沉积格局（图2-37）。

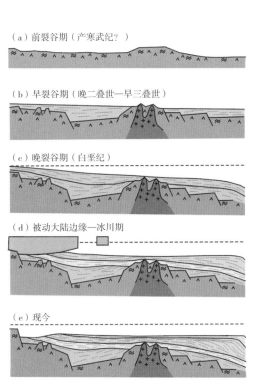

（a）前裂谷期（产寒武纪？）

（b）早裂谷期（晚二叠世—早三叠世）

（c）晚裂谷期（白垩纪）

（d）被动大陆边缘—冰川期

（e）现今

图2-37　普里兹湾构造演化示意图

参考文献

陈廷愚, 沈延彬, 赵越等. 2008. 南极洲地质发展与冈瓦纳古陆演化. 北京: 商务印书馆.

李淼, 刘晓春, 赵越. 2007. 东南极普里兹湾地区花岗岩类的锆石U-Pb年龄、地球化学特征及其构造意义. 岩石学报, 23(5): 1055-1066.

刘小汉, 赵越, 刘晓春等. 2002. 东南极格罗夫山的地质特征——冈瓦纳最终缝合带的新证据. 中国科学（D辑）, 32(3): 300-310.

赵越, 宋彪, 张宗清等. 1993. 东南极拉斯曼丘陵及其邻区的泛非热事件. 中国科学（B辑）, 23(9): 1001-1008.

Adamson, D. A., Pickard, J. 1986. Cainozoic history of the Vestfold Hills[C], In: Rickard J(ed). Antarctic Oasis, Terrestrial enviroments and history of the Vestfold Hills, Academic Press, Sydney, 63–97.

Barker P F, Barret P J, Cooper A K, et al. 1999. Antarctic glacial history from numerical models and continental margin sediments[J], PALAEO, 150: 247–267.

Barron J, Larsen B. 1991. Proceedings of the Ocean Drilling Program, Scientific Results, Vol. 119[M], College Station, Texas(Ocean Drilling Program).

Boger S D, Wilson C J L, Fanning C M. 2001. Early Paleozoic tectonism within the East Antarctic craton: The final suture between east and west Gondwana?[J], Geology, 5(29): 463–466.

Burov E, Poliakov A. 2001. Erosion and rheology controls on synrift and postrift evolution: verifying old and new ideas using a fully coupled numerical model[J]. J Geophys Res, 106:16461–16481.

Cooper A K, Stagg H M J, Geist E. 1991. Seismic stratigraphy and structure of Prydz Bay, Antarctica: Implication from Leg 119 Drilling[C], In: Barron J and Larsen B, eds, Proceeding of the Ocean Drilling Program, Scientific Results, Vol. 119, College Station, Texas (Ocean Drilling Program), 5–25.

Erohina T, Cooper A K, Handwerger D, et al. 2004. Seismic stratigraphic correlations between ODP Sites 742 and 1166: implications for depositional paleoenvironments in Prydz Bay, Antarctica[C], In: Cooper A K, et al, (Eds), Proceedings of the Ocean Drilling Program, Scientific Results, Vol. 188, College Station, TX, 1–21.

Fullea J, Fernandez M, Zeyen H. 2008. FA2BOUG-A FORTRAN 90 Code to Compute Bouguer Gravity Anomalies from Gridded Free-Air Anomalies: Application to the Atlantic-Mediterranean Transition Zone[J]. Computers & Geosciences, 34(12): 1665–1681.

Hambrey M J, Ehrmann W U, Larsen B. 1991. Cenozoic glacial record of the Prydz Bay Continental Shelf, East Antarctica[C]. In: Barron J, Larsen B, (eds) Proceedings of the Ocean Drilling Program Scientific Results, Vol 119, College Station, TX (Ocean Drilling Program), 77–132.

Hemer M A, Harris P T. 2003. Sediment core from beneath the Amery Ice Shelf, East Antarctica, suggests mid-Holocene ice-shelf retreat[J]. Geology, 31: 127–130

Ishihara T, Leitchenkov G L, Golynsky A V, et al. 1999. Compilation of shipborne magnetic and gravity data images crustal structure of Prydz Bay (East Antarctica)[J].Annali di Geofisica, 42(2): 229–248.

Kanao M, Ishikawa M, Yamashita M, et al. 2004. Structure and Evolution of the East Antarctic Lithosphere, Tectonic Implications for the Development and Dispersal of Gondwana[J], Gondwana Research, 7(1): 31–41.

Kvenvolden K A, Hostettler F D, Rapp J B, et al. 1991. Aliphatic hydrocarbons in sediments from Prydz Bay, Antarctica[M], College Station, TX (Ocean Drilling Program), 114.

McDonald T J, Kennicutt Ⅱ M C, Rafalska J K, et al. 1991. Source and maturity of organic matter in glacial and Cretaceous sediments from Prydz Bay, Antarctica, ODP Holes 739C and 741A[C]. In: Barron J and Larsen B, (eds), Proceeding of the Ocean Drilling Program, Scientific Results, Vol. 119, College Staion, Texas(Ocean Drilling Program), 407−416.

O'Brien P E, Leitchenkov G. 1997. Deglaciation of Prydz Bay, East Antarctica, based on echo sounding and topography features[C]. In: Barker P F and Cooper A K (Eds), Geology and Seismic Stratigraphy of the Antarctica Margin, Part 2, Washington, D C: American Geophysical Union, 71: 109−126.

O'Brien P, Santis L D, Harris P, et al.1999. Ice shelf grounding zone features of western Prydz Bay, Antarctica: sedimentary processes from seismic and sidescan images[J]. Antarctic Science, 11(1): 78−99.

O'Brien P E, Cooper A K, Richter B, 2001. Proceedings of the Ocean Drilling Program, Initial Reports, Vol. 188[M], College Station, Texas A&M University.

Parsons B E, Sclater J G. 1997. An analysis of the variation of ocean floor bathymetry and heat flow with age[J]. J Geophys Res, 82:803−827.

Prabhakar K N, Zutshi P L. 1993. Evolution of southern part of Indian east coast basins[J], J Geol Soc India, 41(3): 215−230.

Shipboard Scientific Party. 2001. Leg 188 Summary: Prydz Bay−Cooperation Sea, Antarctica[C], In: O'Brien P E, et al,(eds). Proceedings of the Ocean Drilling Program, Initial Reports, Vol. 188, College Station, Texas (Ocean Drilling Program).

Stagg H M J, Colwel J B, Direen N G, et al. 2004. Geology of the continental margin of Enderby and Mac.Robertson Lands, East Antarctica: Insights from a regional data set. Marine Geophysical Research, 25: 183−219.

Stagg H M J. 1985. The structure and origin of Prydz Bay and Mac. Robertson shelf, East Antarctica[J],Tectonophysics, 114: 315−340.

Taylor F, Leventer A. 2003. Late Quaternary palaeoenvironments in Prydz Bay, East Antarctica: interpretations from marine diatoms[J], Antarct Science, 15(4), 512−521.

Watts A B, Rodger M, Peirce C et al. 2009. Seismic structure, gravity anomalies, and flexure of the Amazon continental margin, NE Brazil[J]. J Geophys Res, 114: B07103.

Whitehead J M, Quilty P G, Mckelvey B C, et al. 2006. A review of the Cenozoic stratigraphy and glacial history of the Lambert Graben−Prydz Bay region, East Antarctica[J]. Antarctic Science, 1(18): 83−99.

第3章 南极半岛东缘地质特征

　　南极半岛是南极洲构造演化最为复杂的区域，中生代冈瓦纳大陆的裂离和中生代－新生代期间太平洋板块向南极半岛的俯冲消减共同塑造了该区丰富的地质结构。围绕南极半岛发育了一系列的与板块俯冲相关的边缘海盆地，包括其东侧的威德尔海（Weddell Sea）、鲍威尔盆地（Powell Basin）、简盆地（Jane Basin）、北侧的德雷克海峡（Drake Passage）和斯科舍海（Scotia Sea），西侧的南设得兰盆地（South Shetland Basin）和卡马拉盆地（Camera Basin）等（图3-1）。这些盆地既有弧前盆地，也有弧后盆地，既与弧后拉张相关，也与走滑拉张作用相关，它们与南极半岛区的俯冲带、岩浆弧一起组成了复杂的沟弧盆体系，汇聚了挤压、走滑和拉张等多种构造地质现象。该区不仅是研究中生代冈瓦纳裂解、板块俯冲碰撞以及弧后盆地形成的天然地质实验室，也是研究新生代以来冰川运动，洋流以及气候变化的关键场所，对板块运动和大陆边缘动力学的研究具有很好的科学意义。

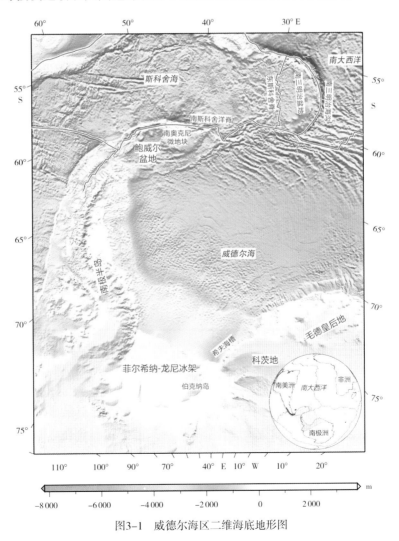

图3-1　威德尔海区二维海底地形图

3.1 地质特征概述

南极半岛地区位于南极洲的西北侧，其西北侧为东南太平洋，以南为别林斯高晋盆地，以北为德雷克海峡和布兰斯菲尔德海峡，呈现南宽北窄，并顺时针旋转的弧形。

南极半岛的构造面貌主要表现为中、新生代太平洋边缘岛弧，属于南美安第斯造山带的南延部分，由古生代变质基底和中、新生代岩浆岩两个构造层组成（刘小汉等，1991）。研究表明，中生代南极半岛的地质构造与南美洲南部具有很多相似性，一个岩浆弧从安第斯连续延伸到南极半岛，与菲尼克斯板块俯冲相关。当板块俯冲时，洋脊也随着向东南移动，并产生了一系列的中、新生代弧前和弧后盆。直到洋脊与海沟碰撞才停止俯冲。在 4Ma 前后，由于俯冲速度减慢引起俯冲板块后撤，布兰斯菲尔德海峡打开。复杂的地质演化使得该地区具有增生体，岩浆弧，弧前盆地，弧后盆地和新生代扩张带等多种构造单元。

在地质历史时期，南极半岛长期以来位于冈瓦纳古陆—太平洋边缘，在冈瓦纳古陆解体初期由于弧后扩张而与南极分离（Dalzier, 1974）。南极半岛基本由中—新生代钙碱性火山岩组成。这些岩石和南美安第斯岩区一样，组成了一个线状岩浆弧。南极半岛的基底主体属于前寒武系陆壳基底的一部分，新的发现表明它们也包含古生界甚至中生界浊积相沉积岩和低级至高级变质岩。盖层的大部分岩石则均为与冈瓦纳运动中太平洋俯冲作用有关的、叠加于早期冈瓦纳古陆—太平洋边缘带之上的岩浆活动造成的。南设得兰群岛在更新世前与南极半岛相连，在布朗斯菲尔德裂谷形成、弧后扩张作用下从南极半岛分离出去。而斯科舍弧的基底被认为主要由古生界、中生界甚至新生界变质岩组成，属于冈瓦纳运动的构造前、同构造甚至可能属于构造后的早期岩浆弧（Dalziel, 1982）。一般认为，南极半岛属于南美洲安第斯造山带的南延部分，但与安第斯山南端不同的是，南极半岛不存在闭合的边缘盆建造，说明在冈瓦纳运动中可能经历过复杂的历史。

南极半岛现今位于南极板块、斯科舍板块和德雷克板块的交汇部位。但在侏罗纪末时，该区有三个板块体系，即太平洋板块、法拉隆板块和菲尼克斯板块（Barkre, 1982）。现代的南极板块是太平洋板块的一部分，纳斯卡板块是法拉隆板块向南美板块下俯冲的残余，而德雷克板块是菲尼克斯板块现在所能见到的部分。这三个板块的历史，特别是德雷克板块的形成，控制着该区火山活动和岩浆作用。

在德雷克海峡，磁测资料证明存在新生代末期的扩张中心。这些资料和南极半岛西部海域的磁测资料显示的高度不对称的年龄变化模式一起，解释了该区新生代以来的板块运动历史，表明已有相当数量老的太平洋板块已经消亡在南极半岛之下，现在所能见到的组成太平洋洋壳的主体则是近 80 Ma 在太平洋—南极海脊上所形成的（Pitman et al., 1974）。新生代初期，南极半岛的西部存在着一个扩张海脊，即阿鲁克脊（Herron and Tucholke, 1976）。现存的三条磁异常条带向北年龄变轻。南设得兰群岛西北部的一条，似乎保持着中心向两侧年龄增大的分布模式，证明在德雷克板块上还存在着扩张中心。往南在南极半岛西部的二条则从半岛向外年龄变老，证明洋脊在半岛下消亡（Barker, 1982；Barker and Dalziel, 1980）。另一方面，在南极半岛西部的大洋洋壳基本是水平的，表明当洋中脊到达海沟时，俯冲作用已经停止。根据磁异常、年龄分布和海底扩张速率，Tarney 等（1982）粗略估算出阿鲁克洋脊到达海沟的年代由半岛南部向北逐渐变年轻。这表明，南极半岛上与俯冲作用有关的岩浆岩分布具有时间和空间的变化。

南设得兰群岛的火山岩记录了该地区最完整的板块运动史，这是由于它不仅和南极半岛一起经历了太平洋板块向南极半岛下的俯冲、阿鲁克洋脊与海沟相遇俯冲作用停止的全部过程，而且在布朗斯菲尔德裂谷形成、弧后扩张作用下它从南极半岛被分离出去了。南极半岛西部海域中，现在唯一在地貌上存在着的海沟位于南设得兰群岛西北 100 ~ 200 km，最深达 5 km。然而，在这个海沟内没有测到过深地震，俯冲作用和德雷克海脊上的扩张可能在约 4 Ma 以前就基本停止了（Barker，1982；Tarney et al.，1982）。在南极半岛和南设得兰群岛之间的布朗斯菲尔德斯海峡两侧发育有两条近于平行的断裂，被认为是弧后扩张作用的双裂谷（Gongzalez-Ferran，1982）。布朗斯菲尔德裂谷的形成，不仅把南设得兰群岛向北推离南极半岛 65 km，而且导致了全新世火山喷发。由于古新世以来，太平洋板块的扩张中心逐渐朝北东方向消亡，洋壳的俯冲作用沿南极半岛西缘发生并依次终止，因此与之相应的火山活动也在半岛上有规律地迁移。一方面，从南设得兰群岛—南极半岛西岸—东岸，K_2O、Th、Rb 含量在任意给定 SiO_2 的水平上均表现出上升的趋势（Saunders et al.，1980），表明贝尼奥夫带逐渐变深；另一方面，从半岛南部向北火山岩、侵入岩时代变新，碱度增高（Thomson，1982）和板块扩张中心消亡一致。南设得兰群岛火山岩的同位素年龄资料清楚地显示了类似的演变过程。在群岛西南，深成岩形成于 120 Ma 以前，和雪岛的火山岩一样是晚侏罗纪的产物，经过列文斯顿岛和格林威治岛（晚侏罗至中白垩世），罗伯特岛（中白垩世）向北东，乔治王岛的菲尔德斯半岛火山岩时代为晚白垩至古近纪，而该岛北东则主要产出古近纪晚期的火山岩和侵入岩。

南极半岛的盆地按照发育时间可以分为中生代盆地和新生代盆地。其中中生代盆地代表为 FBG（Fossil Bluff Group）盆地。新生代盆地包括鲍威尔盆地、布兰斯菲尔德盆地，卡马拉盆地等。

本区中、新生代沉积盆地的基底为前新生代片麻岩和晚古生代—中生代的增生混杂岩。中生代沉积属于弧前环境，与岩浆弧的火山活动密切相关。在格拉厄姆地西侧的南设得兰群岛和阿德雷德群岛分布有牛津期 - 马斯特里特期（J3-K2）沉积，沉积富含火山物质而少化石，包括细砾岩、砂岩、泥岩、凝灰岩和集块岩。在帕尔默地西部和亚历山大岛分布有基末利 - 阿尔比期（J3-K1）沉积，沉积厚度最大可达 4 300 m，可分为三层，下部为变形的火山岩，中部包括砾岩、砂岩和泥岩，上部是单一的泥岩、粉砂岩，具生物扰动、交错层特征。新生代以来本区产生新的拉张，新生代的盆地沉积具有弧前和弧后的双重特征，并且受控于冰川作用。古近纪地层多为非海相砂岩和火山碎屑岩，富含植物碎屑，并具有煤层。新近纪以来进入极地和次极地环境，晚渐新世—早中新世为分选好的浊流砂岩、粉砂岩和黏土岩互层，中、晚中新世以来硅质生物和冰筏碎屑增加。布兰斯菲尔德盆地间冰期的硅藻泥岩和软泥有机碳超过 2%。

本章主要对南极半岛东缘进行研究，包括了威德尔海、鲍威尔盆地以及陆缘区以拉尔森盆地带代表的陆缘盆地等，在讨论中也会对部分次一级的构造单元，如南奥克尼微地块（South Orkney Microplate，简称 "SOM"），简浅滩（Jane Bank）等进行描述。

3.2 地球物理场特征与地壳结构

3.2.1 数据来源及方法

3.2.1.1 水深数据

本研究所用的海底地形数据来源于最新的全球水深数据库 GEBCO_08（The Genearal Bathymetic Chart of the Oceans, http://www.gebco. net），网格间距为 $0.5' \times 0.5'$，该数据库集合了船载多波束数据和卫星 Geosat 和 ERS-1 测量数据。该全球地形数据库集合了船载多波束测量和卫星测量地形数据。在一般情况下，该数据库中的数据同船载测量的结果吻合得比较好。研究区海底地形如图 3-1、图 3-2 所示。

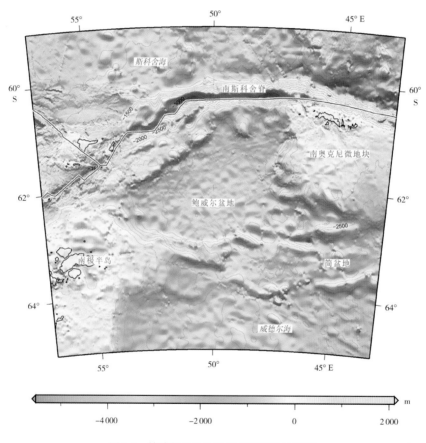

图3-2 鲍威尔盆地地形与主要构造单元图

3.2.1.2 重力数据

在南极半岛东侧的大陆边缘，卫星重力异常容易受季节性冰盖的影响，为了克服这种困难，前人对卫星测地波形数据进行重追踪处理，基本上获得了与无冰盖海域相似的精度（McAdoo and Laxon, 1997；Laxon and McAdoo, 1998）。本项目可以获得的重力数据为 Sandwell 和 Smith 公布的全球自由空间卫星重力异常数据（ftp://topex.ucsd.edu/pub/global_grav_1min）。威德尔海区布格重力异常如图 3-3 所示。

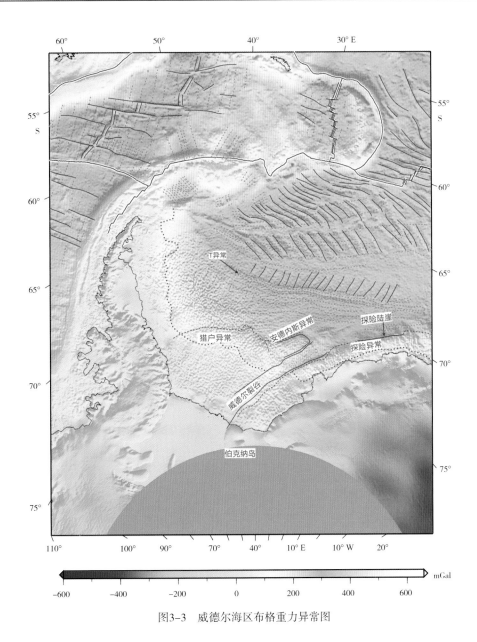

图3-3 威德尔海区布格重力异常图

V18 版本的卫星重力异常在波长大于 18 km 的误差为 8.8 mGal,波长大于 80 km 为 3.0 mGal (Sandwell and Smith,2009)。Sandwell 等(2013)在 Geosat 和 ERS-1 卫星高度数据(V18)的基础上,增加了 Gryosat-2、Envisat 和 Jason-1 最新获取的卫星高度数据,有效地提高了卫星重力异常的精度,低纬度区域提高了 1.5 倍,南北极的高纬度区域提高了 2 ~ 3 倍。最新版本(V21)的卫星重力异常精度在墨西哥湾为 1.7 mGal,在加拿大北极圈为 3.75 mGal,其他海域包括威德尔海的重力异常精度与此相当(Sandwell et al., 2013)。V21 版本的精度是大多数学术机构公布的船测重力异常的两倍左右,仅差于商业公司精细采集数据。重力异常精度的提高主要集中在波长 14 ~ 40 km,可用于宽度小到 7 km 的沉积盆地的研究。该数据所用的重追踪算法与 Laxon 和 McAdoo 的不同,相对于无冰盖海域,有冰盖区域具有相对较大的均分根误差,但是,将该数据与 Kovacs 等文章提供的源自 McAdoo 和 Laxon(1998)的卫星重力异常图件进行比较,具有一致的区域性异常特征。

3.2.1.3 磁力数据

本次研究所使用的磁力数据来源于国际地球物理数据中心（NGDC）最新发布的总地磁强度异常数据库 EMAG 2（Earth Magnetic Anomaly Grid）及 ADMAP（Antarctic Digital Magnetic Anomaly Project）南极数数字磁力异常项目。NGDC 数据库是世界多个研究机构提供的卫星磁测、海洋船磁测和航空磁测数据融合而成，测量高度为 4 km，网格间距为 2′×2′。ADMAP 项目从 1995 年开始实施，项目将已有的地面磁异常与南极及其 60°S 始附近的卫星磁异常统一起来。这个跨国际的研究项目受到南极科学研究委员会 (SCAR) 和国际地磁与超高层大气物理协会（IAGA）的资助。ADMAP Ⅰ 项目由英国剑桥大学负责，ADMAP Ⅱ 项目由意大利国家地质研究所（ING）负责。按照 SCAR／IAGA 工作小组的目标和 ADMAP 项目议定书的要求，目前在大范围数据编辑、磁异常数据库已经完成，可以在网站下载使用。

由于 ADMAP-1 数据来源于多个国家多年的调查成果，由于磁力仪噪声、定位系统误差和南极强烈的日变电磁影响，因此，磁力数据的总体质量并不高（Golynsky, 2002；Kleimenova, 2003）。在 ADMAP-1 基础上，近 10 年来各国政府在南极开展的地球物理调查又新增了约 150 万的海洋、航空磁测数据。这些数据加入将会大大提升 ADMAP 磁力数据库的资料分辨率。由于新的数据目前还没有整编完成不能下载，所以本次研究数据仍然基于 ADMAP-1 的数据。ADMAP-1 编辑得到南极低空磁测网格化文件，网格化方法根据测线间距、采样密度及交点误差的差异有所不同（Gaina, 2007），数据点间隔为 5 km。

本次研究中除却收集到的磁力数据，同时也使用了中国 28 次南极科学考察获取的磁力数据，图 3-5 以黑色测线代表我国 28 次南极考察海洋磁测航迹。作图采用的极射赤平投影（polar stereographic），起始经线 50°W，不变形纬线 65°S。本次研究对我国第 28 次南极科学考察于 2012 年 1 月获得了 1 111 km 的海洋磁测数据进行处理，磁力数据处理后得到的 ΔT 海磁力异常等值线图和平面剖面图，如图 3-6 和图 3-7 所示，可以发现此次所作磁力数据的分辨率远远高于 ADMAP-1 数据分辨率。使用 Geosoft 软件提供的栅格缝合功能，将图 3-6 与图 3-7 与 ADMAP-1 数据融合后获得研究区磁力异常图（图 3-8）。

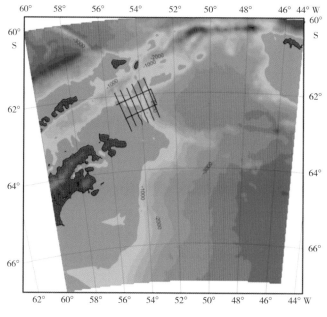

图3-4　我国第28次南极考察海洋磁测航迹图

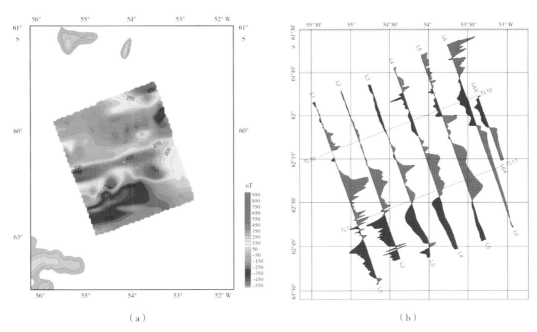

(a)   (b)

图3-5　中国第28次南极科考磁力测量图

(a) ΔT异常图，(b) 剖面图

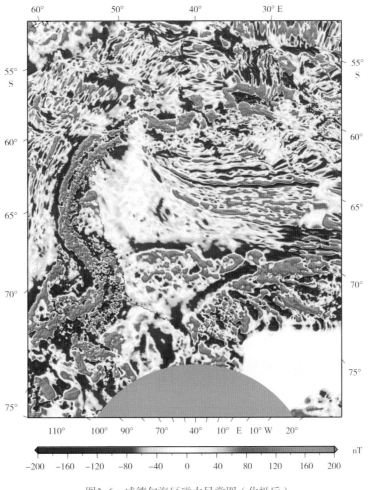

图3-6　威德尔海区磁力异常图（化极后）

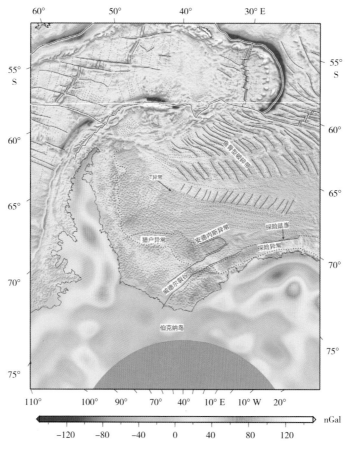

图3-7 威德尔海区自由空间重力异常图

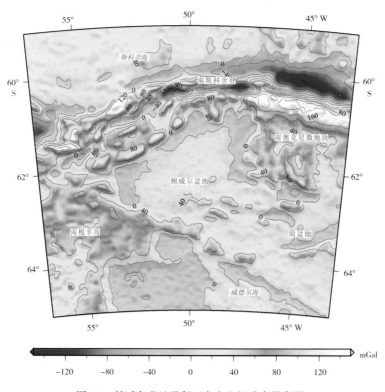

图3-8 鲍威尔盆地及邻区自由空间重力异常图

3.2.2 重力场特征

3.2.2.1 威德尔海盆

在威德尔海盆的北部和中部，自由空间重力异常最主要特征为近似等间距的高、低幅度相间的曲线形异常形态类似于鱼骨（图3-6），反映了SAM（南美洲）和ANT（南极）之间海底扩张形成的断裂区形态（Haxby，1988；Livermore and Woollett，1993）。海底磁条带拟合研究表明，走向为WNW—WES的鱼骨型断裂区的扩张时代为从老于C34（83 Ma）一直到现代（Livermore et al.，2006），并且晚于磁条带C34的洋壳年龄约束较好。C34以南的断裂走向变为NNE—SSW，但由于海底扩张处于白垩纪正极性超静磁带期（Livermore and Hunter，1996），导致其时代存在很大争论。

断裂区域的南部边界为东西向低幅线性重力异常，Livermore和Hunter（1996）将其命名为异常T（Anomaly T），其时代暂时定为M0（118 Ma）和M4（126 Ma）之间。Livermore和Hunter（1996），McAdoo和Laxon（1997）认为鱼骨形断裂在异常T以南仍然存在，但由于较厚沉积层的覆盖，导致异常非常弱。重力异常T的解释存在着较大争论。Barker和Jahn（1980）推测该异常为停止扩张洋脊的重力响应；Livermore和Hunter（1996）则认为是基底抬升引起。基于多道地震和重力数据，Rogenhagen和Jokat（2000）认为异常T可能与SAM和ANT之间的扩张速率的突然减小有关。

在威德尔海盆靠近南斯科舍脊的北部边界区域，以47°S为界，东、西两侧的自由空气重力异常和地形特征明显不同。东侧为走向NW或WNW的断裂区域，重力异常表现为正异常，一般为5 ~ 15mGal。该断裂与海底扩张有关，相应的磁力异常条带走向为WSE—ENE方向。而在西侧，大多数海底地形较为平坦，无明显的磁力异常。重力异常为负异常特征，在 −30 ~ −5 mGal 之间，并且沿着南极半岛的被动大陆边缘逐渐增强，水平梯度较大。自由空气重力异常和地形特征表明东、西区域的边界存在走向为NNW—SSE的线性构造，在多道地震剖面上对应于复杂的近垂直的花式断裂。

3.2.2.2 鲍威尔盆地

自由空间重力异常图显示鲍威尔盆地的中部为正重力异常，最大可达到45 mGal，在盆地中部高重力异常区有一较明显的低值重力异常带，在20 mGal左右，大致呈NW—NWW向展布，在该带的两侧重力异常大致对称分布，可能标示了残留的扩张脊（图3-7）。盆地周源重力异常值较低，南侧的重力异常值更低，大约在10 mGal左右，大致与洋陆过渡带位置相当。在盆地中重力异常普遍较高，在20 ~ 40 mGal之间，比一般洋盆要高。这种情况与邻近的斯科舍海相似，后者形成于弧后扩张的环境。

3.2.2.3 南奥克尼微地块

南奥克尼微地块（SOM）为南斯科舍脊的一部分，走向为ENE—WSW，形状近似为梯形，面积大约为（250×350）km²。SOM北边为斯科舍海洋壳，自由空间异常和地形特征显示两者被长条形的凹陷所分割。SOM南部为奥克尼海沟，水深大约为5 000 m。SOM的东部和南部陆架水深大于500 m，中部大约为200 ~ 400 m，并且存在冰川作用形成的N—S向峡谷。

自由空间重力异常显示SOM的北部存在两个E—W向的条带状异常（图3-7），北侧为位于大陆坡和海沟的较强幅度负异常，南侧为强幅度正异常（King and Barker, 1988; Kavoun and Vinnikovskaya, 1994）。重力模拟结果揭示这些高幅异常主要来自于 20 ~ 25 km 厚的薄陆壳的响应。磁力异常显示 SOM 的南部和东部为高幅度正异常（500 ~ 1 000 nT），可能为南极半岛高幅度正异常的一部分。SOM 北部和中部没有明显的磁力异常特征，推测其磁源体可能属于被侏罗纪变质作用影响的斯科舍变质混杂岩（Grunow et al., 1992）。

3.2.2.4 简浅滩和简盆地

简浅滩为位于 SOM 东南部大陆边缘的海脊，呈弧形特征，长几百千米。在 40°—50° W 之间，该浅滩具有明显的带状地形特征和正的自由空间重力异常，特别是在 40° W 附近，这种特征更加明显。浅滩西端终止于南鲍威尔海脊，向东与 SOM 东部的重力异常复杂区域相交。浅滩内部存在弧形凹陷，具有明显的沉积充填。凹陷东部为简盆地，宽 110 km，水深相对较浅（> 3 km）；西部的凹陷与鲍威尔盆地融为一体，两者较难界定。

简浅滩轴部的地形特征较为复杂，在（62°30′S, 40° W）附近分裂为两个距离相近的海脊。位于 SOM 东南部的海脊被断层分割，具有分段性，每段长度不同，为 40 km 到 100 km 不等，走向为 N20° E 和 N70° E。简浅滩在东北方向被迪斯卡弗里浅滩取代，在该区域，两条海脊之间存在 NW—SE 向的深海海槽。

3.2.2.5 伊利萨尔海底高地

33°—38° W 之间的南斯科舍脊由一系列相对窄的陡峭高地组成。这些构造高地被统称为伊利萨尔海底高地 (Lodolo et al., 2010)。在缺少地球物理剖面的情况下，仅可以从卫星重力异常特征推断，沿着这些高地的走向，其形态和地貌特征具有连续性。目前仅有两条多道地震剖面穿过伊利萨尔海底高地的边缘延伸区域，结果显示这些构造高地的宽度、长度和坡度具有较大差异 (Bohoyo et al., 2007)。伊利萨尔海底高地大致沿着 SE—NW 方向延伸，地形和重力异常特征表明该高地可能是简浅滩向东的构造延伸。高地之间存在较深的海槽和窄的凹陷，可能由正断层或者走滑断层形成。沿着伊利萨尔高地西侧的泥质采样主要为变质碎屑岩，进一步说明该高地属于结晶地壳或者过渡壳。

3.2.2.6 迪斯卡弗里浅滩

迪斯卡弗里浅滩位于南奥克尼微陆块的东部，为南斯科舍脊东部最大的地块。斯坦海盆将该浅滩与布鲁斯浅滩分割。该浅滩水深较浅，与大部分 SOM 的水深相当，大约为 500 m。具有高幅度的磁力异常，可能地壳中存在大量基性火成岩的侵入。结合地震层析成像的速度结构（Vuan et al., 2005）以及多道地震剖面中的地震相特征（Galindo-Zaldívar et al., 2002; Vuan et al., 2005），说明迪斯卡弗里浅滩属于陆壳性质。该浅滩具有两个明显的地形高地，高地之间为沉积厚度较大的对称海槽。该区域的重力模拟结果也说明其为陆壳，但莫霍面深度较浅（Bohoyo et al., 2007）。

3.2.2.7 赫德曼浅滩

赫德曼浅滩为斯科舍海南部边缘最东边的浅滩。中心位于（60°S, 32° W）。该浅滩西部和迪斯卡弗里浅滩的东南边缘被较窄的海槽分割；浅滩东部与东斯科舍脊的南端相连。由于缺乏地球物理资料，该赫德曼浅滩的地壳性质、构造环境和构造历史几乎未知。大部分构造信息来源于卫星重力异常和跨越浅滩西南部的单道地震剖面，显示具有明显复杂的地形和构造特征。

3.2.2.8 西威德尔海大陆边缘

威德尔海盆的西边界与南极半岛的东侧大陆边缘相邻。沿着大陆边缘，自由空间重力异常在 54°—56°W 之间主要表现为南北向线性高幅异常带，并且具有较强的水平梯度，可能对应于 COT 向海端的位置。沿着该大陆边缘的磁力异常幅度基本不超过 50 nT，这一磁静区的形成原因仍有待进一步研究（Vérard et al., 2012）。关于该大陆边缘的类型存在两种不同观点，Ghidella and LaBrecque（1997）认为低幅度的磁力异常、较厚的沉积负载以及海底地形特征表明其属于非火山型离散大陆边缘，而 Ferris 等（2000）则认为这种水平梯度较大的线性重力异常特征，可能表明该大陆边缘属于剪切型边缘。

3.2.2.9 南鲍威尔海脊

南鲍威尔海脊（SPR）为位于鲍威尔盆地和威德尔海西北部之间的近东西向的长条形地形高地。该海脊是南极半岛东部大陆边缘的一部分，陆架水深约为 500m，向东逐渐变窄且水深逐渐增大，在鲍威尔海底平原处（49°30′W）终止。研究表明，南鲍威尔海脊属于陆壳块体，受走向为 W—E 的正断层和一系列走向为 N—S 的正交断层所控制（Balanya et al., 1997）。该海脊的磁力异常主要为高幅的正异常，但未见铁镁质的火成岩，因此推测可能主要由变质岩引起。

SPR 的北陆坡为一个坡栖盆地，由平行与大陆边缘的共轭断层所限制，该断层在局部位置出露基底。陆坡与海盆之间的分界较为明显，由 SPR 和鲍威尔盆地洋壳间的转换拉伸断层区分（Maldonado et al., 1993; King et al., 1994; Rodríguez-Fernández et al., 1994, 1997）。SPR 的南部大陆边缘为线性规则的地形特征，陆坡坡度较为缓和，沉积厚度大于 3 s。

3.2.2.10 威德尔海东南大陆边缘

在威德尔海东南部，存在自由空间重力正异常条带，走向为 SE—NE，平行毛德皇后地海岸。研究表明该条带状正异常可能对应 SAM 和 ANT 板块张裂过程形成的夭折裂谷——威德尔裂谷。该裂谷可能为 ANT 克拉通与威德尔盆地之间的构造边界（Kristoffersen and Haugland, 1986；Kristoffersen and Hinz, 1991）。与重力异常对应，该裂谷的磁力异常表现为宽约 100 km 的低幅度条带状负异常。Hunter 等（1996）认为威德尔裂谷沿着磁力异常条带向西南方向一直延伸到伯克纳岛的西北角。负异常磁条带的西边为明显的布格异常低幅区域，可能为科茨地西海岸约 200 km 的前寒武纪陆壳（Studinger, 1998）。威德尔裂谷东边为陆壳的另一个证据来源于科茨地海岸的多道地震解释（Haugland et al., 1985）。根据基底露头，他们推测 78°S 和 75°30′S 之间的冰架边缘外 50 ~ 100 km 属于东 ANT 克拉通。

研究表明毛德皇后地西部海岸的大陆边缘为火山型离散边缘（Hinz and Krause, 1982；Kristoffersen and Hangland, 1986）。25°—0°W 之间的大陆边缘存在连续的向海倾斜反射层（SDRs），其中 20°—10°W 之间的 SDRs 在地形上对应于探险陡崖（Explora Escarpment），这种陡峭海底地形特征在自由空间重力异常和地形图上清晰可见（Hinz and Krause, 1982; Kristoffersen and Haugland, 1986; Hinz and Kristoffersen, 1987; Miller et al., 1990; Kaul, 1991）。探险异常代表了该构造边界的磁异常特征，可能与探险楔状体的 SDRs 相关（Kristoffersen and Hinz, 1991）。Jokat 等（1996）指出 SDRs 的北端和自由空间正异常（50 ~ 100 mGal）之间为 COT 区域，大致对应于水深 500 m 的大陆架坡折带。

3.2.3　南极半岛磁力异常特征及磁性基底反演

3.2.3.1　磁力异常分区及特征

我们对研究区具体坐标范围在 55°S—70°S，45°W—70°W 之间的磁力数据进行了融合，并绘制研究区磁力 ΔT 力异常平面图（图 3-9）。研究区范围包括了南极半岛的鲍威尔盆地和拉尔森盆地等陆缘盆地，以及南侧的威德尔海的部分，以及北侧的斯科舍海部分。

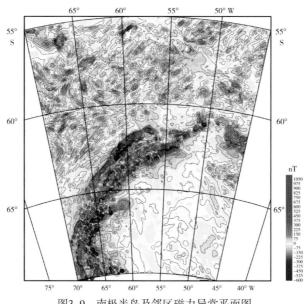

图3-9　南极半岛及邻区磁力异常平面图

研究区磁场分为两个一级异常区（图 3-10），分别为岛弧异常区（Ⅰ）和海盆异常区（Ⅱ）。主磁力异常分区又可以进一步划分为多个次级异常区，岛弧异常区（Ⅰ）可以进一步分为南极半岛异常区（Ⅰ₁）和南奥克尼群岛异常区（Ⅰ₂）；海盆异常区（Ⅱ）可以分为鲍威尔海盆异常区（Ⅱ₁），拉尔森盆地异常区（Ⅱ₂）和西威德尔盆地异常区（Ⅱ₃）。

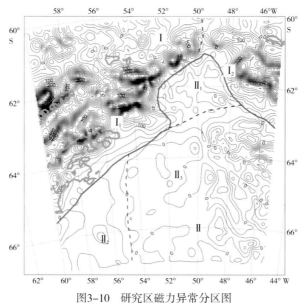

图3-10　研究区磁力异常分区图

Ⅰ岛弧异常区：Ⅰ₁南极半岛异常区；Ⅰ₂南奥克尼群岛异常区；

Ⅱ海盆异常区：Ⅱ₁鲍威尔海盆异常区；Ⅱ₂拉尔森盆地异常区；Ⅱ₃西威德尔盆地异常区

解析延拓是一种磁异常解释常用的处理方法，向上延拓可以削弱局部干扰异常，反映深部异常。由于磁场随距离的衰减速度与地质体体积有关。体积大，磁场衰减慢；体积小，磁场衰减快。对于同样大小的地质体，磁场随距离衰减的速度与地质体埋深有关。埋深大，磁场衰减慢；埋深小，磁场衰减快。因此，小而浅的地质体磁场比大而深的地质体磁场随距离衰减要快得多。这样，通过向上延拓就可以压制局部异常的干扰，反映出深部大的地质体。因此，为了突出区域异常，对磁力异常网格化数据进行了解析延拓，得到了上延 20 km 和50 km 的系列图，如图 3-11、图 3-12 所示。

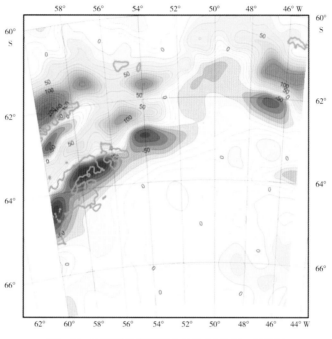

图3-11　南极半岛邻域磁力异常上延20 km晕染图

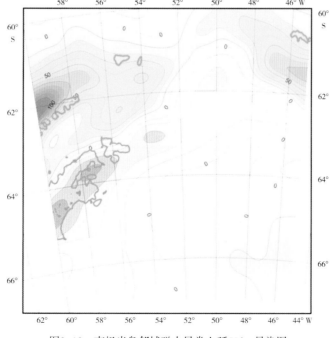

图3-12　南极半岛邻域磁力异常上延50 km晕染图

磁异常的导数在突出浅源异常、区分水平叠加异常、确定异常体边界和消除或削弱背景场等方面具有明显效果，并且有利于某些非二度异常的解释。因此，为了突出局部异常，对研究区磁力异常网格化数据进行了导数运算，得到了磁力异常 X 方向水平导数等值线图、Y 方向水平导数等值线图和一阶垂直导数等值线图，分别如图 3-13 所示。

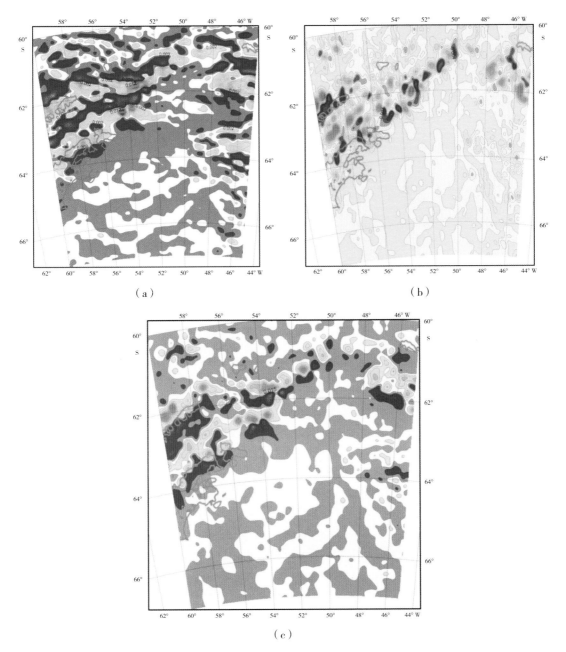

图3-13　南极半岛邻域磁力异常导数晕染图

（a）X方向；（b）Y方向；（c）Z方向

（1）岛弧异常区（Ⅰ）。

岛弧异常区在研究区北部，该区磁力异常较为复杂，总体面貌呈带状分布，展布着高值正异常，异常值范围变化较大，在 -440 ~ 630 nT 之间。

南极半岛异常区（Ⅰ₁）磁力异常总体走向为北东向，平行于半岛，正异常与负异常相间带状分布，异常带宽度约 50 km。由磁力异常 Y 方向导数［图 3-13(b)］和 Z 方向导数［图 3-13(c)］可以看出，南设得兰群岛与南设德兰海槽之间的北东向高值正异常条带明显被错断，这应该是沙克尔顿断裂带在磁场上的反应。

研究区涉及南奥克尼群岛最西部一隅，命名为南奥克尼群岛异常区（I₂），测区内磁力异常走向与南极半岛异常区走向迥异，为北西向异常带，正负异常带伴生，正异常最大值约 300 nT，在上延 20 km 和 50 km 的磁力图（图 3-11，图 3-12）上仍很明显，说明异常由深部地质体产生，分析认为这与鲍威尔海盆的扩张及南奥克尼微板块的旋转有关。

（2）海盆异常区（Ⅱ）。

海盆异常区在研究区北部，由磁力异常等值线图（图 3-9）可以看出，此异常区磁力异常变化平缓、波长短、没有明显的走向，以显著的低梯度、低幅值磁异常为特征，异常值范围变化小，在 -120 ～ 60 nT 之间。

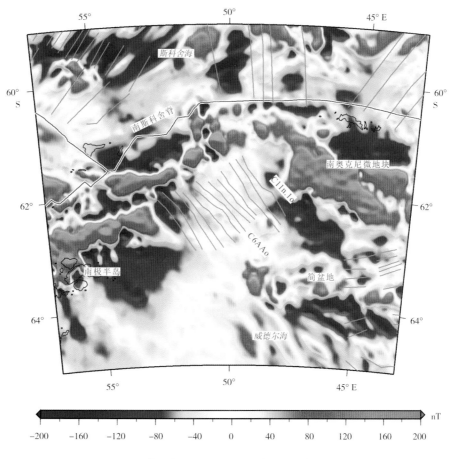

图3-14　鲍威尔盆地化极磁力异常图及磁条带解释图

鲍威尔盆地的磁力异常振幅较小，条带状特征不明显，峰值的幅度在40 nT左右（图 3-12）。与之相对比斯科舍海的峰值振幅在 200 nT 左右。这种磁异常条带不是很明显的特征在其他地方也有观察到，比如加利福尼亚湾（Langenheim and Jachens, 2003），智利海沟（Cande et al., 1987），以及南极半岛滨海（Larter and Barker, 1991）。这些地方共同的特征是洋壳形成过程中有很高的沉积速率。Levi 和 Riddihough（1986）认为这种相对弱化的磁异常条带可能与沉积扩张中心之下的大洋玄武岩普遍的热流变化相关。厚度较大的沉积层形成了一个封闭的热流系统，阻止了流体向较冷海水的扩散。这些被封存的热流导致氧化铁的滤出，减低了磁异常条带的幅度。

Eagles 和 Livermore（2002）首次在鲍威尔盆地区识别出了线性磁异常条带（图3-14）。鲍威尔海盆磁异常条带振幅值很低，峰峰值仅有 10～40 nT 左右，走向 N30 走向。在海盆磁力异常图上可以识别出六对磁异常条带（P1-P6），异常带以鲍威尔脊为扩张中心。

沿着太平洋一侧的主动陆缘存在一条高值磁力异常条带，成为太平洋陆缘条带，宽度可达 100 km，峰值可超过 1 000 nT，代表了中生代岛弧深成岩体。该磁异常带与南极半岛的镁铁质露头区位置高度吻合。类似的高值异常条带在南设得兰群岛，南斯科舍脊南部和南奥克尼微地块同样存在。

研究区涉及拉尔森盆地北部一隅，称之为拉尔森盆地异常区（Ⅱ₂）。拉尔森盆地大部被拉尔森冰架覆盖，具体位于 63°—70°S 之间，东部和西部分别以南极半岛和陆架断裂（shelf break）为界。拉尔森盆地异常区（Ⅱ₂）磁力异常平静宽缓，无明显异常走向，以低值负异常为特征，背景异常幅值在 −30～0 nT 之间。宽缓平静的磁场背景揭示其巨厚的无磁性沉积盖层，巨大的沉积岩厚度可能使得该区成为油藏的远景地区。

3.2.3.2 磁性基底反演

（1）岩石磁性。

南极半岛岩浆岩分布带：该岩浆岩带从北向南沿南极半岛绵延分布，一直延伸至埃尔斯沃斯地大陆边缘，延伸近 4 000 km，且在玛丽伯德地亦有零星分布，范围较广，属于中等磁性。Maslanyj 等（1991）研究表明此岩浆岩带为中—新生代岩浆弧。另据陈廷愚等（2008）研究表明，该处岩浆岩多为中生代花岗岩和花岗闪长岩。

威德尔海岩浆岩带大致呈东西向分布，且分布范围较广，西部磁性较弱，东部较强。据 ODP113 航次 691、692 钻孔资料显示，该处磁异常对应岩性为中生代岩浆岩。

罗斯海局部发育磁力高异常，该处岩浆岩分布可能与西南极裂谷系统发育有关。

（2）磁异常的分离。

由于实际测量的界面异常叠加了许多干扰异常，比如浅部的具有磁性的地质体产生的异常等，为了提高反演的精度，在计算界面深度之前，要在测量异常的基础上，尽量剔除非界面因素引起的干扰异常。小波逼近法也是目前较为常用的方法之一，它具有低阶小波细节不变的有点，也就是说不管怎么选择小波阶数（人为选定）n，小波变换出来的低阶小波细节都是一样的，所不同的只是小波细节的个数和 n 阶逼近，这一准则是离散小波变换特有的优点，对异常分解非常有利。如假设 $n = 3$，小波分析后取得小波细节 D1、D2、D3，和三阶逼近 D3，看 A3 是否有平滑的区域场的特征，如果是，则 A3 为区域场，DL = D1 + D2 + D3 为局部场，否则继续改变 n，直到取得满意结果为止（赵百民等，2006；刘天佑等，2007）。

本项目对研究区磁异常进行了 4 阶小波分解，如图 3-15 至图 3-22 所示。由图可知，一阶细节显得很是杂乱琐碎，这可能是随机干扰或浅部地质体产生；二阶细节只为局部异常，可能为中浅部地质体产生；三阶细节可能为中部地质体的反应，三阶逼近虽宽缓但仍欠平滑；四阶细节波长明显增长，应为较深层地震体的反应，四阶逼近异常具有明显的平滑的区域场特征，可以作为深层结晶基底磁场反应。

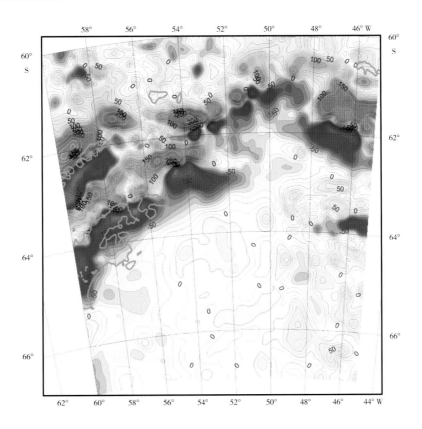

图3-15　南极半岛邻域磁力异常1阶逼近

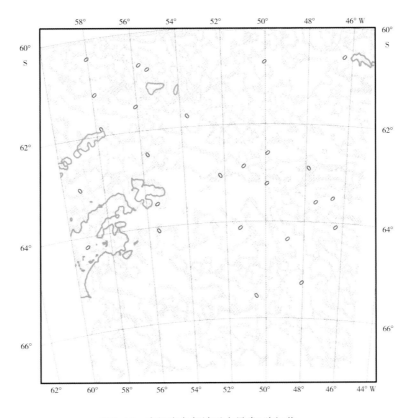

图3-16　南极半岛邻域磁力异常1阶细节

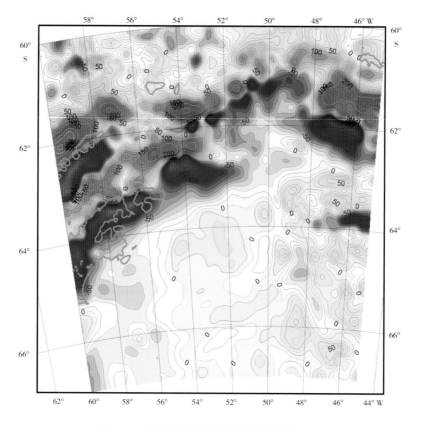

图3-17 南极半岛邻域磁力异常2阶逼近

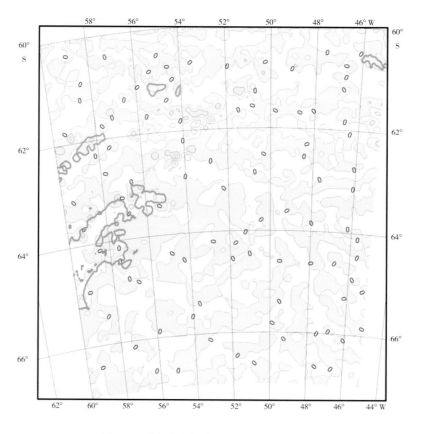

图3-18 南极半岛邻域磁力异常2阶细节

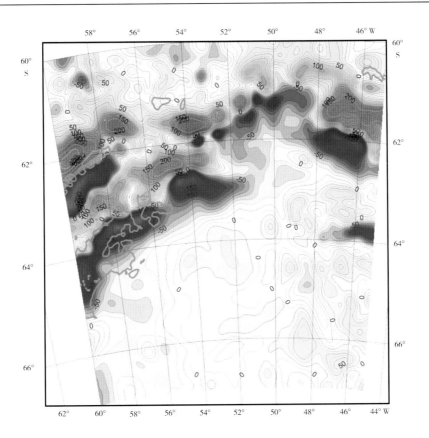

图3-19 南极半岛邻域磁力异常3阶逼近

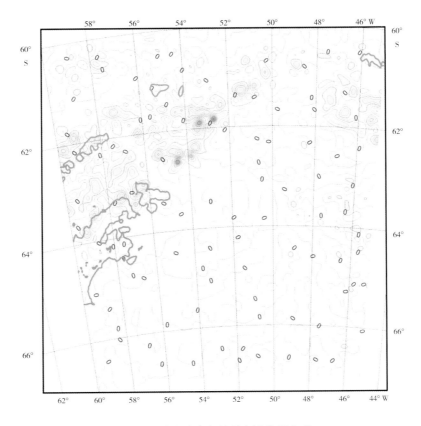

图3-20 南极半岛邻域磁力异常3阶细节

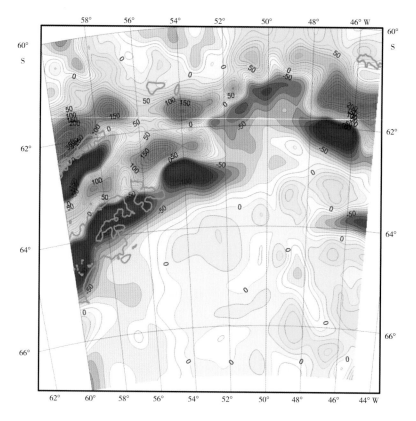

图3-21　南极半岛邻域磁力异常4阶逼近

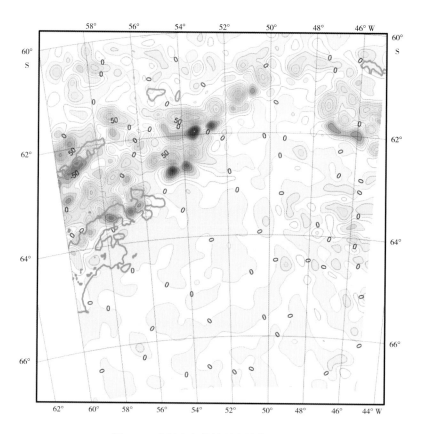

图3-22　南极半岛邻域磁力异常4阶细节

（3）磁性基底反演。

20世纪70年代以来，R. L. Parker提出了一种界面重磁场的正反演公式。由于它能计算物性横向变化的连续界面，速度快，所以很快得到了广泛的应用，成为磁性界面反演的经典算法，中国地质大学研制的MAG 3.0软件集成了Parker法反演磁性基底的方法。

Parker法反演磁性基底需要给出的参数包括磁性界面平均磁化强度、磁性下界面埋藏深度和磁性基底平均深度。根据研究区岩石磁性统计结果，研究区沉积岩及寒武系至中生代的浅变质岩基本无磁性或弱磁性，地层的磁性主要由火山岩及侵入岩（如玄武岩等）引起；中生代侵入岩、火山岩及古生代具有磁性的岩石均可成为磁性基底，总结研究区地层磁性分布见表3-1。

表3-1 研究区地层磁性分布

地 层	磁化强度（A/m）
新生界	0
中生界	0
未变质古生界	0
变质古生界及前古生界	0.2 ～ 12

根据前人研究成果（LaBrecque et al., 1997；Surinach et al., 1997；Eagles et al., 2002），南极半岛邻域磁性基底平均埋深取9.5 km，磁性界面平均磁化强度取4 A/m。采用MAG 3.0软件集成了Parker法反演磁性基底结果如图3-23所示。由图可见，南极半岛磁性基底最浅，由南极半岛向东基底深度迅速下降，平均深度9 ～ 11 km。鲍威尔盆地与拉尔森盆地磁性基底埋深较大（>11 km），研究区范围内西威德尔海盆地磁性基底平缓，平均埋深约10 km。

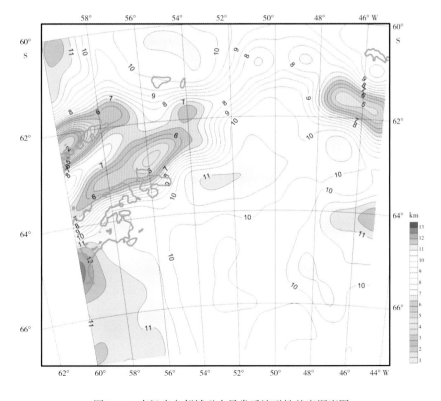

图3-23 南极半岛邻域磁力异常反演磁性基底深度图

3.2.4 南极半岛西缘地壳结构特征

3.2.4.1 威德尔湾

King（2000）基于全球以及 COT 研究成果，对威德尔湾区提出三种地壳模型（Baltimore 峡谷模型、Niger 三角洲模型和 Afar Triangle 模型）（图 3-24、图 3-25），均表明威德尔湾的 COB 位置位于陆架边缘以南几百千米。Baltimore 峡谷模型认为 COT 边界对应于重力异常的峰值（图 3-26），若与 Baltimore 类似，威德尔湾的 COT 边界位于 2 000 m 水深线以南 120 ~ 150 km。若与 Niger 三角洲模型类似，COT 位于陆架边缘以南 300 km，则在海湾的东部对应于沿着科茨地海岸对应于明显的高低磁异常。Hunter 等（1996）认为探险异常与裂谷边缘的火山楔有关，COT 边界偏向大陆一侧，Orion 异常以南的高幅磁力异常区属于洋壳。这种无线性趋势、宽广的高幅度磁异常与北冰洋的 Alpha 脊类似，并不属于正常的洋壳磁异常特征，而可能代表了热点岩浆喷发较快的区域。第三种可能是威德尔湾的地壳结构与埃塞俄比亚的 Afar Triangle 类似，大量喷出玄武岩覆盖在拉伸程度较高的陆壳之上（Ebinger and Hayward, 1996）。Ebinger 和 Hayward 发现当拉伸因子大于 2 和地壳的有效弹性厚度接近于洋壳（$Te = 6$ km）时，岩浆过程开始在地壳张裂中发挥主要作用。该模型认为威德尔湾的磁力异常来源于陆壳张裂最后阶段广泛侵位的火山物质。如果假设拉伸因子为 2.5，则 COT 位于 Orion 异常以南 250 km。

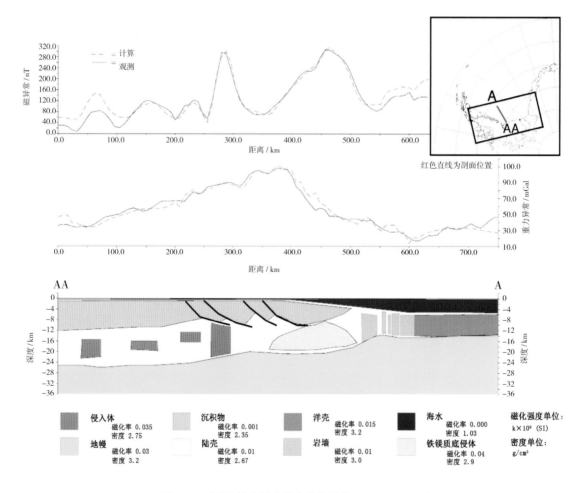

图3-24 威德尔湾大陆边缘重磁模型（Feriis et al., 2000）

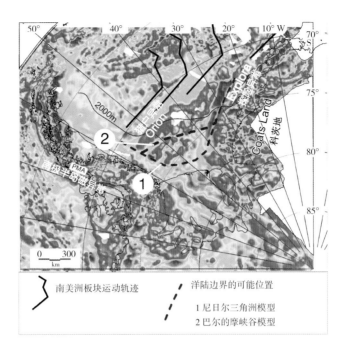

图3-25　威德尔湾大陆边缘的COT位置（King，2000）

1为Niger三角洲模型，2为Baltimore峡谷模型，底图为磁力异常

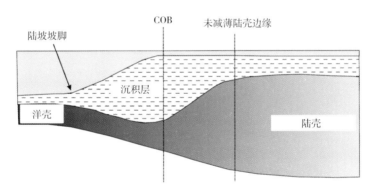

图3-26　基于Baltimore海槽的大陆边缘演化模型（King，2000）

沉积物最厚位置对应于COT边界

折射地震结果显示威德尔湾为高拉伸的陆壳。在 Filchner-Ronne 冰架的前缘，地壳厚度大约为 20 km，且上覆 10 ~ 15 km 厚沉积层（Grikurov et al., 1991；Miller et al., 1984；Hübscher et al., 1996；Leitchenkov and Kudryavtzev, 2000）。Ferris 等（2000）提出的威德尔湾的重磁模型，也支持地壳存在明显拉伸，可能发生于海底扩张和冈瓦纳裂解期间或之前。

3.2.4.2　威德尔海东南大陆边缘

研究表明毛德皇后地西部海岸的大陆边缘为火山型离散边缘（Hinz and Krause, 1982；Kristoffersen and Haugl, 1986）。25°—0°W 之间的大陆边缘存在连续的向海倾斜反射层（SDRs），其中 20°—10°W 之间的 SDRs 在地形上对应于探险陡崖，这种陡峭海底地形特征在自由空间重力异常和地形图上清晰可见（Hinz and Krause, 1982；Kristoffersen and Haugand, 1986; Hinz and Kristoffersen, 1987; Miller et al., 1990; Kaul, 1991）。探险异常代表了该构造边界的磁异常特征，可能与探险 Wedge 的 SDRs 相关（Kristoffersen and Hinz, 1991）。Jokat 等（1996）指出

SDRs 的北端和自由空间正异常（50 ～ 100 mGal）之间为 COT 区域，大致对应于水深 500 m 的大陆架坡折带。

折射地震结果进一步确证该离散大陆边缘属于火山型（Jokat et al., 2004）。探险陡崖西北侧的洋壳厚度大致为 10 km，东南侧属于拉伸的陆壳，并且极大可能在整个地壳深度范围存在侵入的火山岩。下地壳存在 P 波速度为 7.0 ～ 7.4 km/s 的高速体，其北边界大致对应于探险陡崖。该区域结晶地壳之上覆盖了约 4 km 厚，70 km 宽的楔形火山物质（SDRs）（图 3-27）。

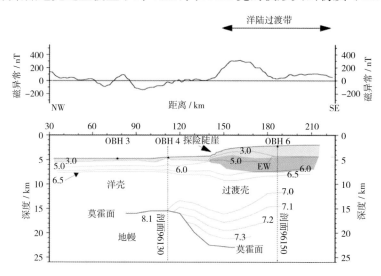

图3-27　垂直于探险陡崖的P波速度模型（Jokat，2004）
EW为探险楔状体，探险陡崖位置的下地壳存在明显的高速体

3.3　构造变形 - 沉积特征及形成演化

3.3.1　威德尔海

威德尔海是南极大陆边缘海之一，深入南极大陆海岸，其西与南极半岛相邻，北以南斯科舍脊为界，南侧为菲尔希纳—龙尼冰架，东南为东南极洲的毛德皇后地和科茨地海岸，东接 Lazarev 海。在早—中侏罗纪期间，威德尔海位于东冈瓦纳（南极洲、马达加斯加、印度和澳大利亚）与西冈瓦纳（南美和非洲）裂解的中心位置，并且同时发生了多次大火山岩省事件，因而是研究冈瓦纳裂解动力学过程的关键海域。

威德尔海位于 60°S 以南，部分海域几乎全年被冰雪覆盖，导致获取地质和地球物理数据非常困难，已获取数据的分布较为分散，并且大多数的质量较差（Ghidella et al., 2002；Jokat et al., 2003a；König et al., 2006）。其次，在威德尔海南部，洋壳基底之上覆盖了数千米厚的沉积层，造成海底扩张的条带状磁异常大幅减弱；而靠近南美洲板块一侧，包含海底扩张时代信息的洋壳已经俯冲于 Sandwich 板块之下。尽管前人利用已经获得的数据，提出了多种威德尔海构造演化模型（Barker and Jahn, 1980；LaBrecque and Barker, 1981；Martin et al., 1982；Martin and Hartnady, 1986；Lawver et al., 1992；Storey et al., 1996；Ghidella and LaBrecque, 1997；LaBrecque and Ghidella, 1997；Ghidella et al., 2002；Kovacs et al., 2002；König et al., 2006），但上述原因导致南美洲板块和南极洲板块之间的张裂过程及之后的海底扩张时代仍然具有较大程度的不确定性，值得进一步研究。

3.3.1.1 数据来源

威德尔海及邻近海区的多道反射地震剖面收集自南极地震数据资料系统（Antarctic Seismic Data Library System，http://sdls.ogs.trieste.it），共 34 条剖面（图 3-28）。地震数据采集部门包括德国魏格纳极地与海洋研究所（AWI）、德国联邦地球科学与资源研究所（BGR）、英国极地调查局（BAS），采集的时间集中在 20 世纪 80—90 年代。数据包括导航数据以及 SEGY 格式的叠加或者偏移数据。目前已收集到的数据均已导入 Landmark 的 Discovery 地震数据解释软件中。

在研究区可以收集到的钻井资料主要为 1987 年 ODP 113 航次的 6 口钻井（692 井、693 井、694 井、695 井、696 井及 697 井）（Barker et al., 1988）（图 3-28）。这些钻井中三口（695 井、696 井及 697 井）位于南奥克尼微地块及陆坡坡脚处，钻遇新生代地层，最老至始新世，未钻至基底。一口位于威德尔海盆地中部，钻至中中新世（694 井）。其余位于毛德皇后地的陆坡处，钻遇新生代地层（692 井及 693 井）。因此地震剖面解释中层位的标定在钻井资料的基础上，主要以不整合面及其与之对比的整合面为层序界面的原则，根据地震的反射特征，包括连续性、振幅、频率、反射终止（上超、削截、下超）等对研究区进行划分，同时也参考了前人研究对地层的解释以及年代标定工作。

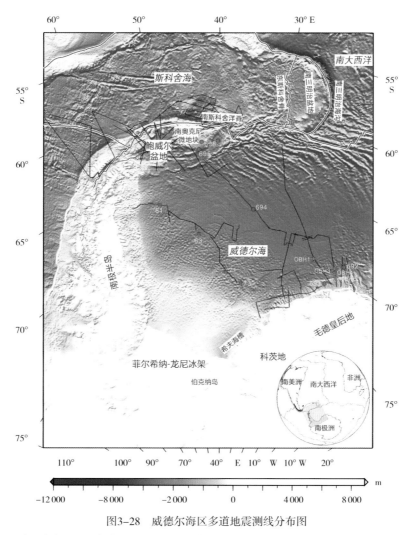

图3-28　威德尔海区多道地震测线分布图

红色圆点为ODP 113航次钻井位置；红色五角星为OBH站点位置；红色方块为声呐浮标位置

3.3.1.2　地层单元划分

我们从 SDLS 数据库中选择了 4 条多道地震测线，分别为 BAS845-15、A92022、AWI97-010、AWI97-031，组成了横跨整个威德尔海盆的超级断面，地震测线中没有太多断点，同时也穿越了绝大部分的威德尔海，更能追踪地震相位。根据地震反射特征以及钻井的数据，我们对整条长剖面进行了解释（超过 3 300 km），建立地震层序格架。沉积单元用 WS-S1 至 WS-S7 表示，地层界面用 WS-u1 至 WS-u7 表示。或者更笼统的格架，用前冰川期，转换期和冰川期进行沉积单元划分。其中沉积基底（WS-S0）为声学基底。前冰川期沉积包括 WS-S1、S2 和 S3。转换期沉积为 WS-S4，冰川期沉积包括 WS-S5 至 WS-S7。

靠近南极半岛的声学基底崎岖不平，并有洋脊和海山的大量发育。在威德尔海区声学基金要平缓很多，并有小型裂谷发育。由于缺少钻井数据，对于基底的解释主要根据地震反射特征。处于简化的需要，断层没有解释。

整条剖面 WS-S1 至 S7 的地震反射特征与图 5-53 所示的典型反射特征均比较吻合，所有的沉积单元侧向上连续性好，具有继承性，水平状，扰动也少，可以全剖面追踪。大部分的沉积单元均平行于海底，只有在威德尔海中部部分较老的低振幅沉积表现为丘状。

前冰川期沉积包括 WS-S1，WS-S2，WS-S3，为声学基底的顶界面。顶部为 WS-u4，标示着地震反射特征从低振幅，更多的透明状，连续性差，向上部的连续性好，高振幅，相互平行的特征转变。

转换期沉积只有一个沉积单元，WS-S4，顶底分别为 WS-u5 和 WS-u4. 虽然在该沉积单元中可以识别出更薄的沉积单元，但是沉积反射特征都比较一致，因此均分为一组。WS-u5 作为沉积单元的顶界面，反射特征表现为强振幅，水平状，连续性好，可以全区追踪，在盆地的边缘会表现出消截特征，而上部的地震表现出一系列强振幅，紧密水平的特征。这可能代表了通过第一期冰架向外陆架发育而输送进下陆坡和深海平原的沉积层。

全冰川期沉积包括 WS-S5，WS-S6 和 WS-S7，底部为 WS-u6，顶部为海底。该沉积单元地震相发生变化，并出现更多复杂的内部构造，代表了沉积过程发生变化，代表了全冰川期沉积的开始。全冰川期最开始的沉积 WS-S5，披覆于前冰川期和转换期之上，并充填了威德尔海东南端的盆地底部。

不同沉积盆地的基底时代根据磁异常条带确定，由此威德尔海盆地为 142.8 ～ 19.2 Ma，西南斯科舍海盆为 30.9 ～ 10.5 Ma，鲍威尔盆地为 29.7 ～ 21.1 Ma，简盆地为 17.4 ～ 14.4 Ma。最古老的磁异常条带出现在威德尔海西南端，并向盆地的 NW 部分变新，直至靠近南极半岛。威德尔海基底年代变化表明威德尔海盆地沉积在西南端时代晚于 124 Ma，而在西北端晚于 14 Ma。

3.3.1.3　地震反射特征

各沉积单元的主要反射特征如下，典型图例如图 3-29 所示。原始地震剖面及解释如图 3-30 所示。

WS-S7：盆地充填或者水道充填沉积，强振幅，高连续性，高频，层叠状。

WS-S6：高频，强振幅，高连续性反射。靠近陆坡处部分为嘈杂相，低反射性，显示浊积流特征。

WS-S5：振幅最强的地层单元，层叠性显著，平行连续反射。在高频反射之间有部分嘈杂相的结构。

WS-S4：中振幅，连续性较差的平行反射。在中间有一连续的强振幅反射相位将该沉积单元分为两部分。

WS-S3：低振幅，大部平行，部分区域出现很强的不连续反射。

WS-S2：低频，中 – 强振幅，水平状，连续性较好，部分区域表现为半透明状，在靠近基底隆起处及陆坡坡脚有超覆。

WS-S1：反射特征不一，透明状至强振幅均有，顶部有消截，大部分呈嘈杂状。该沉积单元不连续，只出现在局部的坳陷底部。

基底：声学基底，变质岩或者结晶基底。

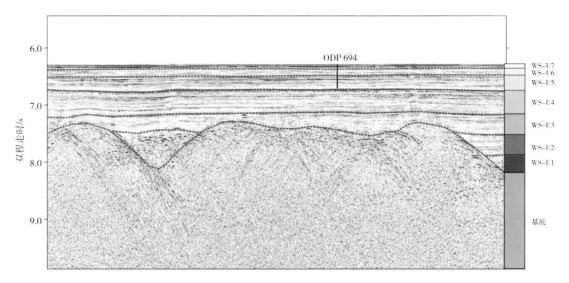

图3-29　威德尔海典型地震反射特征及沉积单元划分

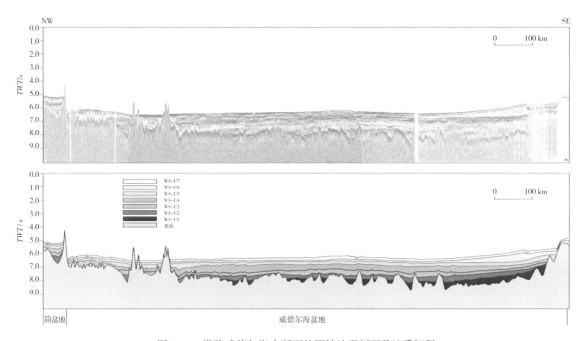

图3-30　横跨威德尔海大断面的原始地震剖面及地质解释

3.3.1.4 沉积厚度

在长剖面上选择了9个点进行厚度估算，这些点代表了沉积相和盆地地形的主要变化。在威德尔海区所做的广角折射地震数据、声学浮标数据以及OBH数据提供了层位的速度信息，点的位置见图中黄色五角星。其中声学浮标站位1将沉积物分为两层，而OBH1、OBH3、OBH4的速度结构将沉积物分为3～4层，我们将以上的数据结合形成一个速度函数，并运用到所有的点，虽然可能存在误差，但也可以为时深转化提供一定的依据。

WS-S1在斯科舍海，简盆地和鲍威尔盆地不存在，在整个威德尔海盆地均有。沉积厚度从西北端的282 m增加到东南端的545 m。

WS-S2在斯科舍海厚度在273～640 m之间，鲍威尔盆地在395 m，简盆地为247 m。在威德尔海盆地厚度在中间大，并向两翼减小。

WS-S3在整条长剖面均可追踪，并从西北向东南端增厚。斯科舍海两个点的厚度分别为224 m和532 m，在鲍威尔盆地为524 m，简盆地最薄，威德尔海盆地在255～778 m之间。

上述上个沉积单元组成了前冰川期沉积，总厚度在441～148 1m之间，在威德尔海该套沉积向西逐渐加厚，在威德尔海中部形成一个较高的丘状隆起。

WS-S4，或者说转换期的沉积厚度均有变化，观测到的厚度最薄点为267 m，厚度最大780 m，在中部丘状隆起区略薄。WS-S5是很重要的沉积，也是全冰川期的初始沉积，厚度大、连续。在斯科舍海区沉积厚度向南极半岛方向增加。在西北威德尔海该套沉积厚度较为均匀（280～398 m），往东南方向增加至约974 m，并充填了先前沉积中的低部。WS-S6在整个威德尔海区厚度在122～208 m之间，斯科舍海多一些，140～560 m。沉积厚度最大的出现在威德尔海中部，披覆于丘状隆起之上，在中部厚度可达209 m，而在两翼的厚度在170～186 m之间。WS-S7是整个沉积单元中厚度最小的，在斯科舍海和威德尔海的侧向变化也较小。WS-S5至WS-S7组成了整个沉积体系中全冰川期的沉积，厚度在斯科舍海在428～1 684 m之间，在威德尔海在583～1 248 m之间。

3.3.1.5 沉积演化

对于前冰川期沉积的随年代侧向增加的趋势与海底扩张作用相关，扩张轴附近沉积物最薄，向着两侧增加。而转换期和全冰川期的沉积单元代表了沉积物供给和相应的下陆坡和沿陆坡流沉积搬运作用增强，这种增强作用往往与冰架的生长以及底流强度增加相关。

（1）前冰川期。

在南斯科舍海，鲍威尔盆地，简盆地和威德尔海西北部和东南部的前冰川期沉积单元均显示出随时代侧向变化的趋势。

威德尔海东南段的基底最老（超过145 Ma），靠近克罗宁毛德地陆架区。我们原本推断在该区应有最厚的沉积和最大的沉积速率，而实际情况则相关，在最年轻的威德尔海中部区域证实有超过1 130 m厚的丘状沉积体。而在该丘状沉积体两翼表现为沉积盆地的形态。如果两侧盆地形态的坳陷的形成与压实性不同相关的话，应该能观测到地震反射相位的错段或者褶曲，但实际并没有。

因此，我们认为有另外其他的机制将大量的沉积物输送至深海。一个典型的机制就是冰筏和冰川作用将外陆架的沉积物推至陆坡和陆隆区。但是，由于白垩纪-始新世前冰川沉积作用期间气候温暖，冰川作用很弱，因此该机制很难解释。搞得生物生产率和死亡率也可能是深海区高沉积的一个原因，但是不能解释为何在中部形成丘状隆起。而且研究区并没有明显的构造作用以及下伏基底隆起。

在丘状隆起区东部沉积单元较薄（＜790 m），在该区 WS-S2 部分缺失，而转换期沉积单元的沉积速率很低，只有 1.2 cm/ka 左右，因此很有可能是深水底流作用形成了威德尔海中部的地形。这样的底流形成可能与 Crary 扇区下陆坡沉积流相关，或者是白垩纪—始新世古威德尔海环流形成了中部丘状隆起，同时剥蚀了边缘的沉积。Crary 扇区可识别出三个主要的水道，每个宽度 2 ~ 5 km，其中两条水道可以在本文所涉及的地震剖面中识别，但是水道的尺度与丘状隆起的尺度相比实在差了很多，而且最深只切割至上新世。因为我们认为古威德尔海环流是形成该区沉积结构的最可能机制。

丘状隆起东南翼比西南翼坳陷更深，沉积更薄，可能与上环流侧一致，顺时针流动。古威德尔海环流之前未曾提过，但是始新世—渐新世古南极底流和威德尔海深水水团根据毛德隆起区的氧同位素，矿物和粒度分析（ODP 113 航次的 690 井）得到确认。古威德尔海环流的驱动机制仍然不清楚，其时东南极冰川未完全发育，南极半岛与南美洲仍然相连，之间为浅的水道，但是威德尔海底流会因海冰作用而形成。无论如何，中部的这个丘状隆起仍然值得今后进一步研究。

（2）转换期沉积。

转换期沉积的基底反射，WS-u5 可以从威德尔海西北部追踪至简盆地，鲍威尔盆地和斯科舍海。可能标示斯科舍海和威德尔海底层水的交换，并与 Mi4 冰川期一致。

在始新世—渐新世气候转换期间沉积过程如何形成该套沉积？先前的地震解释工作认为短暂的冰盖以及小冰席在南极洲西部形成，这些冰川作用会向外陆架输送沉积，增加了深海区的沉积物供给。在毛德隆起 ODP113 航次的 689 井和 690 钻井中独立的砂岩和陆缘砂砾证实在 45.5 Ma 以来由于冰川作用而向深海输送沉积。

如果在始新世—渐新世只有东南极冰川接地，那么在 Crary 扇和威德尔海靠近探险 Escarpment 的陆坡和隆起会有最高的沉积速率，而在南极半岛没有与冰川作用相关的沉积。那么在转换期沉积在威德尔海东南部要比西北部和南极半岛区要厚。而恰恰相反，地震资料显示该套沉积反而在威德尔海西北部更厚，中部和东南部薄一些，在丘状隆起的顶部最薄。转换期沉积席状披覆于丘状隆起之上，并部分填平了两侧坳陷。

深部底流作用可能会将原先位于东南部的沉积搬运至西北部和中部，从而导致在东南部仍然为剥蚀状态。转换期沉积并没有表现出沿陆坡堆积或者等深流的沉积结构，因此仅仅是深海底流作用不能形成这样的沉积格局。当然古威德尔环流，下陆坡流等导致的沿陆坡沉积供应较大也可以解释在威德尔海西北部较厚的转换期沉积。

在 Joinville 板块南部的 SHALDRIL 钻孔以及地震数据表明在晚渐新世以来冰川海相沉积过程控制了该区的沉积，而晚中新世以来（或者渐新世）东南极冰川作用增强，从南到北跨越南极半岛。在南极半岛周缘和威德尔海西北部具有高的转换期沉积速率。以上证据也证实了这一点。

（3）全冰川期沉积。

在威德尔海盆地全冰川期的沉积收到中新世—第四纪沉积作用的控制，表现为中间薄四周厚。如果前冰川期丘状隆起的形成与古威德尔海环流相关，那么为什么全冰川期的沉积没有形成类似的结构？原因可能与威德尔海环流的剥蚀能力由于受到东南极冰川作用的发育而发生改变，冰川作用增强而输送的沉积粒度变大，沉积物更重，比前冰川期需要更强的能量进行搬运。我们认为很可能由于沉积物供给和深海中的沉积增强，从而导致沉积速率比剥蚀率要大。即使在大陆上已经全部发育冰川，在大陆周围依旧有大量的细粒沉积产生。在冰川作用的早期的确证实沉积速率的增加。

WS-S6 和 WS-S7 虽然和其下的 WS-S5 一样与冰川沉积驱动机制相关，但是厚度要薄得多。一个可能的原因是第一期冰川的强烈发育和后退已经剥蚀了绝大部分陆架的陆源沉积物，这些陆源沉积物在前冰川期通过河流搬运及其他的剥蚀作用堆积在陆架。后期冰期以及间冰期形沉积物源供给要少得多。

3.3.1.6 威德尔海构造演化

威德尔海经自冈瓦纳裂解至今历了约 150 Ma 的构造、古海洋和古环境历史。威德尔海的海底扩张开始于 147 Ma 前，并持续至始新世。而其沉积史可以上溯到 138 Ma 左右，其时非洲和南极洲开始裂离。早始新世期间，南极气候温暖，二氧化碳浓度高（大约 1 800 mg/L），海平面也比现今高出约 150 m 左右。南极半岛的沉积表明具有较浅的水道。之后渐新世期间威德尔海的拉张停止，鲍威尔盆地和西斯科舍盆地开始拉张，并形成沉积。始新世向渐新世过渡期间发生了很多重要的变化，南极的气候开始由温暖变得寒冷，发育冰川，二氧化碳的浓度也显著减低（从 1 750 mg/L 降至 700 mg/L），随着德雷克水道，威德尔海的打开以及西斯科舍海的扩张，绕南极流开始形成，东南极和西南极冰架开始在高处形成，南极半岛北部也发育小的冰盖（图 3-31）。

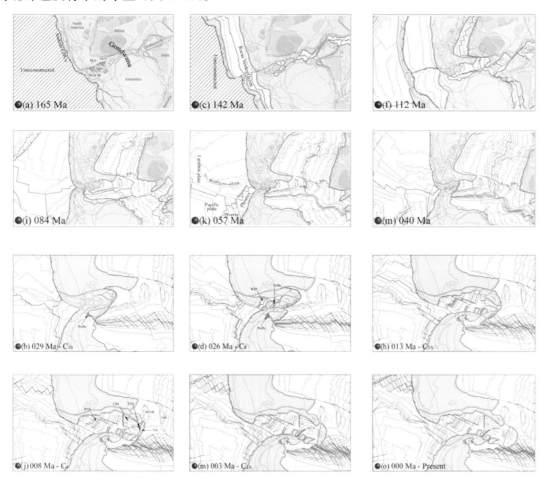

图3-31 威德尔海及邻区构造演化示意图（Verard et al., 2012）

中新世期间，东南极、西南极和南极半岛冰架开始生长，并向陆架外缘扩张，在 25 ~ 23 Ma 期间二氧化碳的浓度急剧减低，海平面下降了约 100 m，在威德尔海和斯科舍海之间深水底流循环加剧，饶南极流完全形成。

上新世—更新世，5.3 Ma 之后，发生了小的冰期和间冰期循环，气候和海平面也相应发生变化，但南极大陆的冰川仍持续扩张至外部陆架，并持续至今。形成现今的构造地貌格局。

侏罗纪：南美洲 – 南部非洲板块开始于南极洲板块裂解，在毛德皇后地前端开始 NS 向的拉张和裂离，但是洋壳尚未形成。

白垩纪：威德尔海洋壳开始形成，磁异常条带（M17），时代为 142 Ma。剪切的陆缘开始发生转换挤压运动，此时印度洋和南大西洋开始变宽，但是通道仍然关闭。至 118 Ma，威德尔海的拉张方向变为 NNE—SSW 向，并开始形成明显的磁异常条带。气候南大西洋的扩张停止，非洲和南极洲开始裂离。至 80 Ma 左右，威德尔海的拉张方向变为 NWW—SEE 向。Falkl 和台地清除了非洲的顶端，德雷克水道开始打开。

古新世：较浅的水道，威德尔海和斯科提海之间有暖水团的交换。德雷克水道和威德尔海继续拉张。

始新世：在南极半岛太平洋一侧洋脊 – 海沟开始发生碰撞（50 Ma），深水循环发生完全的变化，南极底层流开始形成。在 40 Ma 多佛盆地开始发生拉张，在 34.7 Ma 左右停止。太平洋的海水开始通过德雷克水道入侵，至 35 Ma 左右，德雷克水道完全打开，南美洲 – 南极半岛之间的拉张停止。在 49 ~ 32 Ma 期间，开始在南极半岛形成了初始大陆型冰川。

渐新世：在斯科提海突然形成变冷的顺时针水团，绕南极流开始形成。南极半岛和西南极冰盖开始发育。在西斯科提海的海底扩张开始（30.9 Ma），鲍威尔盆地也开始发生拉张（29.7 Ma），在南极半岛形成了最早被观察到的冰川时间（29.8 Ma）。至 26.1 Ma，中斯科提海开始拉张。

中新世：在 21.1 Ma 左右，威德尔海的拉张停止，气候 19.2 Ma，鲍威尔盆地拉张也停止。至 17.6 Ma，Jane 盆地开始发生海底扩张，并持续到 14.4 Ma 停止。在 16 ~ 15 Ma，发生全球气候变冷事件，中新世冰川作用，海平面下降，南极半岛的冰川开始稳定。11.6 Ma 左右，南极西部的冰川也开始恒定，并向陆缘输送了大量的陆源沉积。至 10.95 Ma，中斯科提海的拉张停止，10.5 Ma，西斯科提海拉张也停止。在 8 Ma 左右，南斯科提张裂带和南极半岛发生隆升作用。在 7.6 Ma，东斯科舍海开始拉张。

上新世：3.3 Ma 中斯科舍海的拉张停止，海平面发生显著下降，底流作用增强，形成席状披覆和等深流沉积。

第四纪：1.96 Ma 中斯科舍海扩张停止，冰川发生多起的生长和回退。

3.3.2 鲍威尔盆地

本次研究所涉及的鲍威尔盆地是位于南极半岛的东北端靠近南极洲一侧的小洋盆，其东西分别为南奥克尼微地块（South Orkney Microcontinent）和南极半岛所夹持。北侧为南斯科舍洋脊（South Scotia Ridge）的一部分，再往北为分隔了南极洲和南美洲的斯科舍海（Scotia Sea），而南侧由一系列的地形高地与威德尔海相隔。鲍威尔盆地的构造演化不仅与南美洲相对于南极洲 NW55° 的板块运动相关，也与太平洋板块向南极半岛的俯冲消减相关，是研究该区构造演化的一个关键点，因此自 20 世纪 90 年代以来包括俄罗斯、日本、意大利、韩国等多个国家进行了一系列的地球物理调查工作，同时针对鲍威尔盆地的地壳结构（King 等，1997）、沉积特征与发育过程（Viseras and Maldonado, 1999）、沉积物波与洋流活动（Howe 等，1998）、构造演化和拉张史（King and Barker, 1988; Coren et al., 1997; Eagles and Livermore, 2002;杨永等，2013）等方面进行了大量的研究，极大地促进了对鲍威尔盆地地质演化、沉积过程、古气候和古海洋等方面的认识。本文通过对在鲍威尔盆地及邻区收集的包括重力、磁力和多道地震数据进行解释和分析，并结合 ODP 钻探资料和前人工作对该区的地层结构和沉积特征进行研究，包括分析地层单元的地震反射特征、层序界面、断层和特殊沉积体的识别，探讨其构造变形和沉积特征，进而对其构造演化及沉积的控制因素进行研究。

3.3.2.1　区域地质背景

鲍威尔盆地大致位于 62°S，50°W 左右，面积约为 $5 \times 10^4 \text{ km}^2$，四周均为陆块围限，除了东南端通过海底高地与简盆地及威德尔海的洋壳相接。盆地内海床均为负地形，水深在 3 000 ~ 3 600 m 之间（图 3-32）。其所处的南极半岛属于南极洲大陆的西南极，是冈瓦纳大陆南端最大的陆块，现今的南极半岛是中生代—新生代陆缘岩浆岛弧的残留物，由于其强烈发育了岩浆岛弧、增生混杂体以及弧前和弧后构造，南极半岛一直被认为是南美洲安第斯型大陆弧的延伸，后者与太平洋板块在中生代—新生代期间向南冈瓦纳板块俯冲相关（陈廷愚等，2009；姜卫平等，2009）。随着板块的俯冲，洋脊也随着向东南移动，直到洋脊与海沟碰撞，俯冲才停止，并在南极半岛的弧前和弧后形成了一系列的拉张盆地（Barker, 1982）。鲍威尔盆地西侧的南极半岛的基底包括太古代及元古代的变质岩及中生代—新生代的岩浆岩，东侧的南奥克尼微地块根据 ODP 696 钻井表明基底为中生代—早第三纪的变质岩加岩浆岩基底（Barker et al., 1988）。

由于缺乏盆地的钻井数据，目前对鲍威尔盆地扩张时代的认识主要基于地球物理数据的分析。King 和 Barker（1988）根据经过沉积校正的洋壳深度推断鲍威尔盆地形成的最早时代为 29 Ma。Lawyer 等（1994）根据热流数据认为形成时代在早渐新世—晚始新世之间（32 ~ 38 Ma）。Eagles 和 Livermore（2002）通过对磁异常条带的精细解译和反演表明鲍威尔盆地为慢速拉张，时期在 29.7 ~ 21.8 Ma 之间。虽然时代上略有差异，鲍威尔盆地的拉张时代基本可以判定在早渐新世末期—早中新世，而且海盆活动时间不长。

3.3.2.2　数据来源及方法

本次研究所使用的多道地震数据收集自南极地震数据资料系统（Antarctic Seismic Data Library System, http://sdls.ogs.trieste.it），共收集威德尔海区及鲍威尔盆地地震剖面 53 条。地震数据的采集部门包括 1990 年、1991 年和 1995 年意大利海洋与地球科学研究所（OGS, Italy）采集的 IT 系列地震剖面 9 条，俄罗斯极地海洋调查局（Polar Marine Geosurvey Expedition, Russia）RAE 系列 4 条，日本国家石油公司（Japan National Oil Corporation）TH 系列 3 条，韩国海洋研究与发展研究所（KORDI, Korea）KSL 系列地震剖面 3 条。共收集威德尔海区数据包括导航数据及叠加或者偏移数据，目前已收集到的数据均已导入 L 和 mark 的迪斯卡弗里地震数据解释软件中。本世纪以来所作的多道地震数据数据由于未过时效期，未能收集。主要地震测线的基本信息如表 3-3 所示，鲍威尔盆地区测线位置图如图 3-32 所示。

表3-3 鲍威尔盆地地震数据情况

专 项	采集单位	测线名称及数目	SEGY 数据	导航数据
AWI-97	德国阿尔弗莱德·魏格纳极地与海洋研究所	AWI97 系列共 17 条	有	有
BAS845	英国极地调查局	BAS845-15，1 条	有	有
BGR78, 86	德国联邦自然科学与资源研究所	BGR78,86 系列共 11 条	有	有
ANT-IX-2	德国阿尔弗莱德·魏格纳极地与海洋研究所	A92 系列共 5 条	有	有
IT90,91, 95	意大利国家海洋及地球科学研究所	IT 系列共 9 条	有	有
RAE	俄罗斯极地海洋地质调查局	RAE 系列共 4 条	有	有

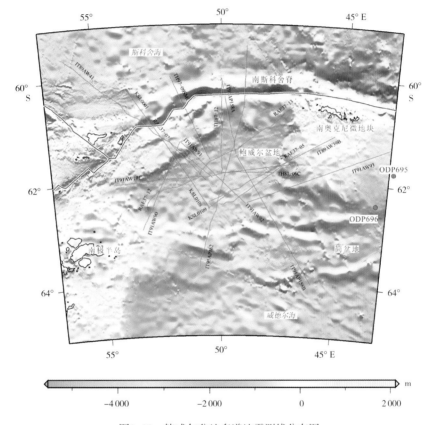

图3-32 鲍威尔盆地多道地震测线分布图

在研究区可以收集到的钻井资料主要为位于南奥克尼地块的 ODP 695 井、696 井和 697 井（Barker et al., 1988），海盆区没有钻井，因此地震剖面解释中层位的标定在参考钻井资料的基础上，主要根据地震反射特征进行划分，包括强振幅、侧向连续的反射界面，在陆缘处表现为不整合面，而在海盆处可能表现为整合或者似整合的特征。这些层序界面也可能是沉积相变化的界面。同时根据盆地的磁异常条带的识别、区域构造事件对层序界面进行了校正。同时参考了前人对地层的解释以及年代标定工作（King and Barker, 1988; King et al., 1997; Coren et al., 1997; Howe et al.,1998; Viseras and Maldonado, 1999; Eagles and Livermore, 2002）。

3.3.2.3　地震反射特征及地层单元划分

通过对鲍威尔盆地及邻区构造地质背景、钻井资料、磁异常条带划分等资料的研究，本文将研究区的地层划分为 5 套，不同地层单元典型的地震反射特征见图 3-33。地层包括：裂前沉积、裂谷期沉积、漂移期沉积、后漂移期沉积 1、后漂移期沉积 2。其中后漂移期沉积 1 和 2 为海底扩张结束后覆盖海盆的地层单元。不同的地层单元代表了不同的构造与沉积事件，具有不同的反射特征、地质时代和内部结构。以下将按照由老到新对各地层单元的地震反射特征及沉积特征进行详述。

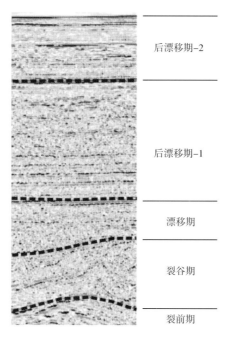

图3-33　典型地震反射特征

（1）裂前沉积（~ 40 Ma 以前）。

该套沉积在陆缘和洋陆过渡带区为南极半岛发生裂离前的沉积，在大部分区域反射不是很清晰，很难识别，在部分区域可看到亚平行、强振幅反射，局部内部有不整合面。顶部有消截，为一明显的不整合面，表现为强振幅的连续反射。根据 ODP 696 钻井表明在陆缘区基底为中生代—早第三纪的变质岩加岩浆岩基底［图 3-34(a)］，与东部南极半岛陆缘基底类似，该沉积已被陆上野外露头所证实（Rodriguez-Fern and Rodriguez-Fernandez et al., 1997）。在海盆区为新生洋壳，表现为嘈杂相的岩浆岩反射特征，顶界为连续强振幅的反射相位。

（2）裂谷期沉积（~ 40 ~ 29.7 Ma）。

裂谷期沉积主要在陆坡区旋转断块和陆坡坡脚处，由于这些地方相互隔离，沉积并不连续，因此很难建立连续的沉积格架。在陆坡区沉积厚度最大，可达 1.4 km。陆坡向着海盆，该沉积迅速减薄，形成楔状结构。在构造变形较弱的区域，比如西部陆缘，该沉积超覆在基底上，不受断层的控制。而在构造变形强烈的区域，比如东部陆缘，该套沉积充填了强烈拉张作用形成的半地堑，表现为嘈杂相，局部为半连续、中–强振幅，其顶部为不整合面，整个区域均可以识别。其下地层发生强烈消截。裂谷期沉积的时代为晚始新世—晚渐新世，并得到钻井资料的证实。

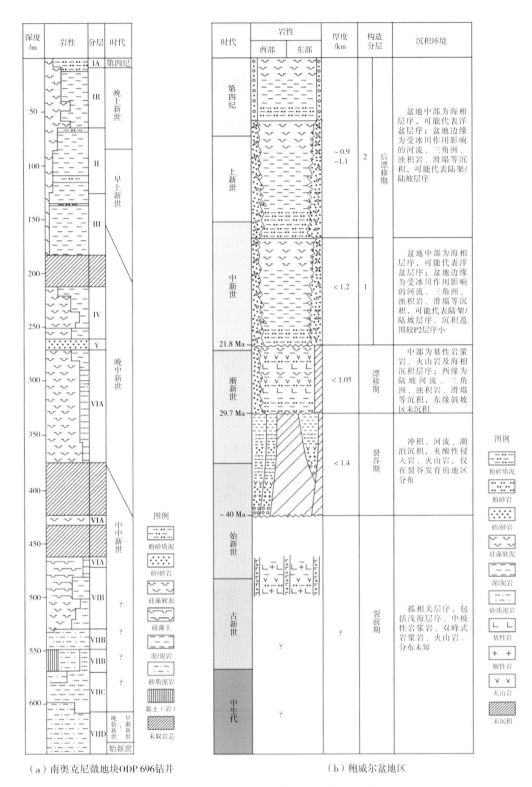

（a）南奥克尼微地块ODP 696钻井　　　　　　　（b）鲍威尔盆地区

图3-34　研究区地层时代、岩性及沉积环境

　　鲍威尔盆地裂谷层序的具体岩性特征现在还没有钻井或露头揭示，距离盆地最近、最具有对比意义的钻井为 ODP 696 ［图 3-34(a)］。据钻井样品的磁性地层和古生物分析结果，鲍威尔盆地的裂谷层序在时代上大体与 ODP 696 钻孔中的Ⅶ D 层序对应（Barker et al., 1988）。钻井钻遇的该套层序厚度为 38.7 m，地层年龄大体为始新世至早渐新世。该套层序的岩性为

暗绿灰色砂质泥岩,其次为暗绿灰色黏土质泥岩。另有数层钙质胶结砂质泥岩出现在层序底部,以及少量暗绿灰色含海绿石砂质泥岩出现在层序顶部。根据 ODP 696 钻井揭示的岩性特征,以及地震反射特征,我们认为鲍威尔盆地裂谷期主要为冲积、河流、湖泊相的砂纸泥岩、粉砂质泥,夹酸性侵入岩和火山岩[图 3-34(b)]。

(3)漂移期沉积(29.7 ~ 21.8Ma)。

该期沉积在海盆区基本未发生变形,分布不受断层控制,连续性中—好,中—低频,中—强振幅,局部呈半透明状。在盆地的西部边缘的陆坡坡脚处厚度最大,1.1 km 左右,该套沉积可一直向海盆延续 130 km,超覆在洋脊两侧斜坡上。在靠近南极半岛的西部陆缘,主要表现为嘈杂相席状披覆沉积,嘈杂相的沉积主要出现在陆坡坡脚处,可能与浊流沉积相关,表现为水道 - 河岸堤的沉积体系。在靠近南奥克尼微地块的西部陆缘,在洋陆过渡带区该套沉积受到断层的控制,并充填了规模较小的地堑 - 半地堑,地震反射特征表现为连续性中等、中 - 低振幅。根据磁异常条带识别确定的海盆扩张时代,漂移期沉积开始于早渐新世的末期,并一直持续到早中新世。

ODP 696 钻孔所揭示的与鲍威尔盆地洋壳扩张构造层序同时期的主要是海相沉积物,钻孔钻遇共 58 m,包括了ⅦC 和ⅦB 两个分层[图 3-34(a)]。其中ⅦC 上段主要岩性为暗绿灰色至极暗绿灰色和绿灰色砂质泥岩及粉砂质泥岩,底部为钙质胶结的极暗灰色砂质泥岩。ⅦB 主要为暗绿灰色至纯黑色黏土岩和黏土质泥岩。根据 ODP 696 钻井揭示的岩性特征,以及地震反射特征,我们认为鲍威尔盆地漂移期沉积在盆地中部为火山岩及海相沉积层序,在盆地的西缘陆坡区为河流、三角洲相泥岩,泥质粉砂岩,并有大量的浊积岩和滑塌沉积[图 3-34(b)]。

(4)后漂移期沉积 -1(21.8 ~ 5 Ma)。

该沉积层直接披覆在漂移期沉积之上,并掩盖了洋中脊。在海盆中表现为平坦的上凹透镜体,最大厚度可达 1.2 km,该沉积层上部基本未变形,在靠近陆缘处因为下伏断层的作用变形略强烈,而发生褶皱变形,反射特征可以分为两段,在下段为连续性好、中—强振幅、中—高频、相互平行的地震相,在上段连续性变弱,部分区域表现为嘈杂相,振幅中—低。在变形作用较弱的西部边缘,该沉积在陆架和陆坡区均可清晰识别。

后漂移期沉积 -1 为热力学沉降环境,沉积开始于早中新世,该层序和下伏漂移期沉积的界面标示着海底扩张的结束和热力学沉降的开始,而且沉积相也发生了重大变化,说明控制沉积的环境因素发生了改变。沉积环境的变化可能与早中新世全球海平面的下降事件相关,冰川在中中新世开始扩张,鲍威尔盆地的沉积开始受到冰川作用的影响。其顶界为中新世和上新世的不整合面,并被 ODP697 钻井证实。

按照地质时代上的对应,鲍威尔盆地的后漂移期沉积 -1 可与 ODP 696 钻孔钻遇的ⅦA 至Ⅳ层序对应[图 3-34(a)]。在洋盆的中部为静水相相对均匀的细粒沉积,比如远源浊积岩及半远洋岩。在盆地的边缘受到冰川作用影响而发育河流、三角洲相沉积,并有大量的浊积岩和滑塌沉积发育。

(5)后漂移期沉积 -2(5 Ma 至今)。

该沉积层为席状披覆,厚度比较稳定,约在 0.9 ~ 1.2 km 之间。在陆坡坡脚处向着大陆一侧逐渐尖灭。反射特征表现为强振幅、平行连续。在南奥克尼微地块陆缘的陆坡坡脚处从底到顶表现为"S"形楔形体。在陆架最外侧,该沉积因为滑塌作用而发生变形,可能与冰川作用相关。在东部陆坡坡脚处为水道－河岸堤沉积系统，在西部陆缘也有类似的沉积体系。东部陆架和陆坡上部由于陆坡区峡谷或者滑塌作用表现出剥蚀状态，陆坡下部则表现为不规则的沉积体，嘈杂相反射特征。在北部、西北部和东部陆坡下部和海盆之间有大量的沉积物波发育。其与下伏沉积之间为中新世—上新世的不整合面，ODP 697 钻井数据表明，该套沉积标示着南奥克尼微地块东南陆缘物质输入的增加，主要为冰川相沉积。

3.3.2.4 构造变形特征

根据对地震剖面的解释，我们对鲍威尔盆地陆缘及海盆区的构造变形特征进行了分析，并结合邻区的地质资料绘制了鲍威尔盆地及邻区的构造图（图 3-35）。以下将分区域进行详述。

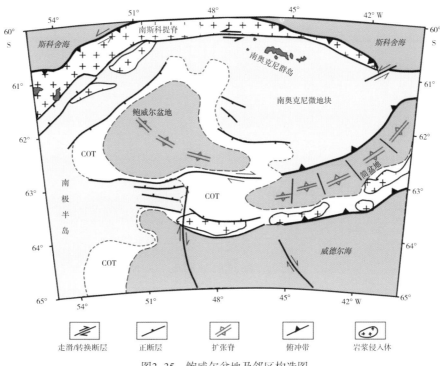

图3-35 鲍威尔盆地及邻区构造图

（1）东侧陆缘区（南奥克尼微地块一侧）。

南奥克尼微地块整体表现为刚性地块的特征，断层发育不多，其上沉积较薄，呈披覆状，靠近海盆的拉张作用较为明显，形成一系列规模较小的地堑和半地堑构造。在陆坡区变形特征更为显著，并在陆坡区和洋陆过渡带（COT）形成规模较大的地堑和半地堑构造。IT91AW39B 地震剖面跨越了南奥克尼微地块陆缘和鲍威尔盆地的中部（图 3-36），在剖面的北东侧南奥克尼微地块可以看到被正断层控制的规模不大的半地堑。陆坡处发育一向海倾正断层控制的半地堑，规模可超过 30 km，陆坡向洋盆的洋陆过渡带可看到明显的两个地堑，期间发育一对称的基底隆起，突出海床。从该隆起的内部反射特征和与周围沉积接触关系看，表现出更多的岩浆成因海山的特征，而且形成时间较晚。该区未进行折射地震实验，在海山上也未进行拖网采样作业，因此没有直接的证据证明其地壳属性。但地震所显示的结构特征表明其很可能为陆壳属性，同时该区的重力异常值也较低，也表明其与洋壳为不一样的结构。

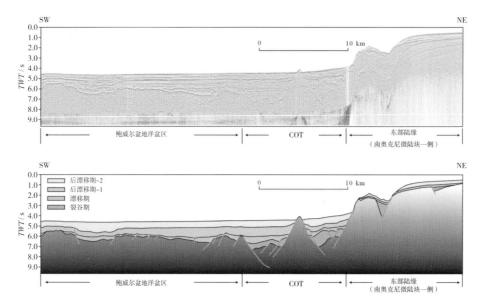

图3-36 穿越南奥克尼微地块及鲍威尔盆地洋盆区的IT89AW39B多道地震剖面

上图为原始地震剖面，下图为地质解释图，测线位置见图3-33

（2）北侧陆缘区（南斯科舍脊一侧）。

IT89AW41地震剖面从南斯科舍一侧的北部陆缘进入鲍威尔盆地（图3-37）。在陆架区反射特征表现为强振幅，平行于海底。陆架边缘内部地震反射嘈杂，上覆较连续、中振幅的沉积，向北超覆。陆坡非常陡峭，发育若干向海倾斜阶梯状掉落的正断层。在陆坡坡脚处有一强振幅，连续性好的上部沉积体，下超于下部沉积，其间有一不整合面。该沉积体的形成可能与洋流作用相关。下部的沉积表现为中振幅，中连续性。在下部沉积和基底之间有一向洋尖灭的沉积体，强振幅，连续性中－差，可能为陆坡坡脚处形成的向海进积的浊积扇。陡峭的陆坡可能与该区域受到走滑作用的控制相关，使得未拉张的陆壳与洋壳毗邻。

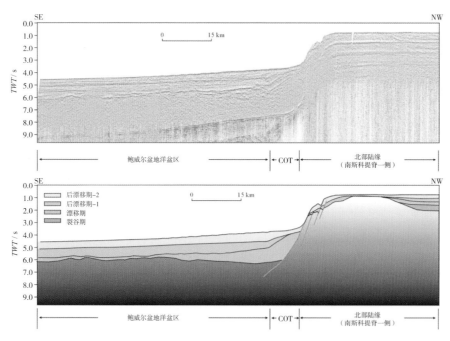

图3-37 穿越南斯科舍脊一侧北部陆缘及鲍威尔盆地洋盆区的IT89AW41多道地震剖面

上图为原始地震剖面，下图为地质解释图，测线位置见图3-33

（3）西侧陆缘区（南极半岛一侧）。

南极半岛在鲍威尔盆地一侧的陆缘的陆坡并不像其他地区那么陡峭，沉积厚度也较大。IT91AW90 地震剖面穿越了南极半岛陆缘的陆坡区（图 3-38），剖面显示在陆架区沉积较薄，进入陆坡区后厚度迅速加大，在陆坡坡脚向海盆约 20 km 处厚度最大。厚度最大区和出现的最低重力异常值（−25 mGal）相对应。陆坡坡脚处由于沉积层较厚，声学基底面不是很清晰，深度超过 6.6 s。洋盆处声学基底较为清晰，在 5.2 s 左右，基底面向洋盆逐渐加深。陆坡坡脚处可能存在一个较深的断陷盆地。该区应为减薄的陆壳，与南奥克尼微地块陆缘陆坡坡脚处类似。因此南极半岛一侧的西部陆缘与南奥克尼微地块一侧的东部陆缘在海底扩张前应为共轭陆缘。

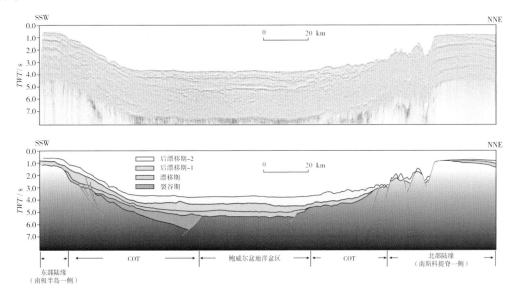

图3-38 依次穿越南极半岛一侧东部陆缘，鲍威尔盆地洋盆区，及南斯科舍脊一侧北部陆缘的
IT91AW90多道地震剖面
上图为原始地震剖面，下图为地质解释图，测线位置见图3-33

陆坡坡脚处存在沉积较厚的断陷的例子在其他地方也很常见，比如伊利里亚陆缘区（Peron-Pinvidic et al., 2011），南海南部陆缘区（丁巍伟和李家彪，2011），这种区域可以解释为减薄地壳上的深地堑，在海底扩张的初期有岩浆侵入。但这仍需要折射地震数据的证实。

（4）南侧陆缘区（威德尔海一侧）。

IT95AP162 显示有一宽度在 15 km 左右的洋脊将鲍威尔盆地与威德尔海分隔（图 3-39）。洋脊表现为由两个构造高地相夹持的两个半地堑，其间为一较低的基底隆起。半地堑内沉积受断层控制作用明显，靠近海床沉积的反射较为褶曲，可能与波浪或者冰川的剥蚀相关。洋脊两侧边缘为陡峭的悬崖或者阶地表明该处受控于转换拉伸作用。

（5）海盆区。

从重力异常图中可以看出，盆地中部为一条近 NW 向低值重力异常条带，将盆地分为北东和南西两个部分，该低值条带可能代表残留的扩张脊。该扩张脊在不同区域展示不同的构造特征。IT89AW39B 测线穿越了海盆中部扩张脊（图 3-32），从地震剖面可以看出，该扩张脊表现为由两个低隆起夹持的地堑构造，漂移期的沉积中间厚两边薄，充填于地堑中，后漂移期 −2 的沉积则表现出上凹的向斜结构。

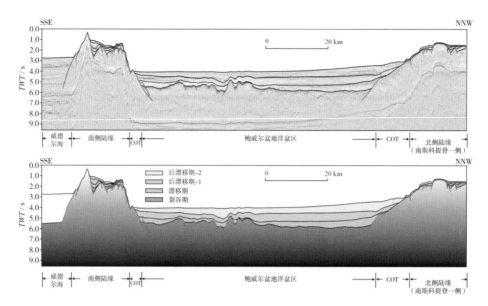

图3-39 依次穿越南斯科舍脊一侧北部陆缘，鲍威尔盆地洋盆区，南侧陆缘，及威德尔海区的
IT95AP162多道地震剖面

上图为原始地震剖面，下图为地质解释图，威德尔海未做解释，测线位置见图3-33

3.3.2.5 沉积演化及控制因素

在中低纬度地区，陆缘沉积盆地的沉积是构造活动、沉积物源和海平面变化联合作用的影响，而在高纬度区，陆缘沉积盆地沉积的影响机制更为复杂，还要考虑冰川作用带来的冰川增长和消退的影响。鲍威尔盆地便是研究高纬度半封闭海盆的一个非常好的例子，其及邻区新生代的沉积受到盆地构造演化过程的控制，同时也与从南极半岛分离的陆块相关，更会受到南极冰川发育和演化的影响。南极洲与南塔斯马尼亚（40 Ma）以及南美洲（26 ～ 20 Ma）分离后形成的独特的气候和海洋动力学环境也使得其成为特殊的水文地理区域（Diester-Has and Zahn, 1996; Lawver and Gahagan, 2003）。以下我们将根据陆缘构造活动及物源区性质、气候变化和海平面升降、区域洋流作用等来讨论沉积作用的控制因素。

（1）陆缘构造活动及物源区性质。

盆地不同陆缘的沉积结构受到构造活动的影响，同时也与物源区的沉积供应密切相关。西部陆缘为最大的物源供应区——南极半岛，构造变形最弱，在盆地的发育史中记录了重要的沉积供给。在漂移期陆缘的远端发育了大型的浊积扇，同时陆架区为沉积物过路沉积，并受到剥蚀作用（图 3-37）。这可能表明该时期的沉积对应于晚渐新世全球的冰川作用和低海平面事件（Barker et al., 1999; Ivany et al., 2006）。后漂移期沉积可发现显著的浊积扇发育，并一直持续至今。在陆架和上陆坡，后漂移期沉积的下端表现为楔状的层向叠置的结构，表明退积趋势（图 3-39）。上陆坡区形成了较大的剥蚀面，该区漂移期的很多沉积均被剥蚀，并在下陆坡区形成滑塌、崩塌和碎屑流沉积。这些沉积特征显示了与晚渐新世以来逐渐增强的冰川作用。

作为共轭陆缘的东部陆缘表现出更为复杂的构造影响。地震剖面显示在陆坡区有更多的断陷盆地，充填了同裂谷期沉积，同时下陆坡区有陡直的正断作用（图 3-36）。和西部陆缘相比，物源供给明显要少很多，陆坡区沉积较薄，而在陆坡坡脚点也缺少大型的浊流沉积。地震剖面在陆缘的远端可以识别出大量的小型水道 - 河岸堤沉积体系，陆架区由于古冰川的剥蚀作用而有沉积基底出露。现今在陆坡区形成的沉积是由于滑塌和崩塌作用形成的不规则沉积体。

南部陆缘形成了威德尔海与鲍威尔盆地之间的海底洋脊，表现为由断层控制的阶梯状掉落结构，其上分别形成了两个坡栖盆地（图3-39）。陆坡和盆地之间突然间断，地震剖面也未显示有浊流沉积或者重力流沉积发育，表明该陆缘为转换拉张属性，使得该处沉积显著贫乏。来自南极半岛的冰川物质主要沉积在威德尔海中，图3-39中可以看到威德尔海一侧的沉积厚度明显要大于鲍威尔盆地一侧。

（2）气候变化与海平面升降。

海平面变化对陆缘沉积结构的影响已得到广泛的讨论（Haq et al., 1987）。在南极洲区域，气候旋回控制了陆架区接地冰川的消减，同时也对全球海平面的升降起到控制作用（Dingle and Lavelle, 1998; Abreu and Anderson, 1998; Barker et al., 1999）。在高纬度陆缘区，气候旋回不仅控制基底面，也影响了沉积供给的性质和数量，以及冰川对陆架区的剥蚀过程。冰川的退积会使得陆架区发生回弹，而冰川的进积会给上陆坡的沉积带来不稳定性。这些因素的综合影响在高纬度区的沉积盆地记录中尤为明显。

鲍威尔盆地的沉积反映了气候的影响因素，最为明显的是漂移期和后漂移期沉积区域的变化。我们认为这种变化和中中新世冰川从南极半岛向陆架区扩张，从而使得沉积环境变为后漂移期的冰川沉积，并表现出旋回特征，这些沉积旋回和接地冰川对陆架边缘沉积供给的旋回相关。同样，从后漂移期1向后漂移期2期的转换也表明了冰川期变长。

（3）洋流作用。

在盆地西北侧的沉积中清楚的记录了洋流活动的证据。包括在西北侧陆坡坡脚处的s型结构，类似沉积物波［图3-40(a) (b)］，在北侧陆缘平行于坡脚线的水道［图3-40(c)］，这些沉积与从威德尔环流进入半封闭的鲍威尔盆地分支相关，该洋流分支向盆地的北段流动，形成了包括波状沉积和充填在水道内的发散状反射（Beckmann et al., 1999）。Lawver等（2003）将这些沉积解释为等深流，并主要分布在盆地西北侧的陆坡坡脚处。在海盆的中部也有观测到下超结构，同时横向上厚度发生变化，这也与洋流作用相关［图3-40(d)］。这表明在海盆形成之时，在沉积物全部覆盖基底之前，在中部区域有洋流作用，而不是集中在洋盆的边缘。

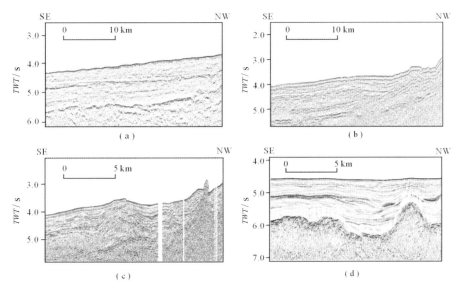

图3-40　地震剖面显示洋流控制的沉积

(a) 盆地西北侧陆坡坡脚处沉积物波；(b) 盆地北侧陆坡坡脚处沉积物波及水道；

(c) 盆地北侧平行于坡脚线的水道及充填沉积；(d) 盆地中部残留扩张脊区在海床之下的水道及充填沉积

3.3.2.6 鲍威尔盆地的构造演化

（1）前裂谷基底演化阶段（~40Ma之前）。

威尔盆地的基底为组成南极半岛的冈瓦纳裂解及活动边缘的俯冲增生岩系及活动边缘相关盆地沉积岩系,包括了始新世之前的部分陆壳基底和大量俯冲增生及弧相关盆地岩系(Storey and Garrett,1985),分成两个部分,即中生代之前的部分陆壳基底和中生代至古新世的俯冲增生岩系及活动边缘相关盆地沉积岩系。

从板块构造演化来看,古生代早期的泛非运动之前,冈瓦纳大陆尚未形成,此时的南极板块仅为东南极部分,西南极及南极半岛均未形成。泛非运动过程中罗斯造山带的形成代表着东南极和西南极完成拼合,标志着现今意义上的南极洲板块正式形成。造山带的基底岩系主要为元古界变质岩以及泛非期的变质岩系,与东南极地盾具有相似的基底特征;上覆沉积盖层则具有与西南极相似的特征,这也从侧面应征了东南极和西南极在泛非期完成碰撞拼合。罗斯造山带内的岩体以古生代花岗岩为主,代表性的岩体有Granite Habour岩体和Admiralty岩体,主要由花岗岩、闪长花岗岩和英云闪长岩组成。南极半岛的最终形成则最初是晚古生代时期潘吉亚超大陆在超级地幔柱作用下的裂解过程的结果。因此,作为鲍威尔盆地基底俯冲相关岩系之下的泛非期和晚古生代南极半岛岩浆、变质岩系也被称为南极半岛的基底岩系(Storey and Garrett,1985)。现今已知的南极半岛基底岩系局限在格雷汉姆地(Graham Land)东部沿海地区(Pankhurst,1983),如塔基特山(Target Hill)条带状混合岩中的花岗岩席的全岩Rb-Sr表观年龄为336龄为合岩中,在Gulliver Nunataks地区含零星角闪岩的混合花岗片麻岩显示同位素年龄为600Ma。东部滨海的一些地区发现的侵入岩和火山岩弧中含有的变质石榴子石捕获晶表明存在较厚的前中生代陆壳物质(Hamer and Moyes,1982)。另外在基底岩系中,也发现有三叠纪的变质作用(约245Ma,Pankhurst,1983)叠加在更早期的变质事件之上。

中生代时开始的大火成岩省和地幔柱事件造成了中生代至古新世南方冈瓦纳大陆的裂解分离,非洲、马达加斯加、南美、印度和澳大利亚相继与南极洲分离,形成现今的板块面貌格局。也就是在此过程中,由于北美、南美、南极以西俯冲带的活动,造就了作为鲍威尔盆地基底的南极半岛活动边缘变质、岩浆和弧相关盆地沉积岩系的形成,形成了现今南极半岛所见的多个构造岩带,包括了增生构造岩带、弧后沉积盆地岩带、岩浆弧岩带、弧前沉积盆地岩带、弧内伸展岩带和板内伸展岩带(图3-41)。

（2）裂谷构造演化阶段（~40~29.7Ma）。

始新世时,由于持续的俯冲岛弧作用,在弧后拉张背景下同属岛弧增生性质的南极半岛和南奥克尼微陆块之间发生向东西方向的伸展作用,并产生了被动大陆边缘的构造样式和两个断陷沉积中心(分别位于现今鲍威尔盆地的东北角和西北角),沉积了巨厚的陆源碎屑沉积物。裂谷构造演化使得鲍威尔盆地最终形成了长约130km、宽约60km的沉积盆地。

在裂谷时期,盆地内部及盆地边缘发育大量地堑和半地堑构造。图3-42为过鲍威尔盆地东部及南奥克尼微陆块的地震剖面及解释,地震剖面中清楚地显示在扩张脊(盆地中部,剖面西侧)附近发育一个地堑构造,地堑左右近对称,沉积层(裂谷层序)在地堑中最低的断块处最后,向两侧断块逐渐减薄甚至尖灭。在该地堑以东,发育一个东断西超的箕状半地堑,该半地堑由多个断块组成,断层均倾向盆地一侧,沉积层(裂谷层序)显著向东增厚。

在该箕状半地堑以东，发育一个不对称的地堑，地堑两侧断层倾向相对，沉积层（裂谷层序）表现出明显的西厚东薄的特征，其中该地堑中部被可能为同裂谷期的火山建造所分隔。再向东进入另外一个不对称地堑，该不对称地堑西侧边界为火山建造，东侧为西倾正断层，一系列的西倾正断层使得沉积层（裂谷层序）由东向西增厚，在火山建造附近达到地堑的最深处。再向东即进入鲍威尔盆地的东部边界南奥克尼微陆块，可见为陆块内部同样发育半地堑，可能是与鲍威尔盆地裂谷同期的伸展作用所致。

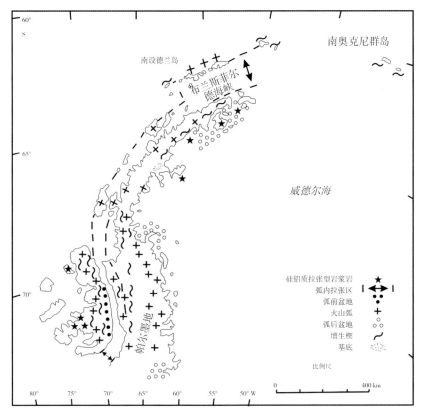

图3-41　作为鲍威尔盆地基底的南极半岛构造岩带分布

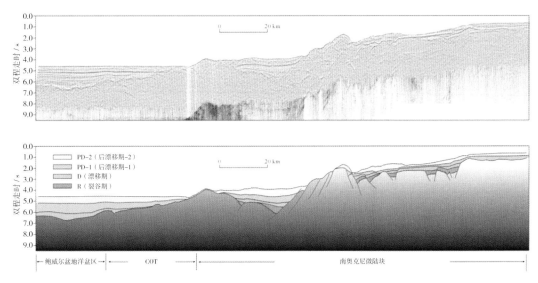

图3-42　鲍威尔盆地东部IT91A93线地震剖面及其构造解释

通过鲍威尔盆地内磁异常分析和盆地东西两侧块体的对应关系，Coren 等（1997）、Eagles 和 Livermore（2002）恢复了盆地裂谷发育之前和裂谷发育的面貌（图3-43）。该恢复结果表明在裂谷发育之前，南奥克尼微陆块和南极半岛相连，整体受太平洋板块由北向南俯冲到南极洲板块之下的影响，构造线表现为近东西走向；随着弧后拉张和南奥克尼微陆块向东漂移的影响，鲍威尔盆地所在地区构造线走向转变为近南北走向，发育前述地堑、半地堑构造，并伴随着同裂谷期的火山和岩浆作用，地壳不断减薄最终至地壳完全拉开洋壳物质喷出，从而结束了鲍威尔盆地的裂谷演化阶段而进入到洋壳扩张演化阶段。

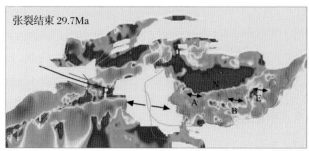

图3-43　鲍威尔盆地基于地球物理资料的构造恢复，示盆地从基底向裂谷的演化过程
（Eagles and Livermore，2002）

（3）洋壳扩张演化阶段（ ~ 29.7 ~ 21.8 Ma ）。

随着南奥克尼微陆块与南极半岛分离作用的不断进行，地壳持续减薄，最终导致鲍威尔盆地地壳被完全拉开，洋壳物质侵位在鲍威尔盆地形成扩张洋脊及洋壳，至此鲍威尔盆地的演化进入洋壳扩张阶段。

在该演化阶段，南奥克尼微陆块与南极半岛北部之间的相对移动表现为沿北东东—南西西方向的分离，鲍威尔盆地内绝大部分的地壳均已形成。在先前遭受裂谷作用的地壳中，形成了一个扩展洋脊并发育海底扩张作用形成了现今看到的鲍威尔盆地沉积层之下的洋壳。在盆地北部，由于早前盆地边界随着南奥克尼微陆块一起向外漂移而形成了新的盆地边界，为倾角约20°的无沉积物的陆坡，走向 NEE—SWW，陆坡出露大陆和似洋壳基底。

洋壳扩展演化过程的确定得益于鲍威尔盆地内沉积层之下洋壳物质的发现，而该演化阶段时限及过程的限定来自于洋壳的磁异常研究。Eagles 和 Livermore (2002) 通过综合航空和船侧磁数据，揭示出了鲍威尔盆地沉积盖层之下洋壳的磁异常［图 3-44(a)］，磁异常呈条带状分布，走向约330°，一般呈正负异常相间排列，可以大致得出 P0 至 P6 一共 7 个正异常条带。以盆地中心处正异常 P0（图 3-44 中的白色虚线）为对称轴呈大体对称分布［图 3-44(b)］。将鲍威尔盆地洋壳磁异常与国际标准磁异常（Cande and Kent，1995）进行对比（图 3-45），可以得出正异常 P0 对应于 C6AA，正异常 P1 对应于 C6C，P2 对应于 C7，P3 对应于 C8，P4

对应于 C9，P5 对应于 C10，P6 对应于 C11，从而得出鲍威尔盆地洋壳的扩张的起始时间约为 29.7 Ma，扩张活动至约 21.8 Ma 结束，这一时间区间大体代表着鲍威尔盆地洋壳扩张演化阶段的时限。其中，P0 正异常条带代表着盆地最后一次洋壳扩张，也代表着当时的扩张洋脊所在。

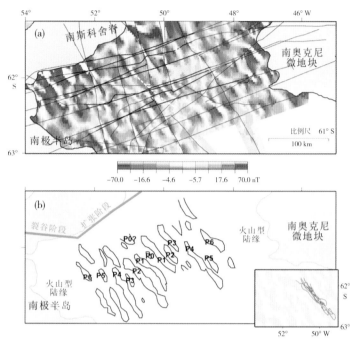

图3-44　鲍威尔盆地航空与船测磁异常综合解释（Eagles and Livermore，2002）

从多道地震反射剖面的解释成果来看，鲍威尔盆地洋壳扩张演化阶段在盆地北部的地震剖面中可以见到明显扩张洋脊位于盆地中央部位（图 3-38），该演化阶段的层序以连片的方式（不限于早期裂谷所在的范围）角度不整合覆盖在前期裂谷层序之上，并向洋脊超覆，控制裂谷层序的正断层一般未切穿洋壳扩张层序。

至 21.8 Ma，鲍威尔盆地洋壳扩张结束，洋中脊不再活动，盆地演化进入后洋壳扩张阶段。

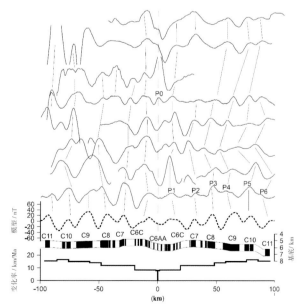

图3-45　鲍威尔盆地洋壳磁异常与国际标准磁异常对比（Eagles and Livermore，2002）

（4）后洋壳扩张演化阶段（21.8 Ma 至今）。

洋壳扩张演化阶段之后，南奥克尼微陆块与南极半岛之间的相对分离活动停止，鲍威尔盆地中央的洋中脊不再活动，也不再产生新的洋壳物质，此时的板块活动表现为南奥克尼微陆块的逆时针旋转运动。该旋转运动的支持证据包括鲍威尔盆地东、西边界的对应以及早先活动的洋中脊的宽度盆地南部明显变窄。盆地北部的地震测线 IT91AW101 大约以 40°与洋中脊相交，测线上反映出的洋中脊宽度为 19.0 km，投影到垂直于洋中脊方向的宽度为 14.55 km；盆地南部的地震测线 IT95AW162 大约以 80°与洋中脊相交，测线上反映出的洋中脊宽度为 3.1 km，投影到垂直于洋中脊方向的宽度为 2.96 km。该结果表明，洋中脊活动强度北部显著大于南部，洋壳扩张的量盆地北部地区也显著大于南部地区。正如 Eagles 和 Livermore (2002) 以及 Coren 等 (1997) 等许多学者所提出的，在洋壳扩张阶段，盆地南部并没有达到现今的宽度，东西两侧的盆地边界相距较现今更近，之后南奥克尼微陆块的逆时针旋转使得盆地南部不断扩大，南部的东西盆地边界不断远离，才形成现今的盆地南部构造面貌（图 3-46）。

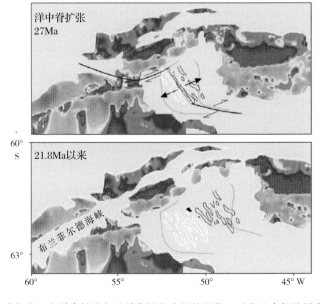

图3-46　鲍威尔盆地由洋壳扩张向后洋壳扩张阶段的演化，示盆地南部的增宽发展过程

（Eagles and Livermore，2002）

从现有地震剖面结果来看，后洋壳扩张演化阶段是鲍威尔盆地最晚的演化阶段，该演化阶段的层序不仅不整合覆盖在洋壳扩张层序之上，而且覆盖在前期活动的洋中脊之上，在整个盆地范围内广泛分布，仅在盆地边缘部位由于陆缘正断层的活动而使得后洋壳扩张层序有错断。该后洋壳扩张演化阶段，鲍威尔盆地整体表现为一个局限洋盆（即盆地周边被边界隆起所围限）。

参考文献

陈廷愚，沈延彬，赵越，等．2009．南极洲地质发展与冈瓦纳古陆演化 [M]．北京：商务印书馆，245-250.

丁巍伟，李家彪．2011．南海南部陆缘构造变形特征及伸展作用：来自两条 973 多道地震测线的证据 [J]．地球物理学报，54（12）：3038-3056.

姜卫平，鄂栋臣，詹必伟，等．2009．南极板块运动新模型的确定和分析 [J]．地球物理学报，52（1）：41-49.

杨永，邓希光，任江波．2013．南极大陆及其周缘海域重、磁异常特征及区域构造分析 [J]．地球物理学进展，28（2）：1013-1025.

Abreu V A, Anderson J B. 1998. Glacial eustasy during the Cenozoic: sequence stratigraphic implications[J]. AAPG Bulletin, 82(7): 1385-1400.

Balanyá J C, Galindo-Zaldívar J, Rodríguez-Fernández J et al. 1997. Estructura de la Cuenca Powell y su significado en la evolución cenozoica del extremo nordoriental de la Península Antártica[J],Bol Real Soc Esp Hist Nat, 93(1234):29-39.

Barker P F, Barret P J, Cooper A K. et al. 1999. Antarctic Glacial History from Numerical Models and Continental Margin sediments[J]. Palaeo, 150(3-4): 247-267.

Barker P F, Jahn R A A. 1980. marine geophysical reconnaissance of the Weddell Sea[J]. Geophys J R Astron Soc, 63:271-283.

Barker P F, Kennett J P, Shipboard Scientific Party. 1988. Proceeding of the Ocean Drilling Program, Initial Reports[M], Vol. 113. College Station, TX (Ocean Drilling Program).

Barker P F. 1982. Cenozoic subduction history of the Pacific margin of the Antarctic Peninsula: ridge crest-trench interactions[J]. Journal of Geological Society, 139: 787-801.

Beckmann A, Hellmer H H, Timmermann R. 1999. A numerical model of the Weddell Sea: Large-scale circulation and water mass distribution[J]. Journal of Geophysical Research:Ocean, 104(C10): 23375-23391.

Bohoyo F, Galindo-Zaldívar J, Jabaloy A, et al. 2007. Extensional deformation and development of deep basins associated with the sinistral transcurrent fault zone of the Scotia-Antarctic plate boundary[C]. In: Cunningham W D, Mann P (Eds.), Tectonics of Strike-Slip Restraining and Releasing Bends. Geological Society of London. Special Publications, 290:203-218.

Cande S C, Leslie R B, Parra J C, et al. 1987. Interaction between the Chili Ridge and Chile Trench: Geophysical and Geothermal evidence[J]. Journal of Geophysical Research, 92: 495-520.

Coren F, Ceccone G, Lodolo E, et al. 1997. Morphology, seismic structure and tectonic development of the Powell Basin, Antarctica[J]. J. Geol. Soc. London, 154: 849-862.

Diester-Haas L, Zahn R. 1996. Eocene-Oligocene transition in the Southern Ocean: history of water mass circulation and biological productivity[J]. Geology, 24: 163-166.

Dingle R V, Lavelle M. 1998. Later Crataceous-Cenozoic climatic variations of the northern Antarctic Peninsula: new geochemical evidence and review[J]. Palaeogeography, Palaeoclimatology, Palaeoecology, 141(3-4): 215-232.

Eagles G, Livermore E A. 2002. Opening history of Powell Basin, Antarctic Peninsula[J]. Marine Geology, 185:195-205.

Ebinger C J, Hayward N J.1996. Soft plates and hot spots: views from Afar[J]. J. Geophys. Res. : Solid Earth, 101(B10):21859–21876.

Ferris J K, Vaughan A P M, Storey B C.2000. Relics of a complex triple junction in the Weddell Sea embayment, Antarctica[J]. Earth Planet. Sci. Lett., 178:215–230.

Galindo–Zaldívar J, Balanyá J C, Bohoyo F, et al. 2002. Active crustal fragmentation along the Scotia – Antarctic plate boundary east of the South Orkney Microcontinent (Antarctica)[J]. Earth and Planetary Science Letters, 204:33–46.

Ghidella M E, LaBrecque J L.1997. The Jurassic conjugate margins of the Weddell Sea: Considerations based on magnetic, gravity and paleobathymetry data[C], In Ricci C A (ed) The Antarctic Region: Geological Evolution and Processes, Terra Antarct, Siena, Italy, 441–451.

Ghidella M E, Yáñez G, LaBrecque J L.2002. Revised tectonic implications for the magnetic anomalies of the western Weddell Sea[J]. Tectonophysics, 347:65–86.

Grikurov G E, Ivanov V L, Leitchenkov N D, et al.1991. Structure and evolution of the sedimentary basin in the Weddell Sea province[C], paper presented at Sixth International Symposium on Antarctic Earth Science. Natl. Inst. of Pol. Res., Tokyo, 1991.

Grunow A M, Dalziel I W D , Harrison T M, et al. 1992. Structural geology and geochronology of subduction complexes along the margin of Gondwanaland: New data from the Antarctic Peninsula and southernmost Andes[J]. Geol. Soc. Am. Bull. 104: 1497–1514.

Haq B U, Hardenbol J, Vail P R. 1987. Chronology of fluctuating sea levels since the Triassic[J]. Science, 235(4793): 1156–1167.

Haugland K, Kristoffersen Y, Velde A.1985. Seismic investigations in the Weddell Sea embayment. Tectonophysics, 114:293–313.

Haxby W F.1988. Organization of oblique sea floor spreading into discrete, uniformly spaced ridge segments: Evidence from GEOSAT altimeter data in the Weddell Sea [J]. Eos Trans. AGU, 69:1155.

Hinz K, Krause W.1982. The continental margin of Queen Maud Land/Antarctica: seismic sequences, structural elements and geological development[J]. Geologisches Jahrbuch, E23:17–41.

Hinz K, Kristoffersen Y.1987. Antarctica, recent advances in the understanding of the continental shelf[J]. Geol. Jahrb., Reihe E, 37:3–54.

Howe J A, Livermore R A, Maldonado A. 1998. Mudwave activity and current–controlled sedimentation in Powell Basin, northern Weddell Sea, Antarctica[J]. Marine Geology, 149: 229–241.

Hübscher C, Jokat W, Miller H.1996a. Structure and origin of southern Weddell Sea crust: Results and implications[C], In: Storey B C, King E C, Livermore R A (eds) Weddell Sea Tectonics and Gondwana Break up, Geol. Soc. Spec. Publ., 108, 201–211.

Hunter R J, Johnson A C, Aleshkova N D.1996b, Aeromagnetic data from the southern Weddell Sea embayment and adjacent areas: Synthesis and interpretation[C], In: Storey B C, King E C, Livermore R A (eds) Weddell Sea Tectonics and Gondwana Break up, Geol. Soc. Spec. Publ., 143–154.

Ivany L C, Simaeys S, Domack E W. 2006. Evidence for an earliest Oligocene ice sheet on the Antarctic Peninsula[J]. Geology, 34(5): 377–380.

Jokat W, Boebel T, König M, et al.2003. Timing and geometry of early Gondwana breakup[J]. J. Geophys. Res., 108(B9):2428, doi:10.1029/2002JB001802.

Jokat W, H ü bscher C, Meyer U, et al.1996. The continental margin off East Antarctica between 10°W and 30°W, In: Storey B C, King E C, Livermore R A (eds) Weddell Sea Tectonics and Gondwana Break up, Geol. Soc.

Spec. Publ.,129–141.

Jokat W, Ritzmann O, Reichert C, et al. 2004. Deep crust structure of the continental margin off the Explora Escarpment and in the Lazarev Sea, East Antarctica. Marine Geophysical Researchs, 25:283–304.

Kavoun M, Vinnikovskaya O. 1994. Seismic stratigraphy and tectonics of the northwestern Weddell Sea (Antarctica) inferred from marine geophysical surveys[J]. Tectonophysics, 240:299–341.

King E C, Barker P F. 1988. The margins of the South Orkney microcontinent[J]. J. Geol. Soc. London, 145:317–331.

King E C, Leitchenkov G, Galindo–Zald í var J, et al.1994. Basement distribution in Powell Basin: understanding the tectonic controls on sedimentation[J]. Terra Antartica, 1(2): 307–308.

King E C, Leitchenkov G. Galindo–Zaldivar J, et al. 1997. Crustal structure and sedimentation in Powell Basin[M]. In: Barker P, Cooper A. eds. Geology and seismic stratigraphy of the Antarctic margin, 2. Washington D C: Antarctica Research Series, AGU, 71: 75–94.

King E C.2000. The crustal structure and sedimentation of the Weddell Sea embayment: implications for Gondwana reconstructions[J]. Tectonophysics, 327:195–212.

King E, Barker P F. 1988. The margins of the South Orkney microcontinent[J]. J. Geol. Soc. London, 145: 317–331.

König M, Jokat W. 2006. The Mesozoic breakup of the Weddell Sea[J]. J. Geophys. Res., 111(B12102), doi:10.1029/2005JB004035.

Kovacs L C, Morris P, Brozena J, et al. 2002. Seafloor spreading in the Weddell Seas from magnetic and gravity data[J]. Tectonophysics, 347:43–64.

Kristoffersen Y, Haugland K.1986. Geophysical evidence for the East Antarctic plate boundary in the Weddell Sea[J]. Nature, 322:538–541.

Kristoffersen Y, Hinz K.1991. Evolution of the Gondwana plate boundary in the Weddell Sea area,In Thomson M R A, Crame J A (eds) Geological Evolution of Antarctica,. Cambridge Univ. Press, New York, 225–230.

LaBrecque J L, Barker P.1981. The age of the Weddell Basin. Nature, 290:489–492.

LaBrecque J L, Ghidella M E. 1997. Bathymetry, depth to magnetic basement, and sediment thickness estimates from aerogeophysical data over the western Weddell Sea[j]. J. Geophys. Res., 102:7929–7945.

Langenheim V E, Jachens R C. 2003. Crustal structure of the Peninsular Ranges batholith from magnetic data: Implications for Gulf of California rifting[J]. Geophysical Research Letters, 30(11): 1–4.

Larter R D, Barker P F. 1991. Effects of ridge crest–trench interaction on Antarctic–Pheonix spreading: forces on a young subducting plate[J]. Journal of Geophysical Research, 96(19): 203–219.

Lawver L A, Gahagan L M, Coffin M F.1992. The development of paleo–seaways around Antarctica[J]. Antarct. Res. Ser., 56:7–30.

Lawver L A, Gahagan L M. 2003. Evolution of Cenozoic seaways in the circum–Antarctic region[J]. Palaeogeography, Palaeoclimatology, Palaeoecology, 198(1–2): 11–37.

Lawver L A, Williams T, Sloan B. 1994. Seismic stratigraphy and heat flow of Powell basin[J]. Terra Antartica, 1: 309–310.

Laxon S W, McAdoo, D C. 1998. Polar Marine Gravity from Satellite Altimetry (Univ. College, London)[C], available on the Internet at http://wwwcpg.mssl.ucl.ac.uk/people/swl/ or http://ibis.grdl.noaa.gov/SAT/curr_ res/polar.html.

Leitchenkov G L, Kudryavtzev G A.2000. Structure and origin of the Earth's crust in the Weddell Sea embayment (beneath the front of the Filchner and Ronne Ice Shelves) from deep seismic sounding[J]. Polarforschung, 67:143–154.

Levi S, Riddihough R. 1986. Why are marine magnetic anomalies suppressed over sedimented spreading centres?[J] Geology, 14: 651–654.

Livermore R A, Hunter J.1996. Mesozoic seafloor spreading in the southern Weddell Sea[C], In: Storey B C, King E C and Livermore R A (eds) Weddell Sea Tectonics and Gondwana Break up, Geol. Soc. Spec. Publ., 108:227–241.

Livermore R A, Woollett R W. 1993. Seafloor spreading in the Weddell Sea and southwest Atlantic since the Late Cretaceous[J], Earth Planet. Sci. Lett., 117:475–495.

Livermore R, Nankivell A, Eagles G, et al. 2005. Paleogene opening of Drake Passage[J]. Earth Planet. Sci. Lett., 236(1):459–470.

Lodolo E, Civile D, Vuan A, et al.2010. The Scotia – Antarctica plate boundary from 35°W to 45°W[J]. Earth and Planetary Science Letters, 93:200–215.

Maldonado A, Aldaya F, Balanyá, J C, et al. 1993.Tectonics and paleoceanography in the northern sector of the Antarctic Peninsula: preliminary results of HESANT 1992/93 cruise with the BO HESPERIDES. Sci. Mar. 57 (1):79–89.

Martin A K, Goodlad S W, Hartnady C J H, et al.1982. Cretaceous palaeopositions of the Falkland Plateau relative to southern Africa using Mesozoic seafloor spreading anomalies[J]. Geophys. J. R. Astron. Soc., 71:567–579.

McAdoo D C, Laxon S.1997. Antarctic tectonics: constraints from an ERS–1 Satellite Marine Gravity Field[J]. Science, 276:556–560.

Miller H, Batist M D, Jokat W, et al. 1990. Revised interpretation of tectonic features in the southern Weddell Sea, Antarctica, from new seismic data[J]. Polarforschung, 60:33–38.

Peron–Pinvidic G, Manatschal G, Minshull T A, et al. 2011. Tectonosedimentary evolution of the deep Iberia–Newfoundland margins: Evidence for a complex breakup history[J]. Tectonics, 26, doi:10.1029/2006TC001970.

Rodríguez–Fernández J, Balanyá J C, Galindo–Zaldívar J, et al.1994. Margin styles of Powell Basin and their tectonic implications (NE Antarctic Peninsula)[J]. Terra Antartica., 1:303–306.

Rodríguez–Fernández J, Balany á J C, Galindo–Zaldívar J, et al.1997. Tectonic evolution and growth patterns of a restricted ocean basin: the Powell Basin (northeastern Antarctic Peninsula)[J]. Geodin. Acta, 10:159–174.

Rogenhagen J, Jokat W. 2000. The sedimentary structure in the western Weddell Sea[J]. Mar. Geol., 168:45–60.

Sandwell D T, Smith W H F.2009. Global marine gravity from retracked Geosat and ERS–1 altimetry: Ridge segmentation versus spreading rate[J]. Journal of Geophysical Research: Solid Earth, 114(B1).

Studinger M. 1998. Compilation and analysis of potential field data from the Weddell Sea, Antarctica: Implications for the break–up of Gondwana[J]. Ber. Polarforsch., 276, 44–48.

Verard C, Flores K, Stampfli G. 2012. Geodynamic reconstructions of the South America–Antarctica plate system[J]. Journal of Geodynamics, 53: 43–60.

Viseras C, Maldonado A. 1999. Facies architecture, seismic stratigraphy and development of a high–latitude basin: the Powell Basin (Antarctica)[J]. Marine Geology, 157: 69–87.

Vuan A, Robertson Maurice S D, Wiens D A, et al.2005. Crustal and upper mantle S–wave velocity structure beneath the Bransfield Strait (West Antarctica) from regional surface wave tomography[J]. Tectonophysics, 397:241–259.

第4章 南极半岛西缘地质特征

南极半岛西缘与南极半岛东缘及南极半岛本身共同组成了完整的沟－弧－盆系统，第3章所述的南极半岛西缘主要为伸展结构为主，并形成了一系列被动陆缘和弧后拉张盆地，而本章节所述的南极半岛西缘以俯冲结构为主，主动陆缘和被动陆缘并存，包括了俯冲的洋盆，海沟和弧前盆地诸系统，同时本次研究也考虑了该侧位于岩浆弧之间的布兰斯菲尔德盆地（图4-1）。

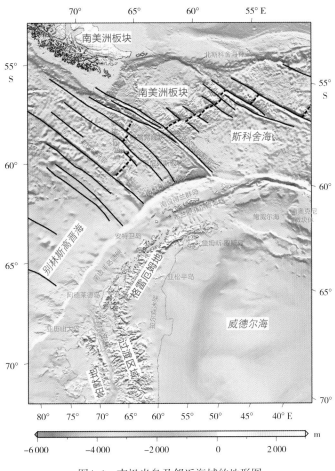

图4-1 南极半岛及邻近海域的地形图

南极半岛的地质背景在上一章已经阐述。布兰斯菲尔德裂谷为晚新生代的拉伸构造，靠近乔治王岛宽约40km，某些位置的宽度可以达到100km。布兰斯菲尔德海峡的海底热流值非常高，1/4位置的热流超过220MW/m^2（Lawver and Nagihara, 1991; Lawver et al., 1995）。在布兰斯菲尔德海峡广泛分布着热液活动（Klinkhammer et al., 2001），特别在迪塞普申岛（Somoza et al., 2004），已经证实存在海底火山活动。裂谷地堑的中间区域仅宽15～20km，沿着迪塞普申和布里奇曼岛之间的连线，分布着一系列近地表和海底的火山。这些仅代表了一条

约 300 km 长的巨大深海脊的可见部分，其形成与更新世以来的布兰斯菲尔德海峡张裂有关。1967、1969 和 1970 年，在迪塞普申岛发生的火山喷发和持续的地震活动，也证实了沿着布兰斯菲尔德海峡的构造火山活动仍然活跃。从布兰斯菲尔德裂谷火山采样获得的玄武岩具有过渡特征，介于标准的太平洋弧后盆地岩浆和亏损的上地幔洋中脊玄武岩岩浆之间。

4.1 地球物理场特征与地壳结构

对于南极半岛西部的大陆边缘，通过不同的地球物理方法研究地壳和上地幔的岩石圈结构和构造演化已经获得了较大的进展，并且发表了与此相关的多篇论文。这些研究工作基于卫星、航空或船测调查的重磁数据、区域的多道地震和折射地震调查剖面。本项目将对最新的卫星重磁数据进行处理和分析，并总结前人在重磁模拟、深折射地震反演、综合地球物理解释等方面的研究成果。

4.1.1 数据来源及方法

4.1.1.1 水深数据

本研究所用的海底地形数据来源于最新的全球水深数据库 GEBCO-08（The Genearal Bathymetic Chart of the Oceans, http://www.gebco. net），网格间距为 0.5′ × 0.5′，该数据库集合了船载多波束数据和卫星 Geosat 和 ERS-1 测量数据。该全球地形数据库集合了船载多波束测量和卫星测量地形数据。在一般情况下，该数据库中的数据同船载测量的结果吻合得比较好。研究区海底地形图 4-1 所示。

4.1.1.2 重力数据

本项目可以获得的重力数据为 Sandwell 和 Smith 公布的全球自由空间卫星重力异常数据（ftp://topex.ucsd.edu/pub/global_grav_1min）（图 4-2）。V18 版本的卫星重力异常在波长大于 18 km 的误差为 8.8 mGal，波长大于 80 km 为 3.0 mGal（Sandwell and Smith, 2009）。

Sandwell 等（2013）在 Geosat 和 ERS-1 卫星高度数据（V18）的基础上，增加了 Gryosat-2、Envisat 和亚松-1 最新获取的卫星高度数据，有效地提高了卫星重力异常的精度，低纬度区域提高了 1.5 倍，南北极的高纬度区域提高了 2 ～ 3 倍。最新版本（V21）的卫星重力异常精度在墨西哥湾为 1.7 mGal，在加拿大北极圈为 3.75 mGal，其他海域的重力异常精度与此相当（Sandwell et al., 2013）。V21 版本的精度是大多数学术机构公布的船测重力异常的两倍左右，仅差于商业公司精细采集数据。重力异常精度的提高主要集中在波长 14 ～ 40 km，可用于宽度小到 7 km 的沉积盆地的研究。

4.1.1.3 磁力数据

本项目收集的磁力数据主要来源于 ADMAP（Antarctic Digital Magnetic Anomaly Project）南极数字磁力异常项目。ADMAP 项目从 1995 年开始实施，项目将已有的地面磁异常与南极及其 60°S 附近的卫星磁异常统一起来。这个跨国际的研究项目受到南极科学研究委员会（SCAR）和国际地磁与超高层大气物理协会（IAGA）的资助。

按照 SCAR／IAGA 工作小组的目标和 ADMAP 项目议定书的要求，目前在大范围数据编辑、磁异常数据库已经完成，可以在网站下载使用。ADMAP-1 仅提供 60°S 以南的南极数字磁力异常数据，不能完全满足本项目研究需求，本课题需要 60°S 以北的部分数据。美国国家地球物理数据中心（NGDC）构建了第一个全球磁异常格网 WDMAM 并获得了广泛的应用，但该格网最大的不足是南大洋的数据点稀疏。2009 年 3 月发布了最新的全球地磁异常格网 EMAG2（Earth Magnetic Anomaly Grid）（图 4-3）。与第一代全球磁异常格网 WDMAM 相比，EMAG2 有着显著的进步：空间分辨率由原先的 3 弧分（约 5.5 km）提升至 2 弧分（3.7 km）；高度有原先的 5 km 调整为 4 km；应用各向异性改正模型进行数据插值，使得测量稀疏地区（例如南大洋）的海洋磁条带更加逼真。

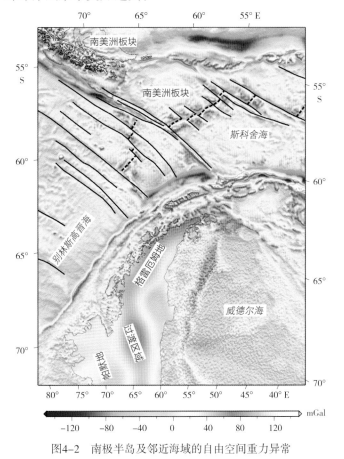

图4-2　南极半岛及邻近海域的自由空间重力异常

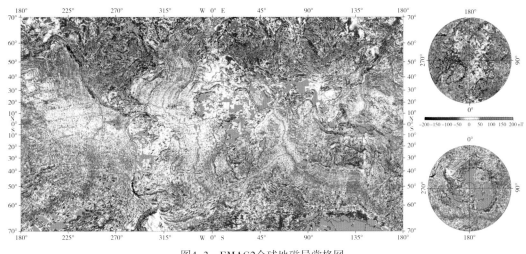

图4-3　EMAG2全球地磁异常格网

4.1.1.4 全布格校正

为了消除因测点空间位置不同而造成的重力正常变化，本项目采用 Fullea 等（2008）提出的专门针对卫星自由空间异常的全布格校正程序（FA2BOUG）进行处理（图4-4）。FA2BOUG 按照计算点与地形之间的距离将计算区域分解为三个部分进行全布格校正（Bullard A，B 和 C 校正），并且可同时对海洋和陆地进行计算。在距离较远的区域，利用正方棱柱体重力场的球谐展开表达式；在中间区域，利用每个棱柱体的分析表达式进行计算；而在距离较近区域，又将计算区域划分为两个部分，一部分为顶部水平的棱柱体，其高度等于计算点的高程，另一部分为四个扇形棱柱体，每个棱柱体的高度从内区到计算点连续变化。

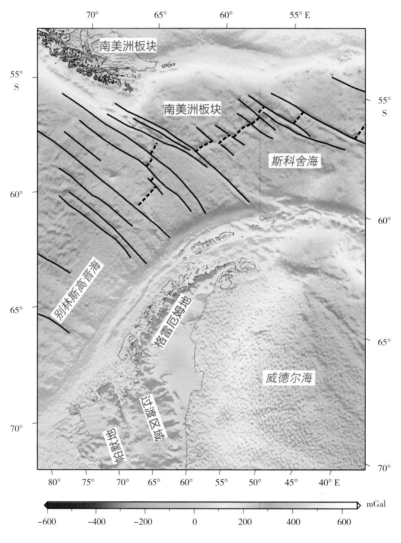

图4-4　南极半岛及邻近海域的全布格重力异常图

4.1.1.5 均衡残余校正

为了分析反映浅部地质体的短波长重力异常，本项目在对自由空间重力异常进行布格校正的基础上，对南极半岛西侧大陆边缘进一步进行均衡残余校正处理（图4-5）。均衡残余校正正是将地形补偿质量产生的重力异常减去，以达到突出短波长异常的目的。校正过程采用 Airy 均衡补偿模型，并取地壳密度为 2.67 g/cm^3，地壳与上地幔的密度差异为 0.45 g/cm^3，海平面处的莫霍面补偿深度为 25 km。虽然选取何种均衡模型及参数在研究区很难精确地获知，但是不同模型或参数产生的误差主要影响长波长重力异常，而对短波长异常影响较小。这种均衡残余校正依据 Airy 模型，避免了滤波或者多项式拟合等提取浅部重力异常处理方法带来的随意性，并且能够通过修改模型参数的方式，更佳地模拟研究区的地壳结构。

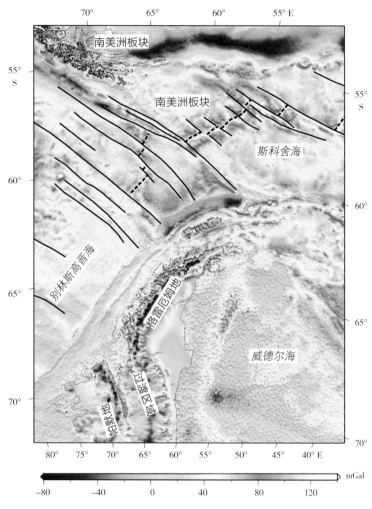

图4-5 南极半岛及邻近海域的均衡残余异常图

4.1.1.6 3D 欧拉反褶积

3D 欧拉反褶积方法是重磁位场数据处理和解释的重要方法，能利用网格数据快速地自动反演解释重磁位场资料，并能在较少先验信息的情况下自动化或半自动化地确定场源位置，解释场源起因的方法。位场和其梯度与场源之间的联系可以通过欧拉齐次方程表示，场源的不同形状即地质构造的差异则表现为方程的齐次程度，也就是地质构造指数。地质构造指数或齐次程度实质上表现了场随离开场源距离的衰减率。

磁场的欧拉齐次方程为以下形式：

$$\left(x - x_0\right)\frac{\delta T}{\delta x} + \left(y - y_0\right)\frac{\delta T}{\delta y} + \left(z - z_0\right)\frac{\delta T}{\delta z} = N\left(B - T\right)$$

其中 (x_0, y_0, z_0) 为磁源体的位置，T 为 (x, y, z) 位置的磁场强度，B 为区域场或者背景场，

N为构造指数。为了辅助解释磁异常特征，本课题对南极半岛北部的格兰姆地和南设得海峡区域的磁场数据进行3D欧拉反褶积处理（图4-6）。由于前人研究表明布兰斯菲尔德海峡沿着洋脊轴部存在侵入的玄武岩岩墙，为了表征该构造，选取构造指数为1。

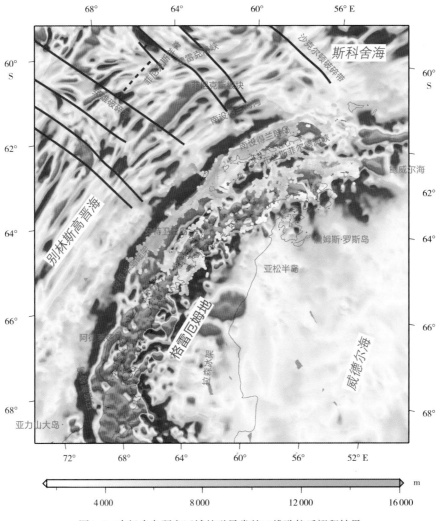

图4-6　南极半岛研究区域的磁异常的三维欧拉反褶积结果

4.1.1.7　岩石物性

在南极半岛大陆架和大陆上的岛弧，大部分出露岩石由深成岩石组成，包括南极半岛岩基的中性－基性组分岩石和中部区域的火山群的火山岩。形成南极半岛岩基的深成岩在 ~ 240 ~ 10Ma 侵位，在早白垩纪活动达到顶峰。辉长岩－花岗岩组分（闪长岩占主要部分）的早白垩纪深成岩石形成了广泛的深成岩和岩基。南极半岛火山群的火山岩以安山岩、辉绿岩、玄武岩、流纹岩、粗玄岩和英安岩为代表（Riley et al., 2001），表现为岩脉、岩墙和熔岩流的形式。

这些火山岩可以分为两组（图4-7）。第一组包括流纹岩、英安岩、安山岩，平均密度为 2.7 g/cm³，磁化率为0.017 SI。第二组由包含更为基性组分的岩石组成，包括辉绿岩、玄武岩、粗玄岩和安山岩，密度为2.84 ~ 2.90 g/cm³，并且磁化率（æ）和自然剩余磁化率（NRM）均分别增加到0.04 SI 和0.41 A/m³。后一组同样包括非常高的NRM值的火山岩，为蒂克森角的玄武岩（*NRM* = 2.1 ~ 4.2 A/m）和阿根廷群岛的粗玄岩（*NRM* = 0.2 ~ 0.7 A/m）。两组火山岩的地震波速度同样不同，随着基性火山岩的增加，P 波速度也随着增大（达到 5.9 km/s³）。

南极半岛岩基的花岗岩主要为花岗闪长岩和较少的花岗岩。该岩组的不均匀性在密度直方图（图 4-7）上表现为双峰特征，花岗岩和花岗闪长岩的密度分别具有两个峰值，2.61 ~ 2.62 和 2.69 ~ 2.72 g/cm³。花岗岩的 æ 平均值为 0.0161SI，花岗闪长岩的为 0.020 ~ 0.022 SI，并且后者的 NRM 为 0.366 A/m。研究区的花岗闪长岩的 æ 的值增加为 0.035 SI，可能由于岩石样品中阿根廷群岛及其邻近南极半岛海岸的具有较高磁化率的花岗闪长岩占据了主要部分。

南极半岛岩基的似辉长岩的平均密度为 2.84 ~ 2.86 g/cm³。根据岩石的平均磁化率，存在磁化率为 0.064 SI 和 0.033 SI 的两组岩石，同样可以利用花岗闪长岩的成分进行解释，在统计的岩石数据库中，阿根廷群岛的岩石占主要成分。此外，闪长岩的磁化率平均为 0.061 SI，同样可能与该岩组有关。辉长岩和辉长岩-斜长岩的平均 NRM 为 1.9 A/m。辉长岩组的高磁化率由高组分（达到 12%）的磁铁矿造成。这些岩石类型出露于阿根廷群岛、中央雨果群岛、格兰姆地的其他位置，构成了巨大的南极半岛岩基的地块和深成岩。出露于阿纳格拉姆岛和南极半岛的图森角的似辉长岩中的磁铁矿最高含量达到 30%。主要岩石类型的密度值被用于约束初始模型的上地壳和中地壳。为了约束全地壳和上地幔的密度模型，同样利用速度和密度的常规转换公式。

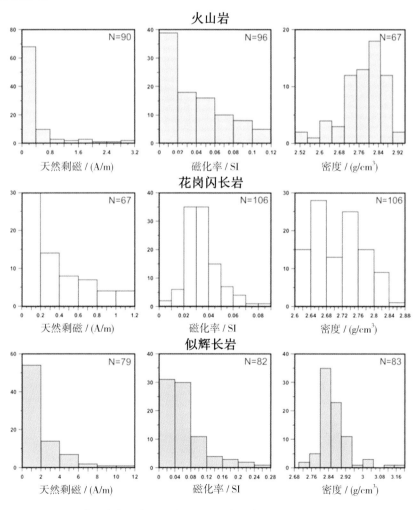

图4-7 南极半岛研究区的岩石物性的密度直方图(Yegorova et al., 2011)

4.1.2　重力异常特征

根据布格重力异常特征，研究区可以划分为三个主要区域（图 4-4）。第一个局域包括南设得群岛（异常可达到 120 mGal），布兰斯菲尔德海峡（80 ~ 140 mGal）和南极半岛的北端（布格异常为 60 ~ 80 mGal）。第二个区域位于南极半岛的格兰姆地东西两侧的大陆架，其北端可延伸到安特卫岛，南端位于阿德莱德岛，该区域的布格异常为 30 ~ 70 mGal。第三个区域包括帕默地和格兰姆地中部带状区域，表现为宽阔的负异常特征。这些异常可达 150 mGal 或更低。对于帕默地的重力异常，Ferraccioli 等（2006）已经通过新的航空重力数据进行了更为细致的研究，结果表明南极半岛岩基为拼合的岩浆弧地体。

对于卫星自由空间重力异常（图 4-2），南极半岛大陆架的西北部主要表现为强烈的高、低异常带。线性低值重力异常带刻画了沿着太平洋一侧的南极半岛大陆边缘的深水海沟系统。南设得海沟为一个深水海沟，水深大约为 5 km。沿着海沟，海底覆盖了一层较厚的楔状沉积物。位于南极半岛大陆架的南设得群岛的重力异常高值带，幅度可达 100 mGal 以上，被解释为由巨大的高密度深成岩体组成，构成了太平洋大陆边缘的岩浆弧。这些块体可以向下延伸 10 ~ 20 km，Garrett（1990）估计其密度范围在 2.8 ~ 3.0 g/cm³ 之间，对应于包含钙长岩 – 辉长岩组分的深成岩体。在南设得群岛发现的岩石块体最大密度超过 3.0 g/cm³，表明该群岛带包括了地壳底辟的出露部分，大部分由白垩纪的超基性岩组成。这些岩石与 Gibbs 岛的超基性混杂岩（纯橄岩）的出露有关，为南设得群岛的一部分。

英雄破碎带以南的南极半岛大陆边缘的外部和中部陆架表现为两个平行的高幅重力异常高值带，而中间被为线性的重力低值带所分割。向陆方向的重力高值带可能由中陆架隆起（MSH）的基底抬升造成，该块体的主要部分可能为中新世—上新世期间大陆边缘与南极洲 – 菲尼克斯洋脊碰撞造成。这与 Yegorova 等（2011）的解释相一致，认为沿着南极半岛的强烈的高幅度重力异常带源于巨大的基性深成岩抬升，该抬升与俯冲导致的上地幔和下地壳的部分熔融有关。沿着南极半岛太平洋大陆边缘的深水海沟系统同样表现为线性的重力低值带，但其幅度相对于南设得海沟较小。

4.1.3　磁力异常特征

4.1.3.1　磁力异常分区

根据研究区及邻域地质构造特征、研究区水深与地势和西南极总体磁力异常趋势，结合研究区磁力异常的走向、幅值和组合的特征（图 4-8），将研究区磁场分为两个一级异常区，分别为弧盆异常区（Ⅰ）和海盆条带状异常区（Ⅱ）。主磁力异常分区又可以进一步划分为多个次级异常区，弧盆异常区（Ⅰ）可以进一步分为卡马拉盆地异常区（Ⅰ₁），南设得兰盆地异常区（Ⅰ₂），南设德兰岛高值异常区（Ⅰ₃），布兰斯菲尔德海盆负异常区（Ⅰ₄）和南极半岛高值异常区（Ⅰ₅）；海盆条带状异常区（Ⅱ）可以分为菲尼克斯块体异常区（Ⅱ₁）和西斯科舍块体异常区（Ⅱ₂）。

解析延拓是一种磁异常解释常用的处理方法，向上延拓可以削弱局部干扰异常，反映深部异常。由于磁场随距离的衰减速度与地质体体积有关。体积大，磁场衰减慢；体积小，磁场衰减快。对于同样大小的地质体，磁场随距离衰减的速度与地质体埋深有关。埋深大，磁场衰减慢；埋深小，磁场衰减快。因此小而浅的地质体磁场比大而深的地质体磁场随距离衰减要快得多。这样，通过向上延拓就可以压制局部异常的干扰，反映出深部大的地质体。因此，为了突出区域异常，对磁力异常网格化数据进行了解析延拓，得到了上延10 km、20 km和30 km的系列图件，如图4-9所示。

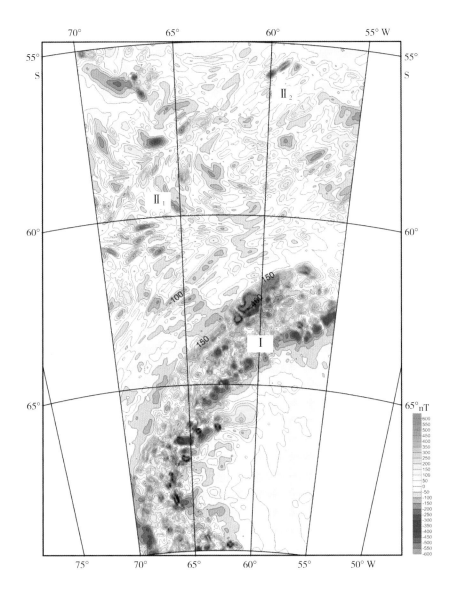

图4-8　研究区磁力异常ΔT等值线晕染图及分区

红色实线为一级异常区分界线，下部为弧盆异常区（Ⅰ），上部为海盆条带状异常区（Ⅱ）

黑色虚线为次级异常区边界，左部为菲尼克斯块体异常区（Ⅱ₁），右部为西斯科舍块体异常区（Ⅱ₂）

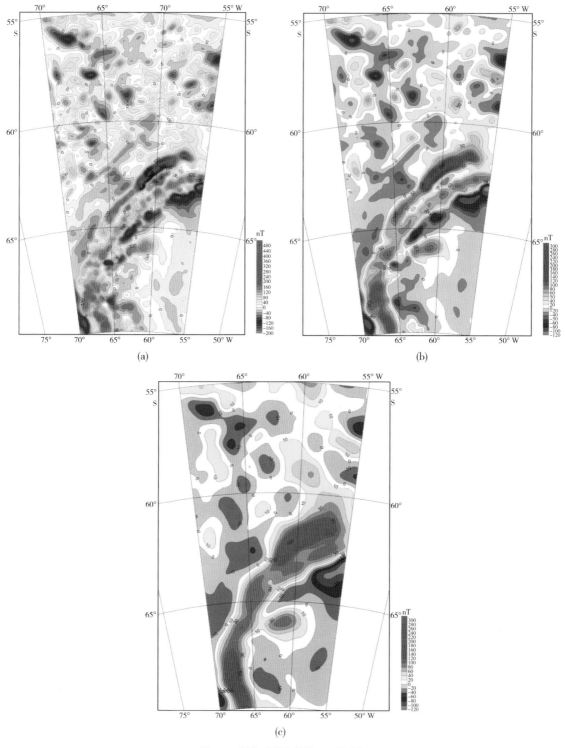

图4-9　研究区磁力异常ΔT延拓图

(a) 10 km；(b) 20 km；(c) 30 km

　　磁异常的导数在突出浅源异常、区分水平叠加异常、确定异常体边界和消除或削弱背景场等方面具有明显效果，并且有利于某些非二度异常的解释。因此，为了突出局部异常，对研究区磁力异常网格化数据进行了导数运算，得到了磁力异常 X 方向导数等值线图、Y 方向导数等值线图和 Z 方向导数等值线图，分别如图 4-10 所示。

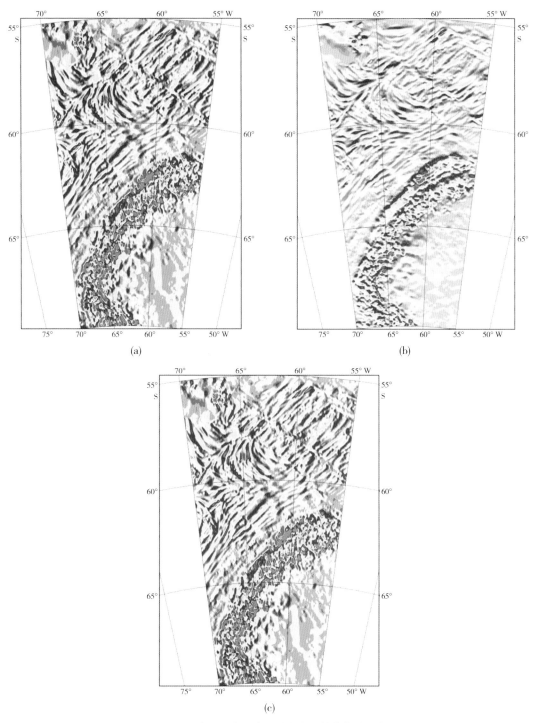

图4-10　研究区磁力异常不同方向导数等值线晕染图

(a) X方向；(b) Y方向；(c) Z方向

弧盆异常区（Ⅰ）磁场的总体面貌呈带状分布，最为明显的特征为宽广的呈弓形的强磁异常带，此异常带在向上延拓30km的磁力异常等值线图（图4-9）中仍然非常显著。前人文献中将此异常带称为太平洋边缘异常（Pacific Margin anomaly，PMA）（Maslanyj et al., 1991）或西海岸磁异常（West Coast Magnetic Anomaly，WCMA）（Renner et al., 1982）。PMA强磁异常带在安特卫普岛和布兰斯菲尔德海槽的北端之间分成了两个分支，分别为高强度西部异常分支和低强度东部异常分支，这两个分支在向上延拓10km和20km的磁力等值线图［图4-9(a)(b)］

中非常明显，但在上延 30 km［图 4-9(c)］后合并在一起。Tamara Yegorova 等（2013）对包含 PMA 在内的横贯南极半岛重磁测线进行了建模反演，认为 PMA 东西分支可能属于不同的地壳体系，PMA 西支属于冲击板块，而 PMA 东支则属于冈瓦纳边缘板块。

卡马拉盆地（I_1）位于向海一侧的大陆架、陆坡和陆隆之上，是典型的弧前盆地。地震剖面显示，中新世以前沉积层序为变形的弧前加积物，是脊－沟碰撞前形成的。卡马拉盆地区内磁力异常走向 NE，与岛弧走向一致，磁力异常为宽缓的低值负异常，磁场背景揭示其较厚的无磁性沉积盖层，与和 Erson 等（1990）、Lair 等（1993）从地震资料显示的该区 2000 m 以上的沉积层厚度结果一致。

南设得兰盆地异常区（I_2）位于南设得兰群岛西北侧的岛架和岛坡上。南设得兰群岛是 4Ma 后从南极半岛分离出来的岛弧，所以南设得兰盆地不论是中生代，还是新生代，它都处在弧前环境。南设得兰盆地小而浅，磁力异常主要受南设得兰岛弧影响，走向 NE 至近 EW 向。

南设得兰群岛弧异常区（I_3）即为 PMA 西支，磁场特征为高幅度、强梯度的剧烈变化的异常，异常值为 -800 ～ -500 nT，磁异常剖面显示为跳跃变化的锯齿状、尖峰状以为为主，异常负值可达 ±400 nT。

对应着布兰斯菲尔德海盆为一负值异常带（I_4），均值背景近 -300 nT；明显的东西分异特征：布里奇曼岛以东为一中间正两侧负的高值区，走向北东，正值带内有多处等轴状局部正异常，亦呈北东向排列，规模不一，其中最大的幅值为 990 nT，面积约 375 km²；位于布里奇曼岛以与欺骗岛之间的西凹槽的磁异常为一负值区，但是被串珠状排列的串珠排列的尖峰异常所复杂化，这些局部异常幅值高、梯度大、呈北东向排列；欺骗岛以西的负异常区，背景值稍微升高，为 -150 ～ -300 nT，亦有几处正异常发育，规模略小，该区异常走向以北西或南北向为主。

南极半岛陆架陆坡高值异常区（I_5）即为 PMA 东支，场值多为 100 ～ 400 nT，由陆向海峡减小，梯度中等；走向北东，与半岛平行；在此异常上叠加一些短波长异常，其中一种为幅度 50 ～ 200 nT 的小异常，另一种为剧烈跌宕类似于锯齿状的局部异常（王光宇等，1996）。

海盆条带状异常区（Ⅱ）内磁场总体走向为 NE 向，区内磁力异常呈条带状展布，磁力条带正负相间排列，正异常条带的强度可以达到 50 ～ 300 nT，反映出海盆扩张过程中大洋玄武岩的剩磁特征。这些磁力异常条带又被多次错断切割，此特征在磁力异常 X 方向导数［图 4-10（a）］、Y 方向导数［图 4-10（b）］和 Z 方向导数［图 4-10（c）］中表现更为明显。沙克尔顿断裂带在水深地势图上显示的非常明显，在磁场图上也是海盆条带状异常区（Ⅱ）内最为显著的错断带。以此断裂带为界，将此异常区进一步划分为菲尼克斯块体异常区（$Ⅱ_1$）和西斯科舍块体异常区（$Ⅱ_2$）两个次级异常区。菲尼克斯块体异常区（$Ⅱ_1$）内可以识别出 5 条磁力异常错断，分别对应着英雄断裂带、安特卫普断裂带等多条转换断层，菲尼克斯 - 南极海脊被这些转换断层错断。西斯科舍块体异常区（$Ⅱ_2$）可以识别出 2 条磁力异常错动，这些磁异常切割错动所反映的转换断层将西斯科舍海脊错断。

4.1.3.2　磁性基底反演

小波逼近法是目前较为常用的磁异常剥离方法之一，它具有低阶小波细节不变的有点，也就是说不管怎么选择小波阶数（人为选定）n，小波变换出来的低阶小波细节都是一样的，所不同的只是小波细节的个数和 n 阶逼近，这一准则是离散小波变换特有的优点，对异常分解非常有利。如假设 $n = 3$，小波分析后取得小波细节 D1、D2、D3，和三阶逼近 D3，看 A3

是否有平滑的区域场的特征，如果是，则 A3 为区域场，DL = D1 + D2 + D3 为局部场，否则继续改变 n，直到取得满意结果为止。

本项目对研究区磁异常进行了 6 阶小波分解，如图 4-11 至图 4-16 所示。由图可见，一阶细节显得很是杂乱琐碎，这可能是随机干扰或浅部地质体产生；二阶细节只为局部异常，可能为中浅部地质体产生；三阶细节可能为中部地质体的反应，三阶逼近虽宽缓但仍欠平滑；四阶细节波长明显增长，应为较深层地震体的反应，四阶逼近异常具有明显的平滑的区域场特征，可以作为深层结晶基底磁场反应。在四阶细节异常中，海盆的磁力异常条带仍然明显可见，而在五阶的细节异常中，海盆磁场中的磁异常条带消失。在五阶逼近异常中，PMA 强磁异常带仍然明显的分为东、西两支，而在六阶逼近异常中两者合并在一起。

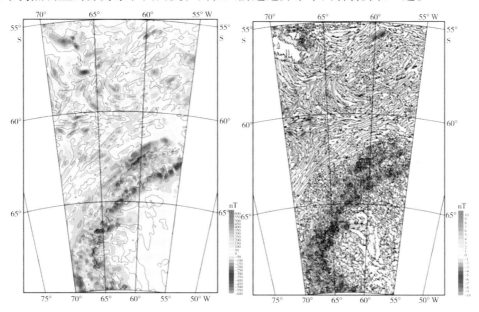

图4-11 研究区磁力异常 ΔT 一阶小波分解
左图为二阶逼近，右图为二阶细节

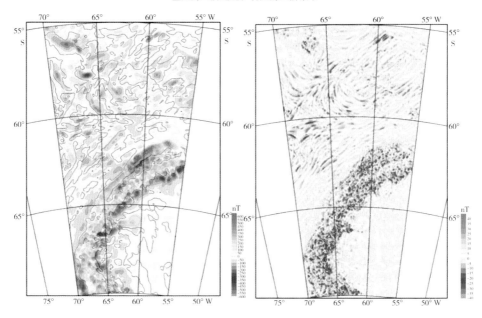

图4-12 研究区磁力异常 ΔT 二阶小波分解
左图为二阶逼近，右图为二阶细节

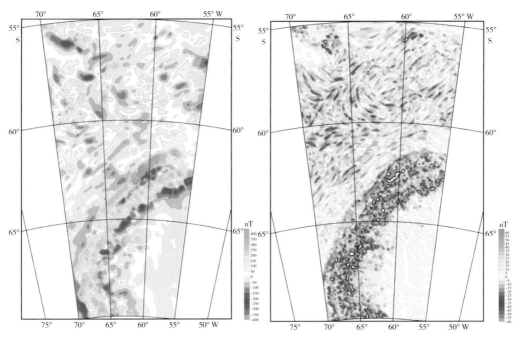

图4-13 研究区磁力异常ΔT三阶小波分解

左图为三阶逼近，右图为三阶细节

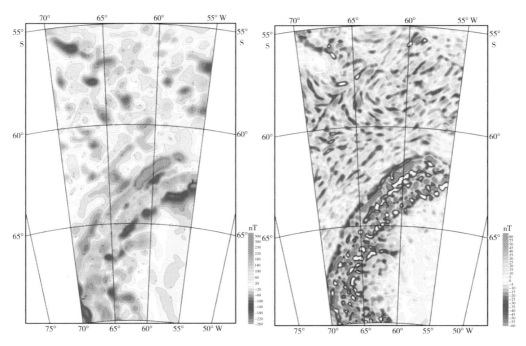

图4-14 研究区磁力异常ΔT四阶小波分解

左图为四阶逼近，右图为四阶细节

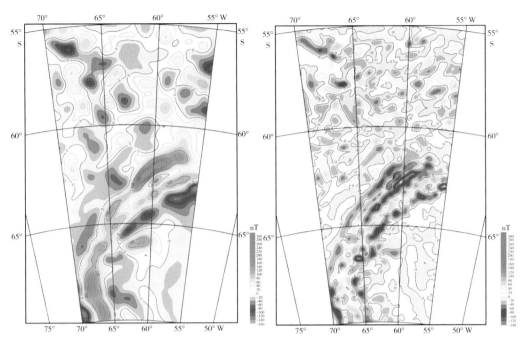

图4-15 研究区磁力异常ΔT五阶小波分解

左图为五阶逼近，右图为五阶细节

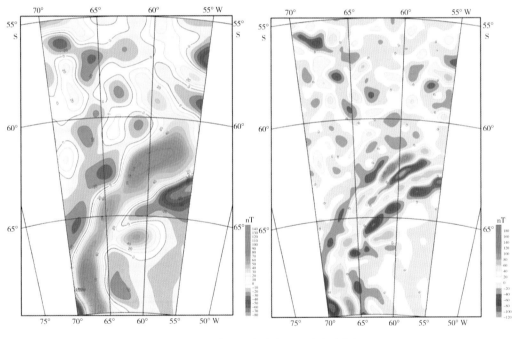

图4-16 研究区磁力异常ΔT六阶小波分解

左图为六阶逼近，右图为六阶细节

我们同样用基于Parker法的MAG4.0软件对研究区磁性基底进行反演。根据研究区岩石磁性统计结果，研究区沉积岩及寒武系至中生代的浅变质岩基本无磁性或弱磁性，地层的磁性主要由火山岩及侵入岩（如玄武岩等）引起；中生代侵入岩、火山岩及古生代具有磁性的岩石均可成为磁性基底，总结研究区地层磁性分布见表4-1。

表4-1 研究区地层磁性分布

地 层	磁化强度 / (A/m)
新生界	0
中生界	0
未变质古生界	0
变质古生界及前古生界	0.2 ~ 12

如上节所述，四阶逼近异常具有明显的平滑的区域场特征，以此作为反演研究区磁性基底分布的基础。古老基底的上界面起伏是界面场的主要成因，磁性地壳的底面埋深大，起伏小，对界面场影响很有限，因此在计算磁性基底顶面埋深时将地面影响忽略不计。根据前人研究成果（LaBrecque et al., 1997; Surinach et al., 1997; Eagle et al., 2002），南极半岛邻域磁性基底平均埋深取 9.5 km，磁性界面平均磁化强度取 4 A/m。采用 MAG4.0 软件集成的 Parker 法反演磁性基底结果如图 4-17 所示。

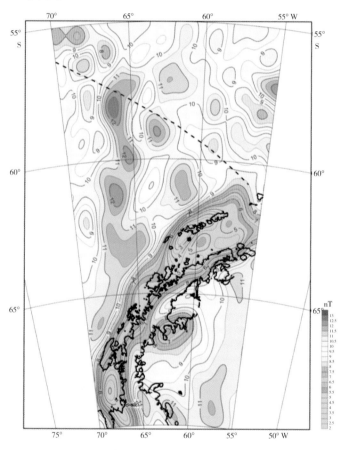

图4-17 研究区磁力异常反演磁性基底深度图

由图 4-17 可见，在弧盆异常区中岛弧磁性基底埋深最浅，而弧前与弧后盆地磁性基底埋深相对增大，南设德兰岛异常区磁性基底埋深不足 3 km，南极半岛高值异常区磁性基底埋深 5 ~ 8 km，两者之间的布兰斯菲尔德海盆异常区磁性基底相对加深，最深约 6 km；海盆异常区磁性基底较深，平均深度 9 ~ 12 km，区内基底构造表现出较强的水平错动，中部一条 NW 向基底等值线错动尤为明显，应为沙克尔顿断裂带（SFZ）的反映。

4.1.4 地壳和上地幔的 P 波速度结构

在研究区域，波兰进行了 20 条的 2D 深折射地震勘探，这次勘探获得了地壳和上地幔的 2D 速度模型，模型深度可达 80 km。测线总长度约 4000 km，震源采用 25 ～ 120 kg TNT 炸药，深度位于 70 ～ 80 m，炮间距为 1 ～ 5 km。利用陆地上的三通道或者五通道的垂直分量地震台站，或者海底地震仪（OBS）对地震波进行接收。以下按照东北到西南方向，主要对 DSS-17、DSS-20、DSS-12、DSS-13 剖面进行总结（Yegorova et al., 2011, 2013）。

DSS-17 剖面长 310 km，始于南设得海沟，经过南设得群岛和布兰斯菲尔德海峡，终止于南极半岛。DSS-17 剖面的较大视速度表明在德雷克海峡和南设得群岛下部存在较为倾斜的地震边界，这种复杂波场的特征指示了地壳及其之下的岩石圈的复杂结构。根据最新修正的速度模型（图 4-18），德雷克海峡和南设得海沟区域的洋壳的莫霍面深度为 10 km，到南极半岛下加深到大约 40 km。速度结构揭示地壳中存在几个独立的地块。在大洋区域，一系列速度为 2.0 ～ 5.6 km/s 的地层覆盖在 4 ～ 5 km 厚的结晶地壳之上，结晶地壳速度约为 6.9 km/s。在南设得群岛，低速沉积杂岩（2.0 ～ 4.0 km/s）覆盖在三层的结晶地壳之上，其 P 波速度分别为 5.6 ～ 6.1 km/s，6.4 ～ 6.8 km/s 和大于 7.2 km/s。布兰斯菲尔德海峡之下的地壳结构较为特别，存在一个 P 波速度为 7.2 ～ 7.8 km/s 的高速块体，其深度位于 15 ～ 30 km。该高速体向西北方向逐渐加厚，在南设得群岛最厚。在南极半岛，这种高 P 波速度地块基本消失。从德雷克海峡到南设得群岛的过渡区域，在下岩石圈存在地震反射体，其深度 35 ～ 80 km 之间。莫霍面和地震反射体的倾角大约 25°，可能为德雷克岩石圈板块在南极洲板块之下的俯冲方向。

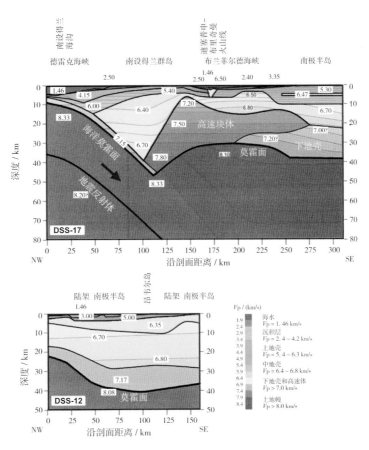

图4-18 折射地震剖面DSS-17和DSS-12的P波速度结构(Yegorova et al., 2011)

DSS-20 剖面沿着布兰斯菲尔德峡谷的轴部，介于西南方向的迪塞普申岛附近和东北方向布里奇曼岛附近，总长 310 km。该剖面的速度结构显示地壳中存在三个地块，分别代表了布兰斯菲尔德裂谷的西、中、东部次海盆的地壳结构。其中，P 波速度为 7.4 ~ 7.7 km/s 的高速地块位于布兰斯菲尔德海峡的中部次海盆之下 15 ~ 32 km 的深度。Janik 等（2006）利用 DSS 数据对高速体进行了成像，认为是裂谷期间底侵到地壳的岩浆物质。在 DSS-20 剖面，速度大于 8.0 km/s 的上地幔的深度位于 30 ~ 32 km 之间，表明在布兰斯菲尔德裂谷存在陆壳。Ashcroft（1972）的研究表明布兰斯菲尔德海峡之下存在半海洋地壳。DSS-20 剖面的地震剖面显示缺失洋壳。在布兰斯菲尔德海峡进行的广角地震探测揭示了与 DSS-17 和 DSS-20 相类似的特征，并且揭示了高 P 波速度（> 7.25 km/s）块体位于 10 ~ 15 km 深度，在布兰斯菲尔德海峡的中部解释为莫霍边界（Barker et al., 2003; Christeson et al., 2003），在 DSS-17 剖面对应于高速体的顶界。

DSS-12 剖面跨越了从安特卫岛到波折带的南极半岛大陆架，长 160 km。图 4-18 为沿着剖面 DSS-12 的速度模型。靠近南极半岛的邻近区域，存在 0.2 ~ 1.5 km 厚的较薄沉积盖层，而研究区的西部为沉积盆地，沉积层厚达 3 km，P 波速度为 4.4 ~ 5.2 km/s。沿着南极半岛的较宽带状区域，在上地壳较浅深度（< 1 km）存在 P 波速度为 6.35 km/s 的地块。在 5 ~ 15 km 深度，地壳中存在 P 波速度为 6.6 km/s 的地块。结晶地壳包括了 3 个部分，速度分别为 6.3 ~ 6.4 km/s，6.6 ~ 6.8 km/s 和 7.1 ~ 7.2 km/s。地壳厚度范围在 36 km ~ 42 km 之间，最大厚度位于安特卫岛之下。在太平洋之下，莫霍面深度变浅到大约 22 km。

DSS-13 剖面（图 4-19）横跨南极半岛大陆架，从安特卫岛的南部海岸向东南方向延伸到陆架中部位置，总长 230 km。靠近南极半岛的区域，沉积层覆盖较薄，厚度为 0.2 ~ 1.5 km。DSS-13 剖面、DSS-12 剖面的西部位于陆架中部区域的沉积盆地，沉积层厚度为 5 km，P 波速度为 4.4 ~ 5.2 km/s。这些剖面均显示在被动大陆边缘具有相似的结构。该区域最明显的特征是沿着南极半岛的广阔带状区域，在较浅的深度（< 1 km）存在相对高的 P 波速度（6.3 ~ 6.4 km/s）。南极半岛大陆架的地壳具有典型大陆地壳的三层速度结构的特征。大约 10 km 厚的上地壳速度为 6.3 ~ 6.45 km/s。P 波速度为 6.65 ~ 6.85 km/s 的中地壳在南极半岛附近（内陆架）的深度达到 30 km，向西朝大洋的方向逐渐减薄。下地壳的 P 波速度为 7.10 ~ 7.20 km/s，厚度为 10 km，下伏莫霍面深度为 38 ~ 40 km。在外陆架的向海方向，莫霍面变浅到 28 km。剖面西端靠近大陆边缘附近，莫霍面抬升达到 22 km。

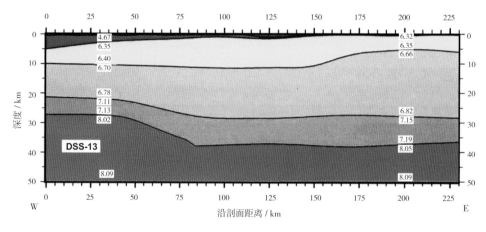

图4-19　折射地震剖面DSS-13的P波速度结构（Yegorova and Bakhmutov，2013）

联合多条深地震剖面的结果，Janik 等（2006）对南极半岛西北海岸的莫霍面深度进行了研究。研究表明位于阿德莱德岛和帕默群岛之间的南极半岛大陆架的地壳厚度最大，为 38 ~ 42 km。朝太平洋方向，莫霍面深度逐渐减小，在大陆架边缘达到 30 ~ 32 km。莫霍面的倾斜特征表明在太平洋洋壳和南极半岛陆壳之间存在过渡区域。在布兰斯菲尔德海峡区域，莫霍面深度从菲尼克斯板块的大约 12 km 洋壳，到南设得群岛陆架增加为大约 25 km，到南设得群岛地壳块体厚度达到 30 ~ 33 km。而南极半岛及其邻近陆架具有典型陆壳厚度特征，为 36 ~ 45 km。在布兰斯菲尔德海槽之下的莫霍面深度大约为 30 ~ 32 km。

4.1.4.1 2D 重磁模拟结果

（1）剖面 I–I。

剖面 I–I 总长为 860 km，横跨南设得海沟、南设得群岛和布兰斯菲尔德海峡。测线中部沿着地震剖面 DSS-17，并且与剖面 DSS-20 相交。剖面 I–I 中部通过地震剖面进行约束，而两侧的地壳结构主要通过 2D 重磁模拟进行构建。剖面 I–I 可以划分为 3 个区域，南极半岛和拉森冰架位置的陆壳（630 ~ 880 km），位于德雷克海峡的洋壳块体（0 ~ 340 km），和介于两者之间的过渡地块，其位于南设得海沟和布兰斯菲尔德海峡之间（图 4-20）。

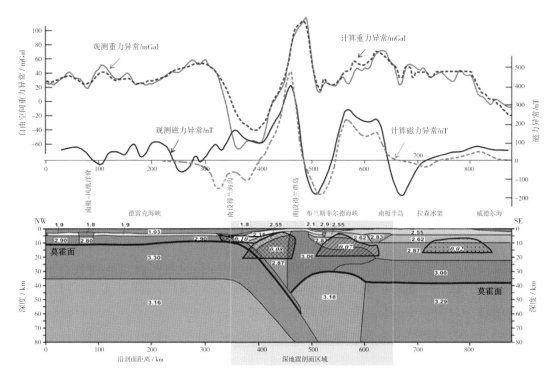

图4-20 重磁模拟剖面I-I的密度和磁化率的最终模型（Yegorova et al.，2011）

南极半岛和拉森冰架的陆壳较厚，上地壳的厚度达到 10 km，密度为 1.62 ~ 2.55 g/cm^3，中地壳厚度为 12 km，密度为 2.87 g/cm^3，下地壳的速度和密度最高，为大于 7.0 km/s 和 3.0 g/cm^3。莫霍面近似为水平，深度位于 38 ~ 40 km。莫霍面之下的上地幔速度和密度分别为 8.10 km/s 和 3.29 g/cm^3。

德雷克海峡的洋壳具有典型洋壳的特征，具有薄的结晶地壳，厚度为 5 ~ 7 km，高的 P

波速度（6.9 km/s）和密度（2.9 g/cm³）。结晶地壳之上覆盖了一层较薄的低密度（1.9 g/cm³）海洋沉积物。海底之上为 3 ~ 3.5 km 的海水层。在莫霍面之下 12 km 深的范围内，速度和密度分别为 8.3 km/s 和 3.3 g/cm³。在下岩石圈反射体之下，密度估计为 3.16 g/cm³（软流圈）。

过渡区域包括了南设得海沟和布兰斯菲尔德海峡之间的区域，其地壳结构比较复杂。该块体的突出特征是在南设得群岛的重力异常最高可达 110 mGal。重力模拟结果显示该重力高值由较大体积的岩基造成，其深度为 3 ~ 20 km。岩基在地表的宽度为 40 km，在其西侧边界较为陡峭，而其东侧一直延伸到布兰斯菲尔德海峡位置的下地壳，而厚度较薄。该块体的几何结构通过地震剖面进行约束。高的密度（3.06 g/cm³）和地震速度（>7.2 km/s）表明该地块岩石具有超基性的组分。伴随着南设得群岛之下的菲尼克斯板块残余的持续的缓慢的俯冲，密度为 2.87 g/cm³ 抬升的地壳楔状体，侵位于南设得岩基的西部。该抬升地壳块体对应于 400 nT 的强烈的磁力异常，为太平洋边缘磁异常的西侧分支。该异常由 80 km 宽的磁源体造成，深度位于 5 ~ 40 km。高磁化率（0.08 SI）和平均密度（2.87 g/cm³）。根据地质露头的岩石物性，表明可能为侵入杂岩（辉长岩、闪长岩、辉长岩和辉长岩－苏长岩）中存在铁镁质组分。

南设得海沟的低重力异常（−60 mGal）主要原因为存在厚度较薄的低密度的海洋沉积层（ρ = 1.8 g/cm³ 和 V_p = 2.5 km/s）和增生楔杂岩沉积（ρ = 2.15 g/cm³ 和 V_p = 4.2 km/s）。后者位于海沟轴部东南方向 25 ~ 30 km 位置，厚度可达 5 km。此外，对低重力异常的贡献还包括基底的变质沉积岩和火山夹层的层序，其 P 波速度为 5.5 km/s，密度为 2.55 g/cm³。火山岩的存在对应于极高的磁化率（0.10 SI），该磁源体位于南设得海沟之下 1 ~ 8 km。这种解释与阿根廷群岛玄武岩和粗玄岩的 5 个样品的磁化率测量相一致，为 0.08 ~ 0.13 SI。

布兰斯菲尔德海峡浅层覆盖了较薄的沉积层（1 ~ 4 km），其密度为 2.10 ~ 2.20 g/cm³。基底之下为类似的杂岩，位于海峡下 2 ~ 5 km 位置。这些地层被小的高速地块所分割（V_p = 6.5 km/s 和 ρ = 2.9 g/cm³）。高速块体表现为火山结构的形式，同样显示具有局部的重力异常（15 mGal）和局部的磁力异常。该重磁异常特征反映了沿着布兰斯菲尔德海峡从南部的迪塞普申火山到北部的 Bridgeman 岛，存在一连串的近地表和海底火山。在布兰斯菲尔德海峡之下较薄的结晶地壳具有较为异常的地壳结构。密度为 2.87 g/cm³ 的上地壳包含了磁化率为 0.07 SI 的磁源体，对应于太平洋边缘磁异常东侧分支的磁力异常（250 ~ 300 nT）。在布兰斯菲尔德海峡下部的下地壳块体的 P 波速度和密度分别为 7.4 ~ 7.7 km/s 和 3.05 g/cm³。从布兰斯菲尔德海峡较薄的地壳到南极半岛大陆地壳的过渡地壳对应于局部重力异常（30 mGal），由密度和速度分别为 2.83 g/cm³ 和 6.5 km/s 的上地壳块体造成，可能为基性岩（辉长岩）的层状侵入。

重力模拟显示上地幔的密度存在强烈的不均匀性。南极半岛的大陆地壳之下的上地幔密度为 3.29 g/cm³。为了解释布兰斯菲尔德海峡的重力异常和存在高速高密的地壳块体，推测裂谷之下为低密度（3.18 g/cm³）的上地幔顶部。

（2）剖面Ⅱ－Ⅱ。

剖面Ⅱ－Ⅱ，位于别林斯高晋海和亚松半岛之间的安特卫岛区域，横跨南极半岛大陆边缘，全长 520 km。该模型的中间部分沿着 DSS-12 剖面。剖面Ⅱ－Ⅱ经过大陆坡边缘位置的强烈自由空间重力异常和太平洋边缘磁异常。太平洋边缘磁异常由东西两个分支组成，幅度分别为 300 nT 和 250 nT。

地壳密度模型可以划分为洋壳和陆壳两个块体（图 4-21，图 4-22）。陆壳包括南极半岛的大陆架西部、南极半岛大陆和拉森冰架，具有 40 km 厚。其中，中地壳厚 20 km，平均密度为 2.87 g/cm³。下地壳的厚度较大为 10 km，具有较大的密度（~ 3.0 g/cm³）。上地壳的密度为 2.74 ~ 2.78 g/cm³。在沉积层的下部，可以识别出 $V_p = 5.11$ km/s 和 $\rho = 2.50$ g/cm³ 的基底层，可能代表了致密的沉积层（变质沉积物）和火山岩夹层。

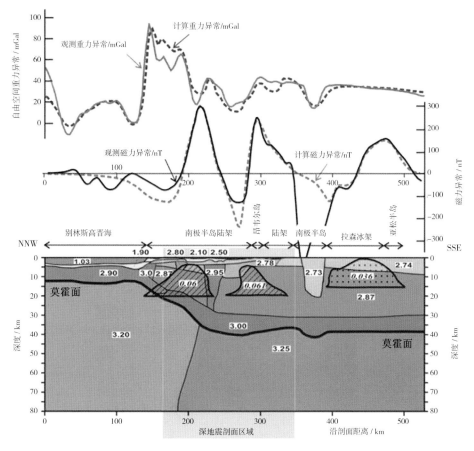

图4-21　重磁模拟剖面 II – II 的密度和磁化率的最终模型（Yegorova et al., 2011）

位于洋盆位置的测线 II – II 未能被地震剖面 DSS-12 所约束，其几何结构参考了邻近地震测线 DSS-17。DSS-17 测线是唯一一条跨越洋壳的深地震剖面。在洋壳区域显示具有 7 km 厚的结晶地壳，其密度为 2.9 g/cm³，之上覆盖了密度为 1.9 g/cm³ 的较薄海洋沉积层（~ 1 km），海水深度为 3.5 ~ 4 km。在别林斯高晋海的沉积层厚度来自于反射地震研究（Scheuer et al., 2006）。

地壳结构的主要变化位于过渡地壳的位置，在 100 km 的水平距距离内，地壳厚度从 10 km 变厚到 25 km。地壳厚度变化主要为平均密度为 2.87 g/cm³ 的抬升地壳块体所致，对应于线性的高重力异常特征。该抬升地壳与沿着测线 I – I 发现的抬升块体非常相似，表现为楔状体的形式。该重力高值向西，存在一个重力低值区，与俯冲期间形成的楔状沉积体沉积层有关，沉积层厚度为 3 km。与抬升的致密地壳块体位置相同的区域，存在磁化率为 0.06 SI 的磁源体，解释其为太平洋边缘磁异常的西侧分支。位于安特卫岛的具有相同磁化率的另一个磁源体，解释为太平洋边缘磁异常的东侧分支。磁源体位于上部 20 km 厚的地层内，主要由基性岩组成（闪长岩，辉长岩，以及辉长岩 – 闪长岩）。

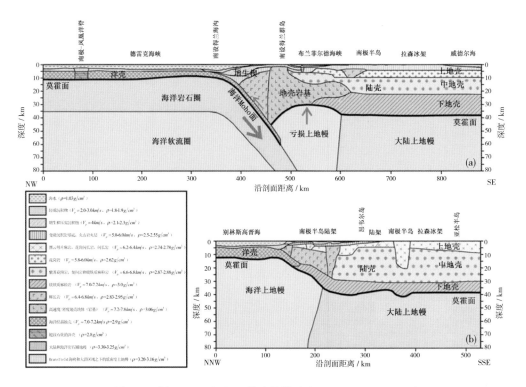

图4-22 剖面Ⅰ-Ⅰ和Ⅱ-Ⅱ的岩性模型（Yegorova et al.，2011）

（3）剖面Ⅲ-Ⅲ。

剖面Ⅲ-Ⅲ位于剖面Ⅱ-Ⅱ南侧，两者接近于平行（图4-23）。由于地震测线DSS-13的方向与2D重磁模拟剖面Ⅲ-Ⅲ不一致，利用地震剖面DSS-13的投影对重磁模拟进行约束。在外陆架和中陆架的沉积层和基底形态通过反射地震测线845-03进行约束，两者位置基本重合。大洋区域的地壳几何结构同样通过地震测线DSS-17进行约束。

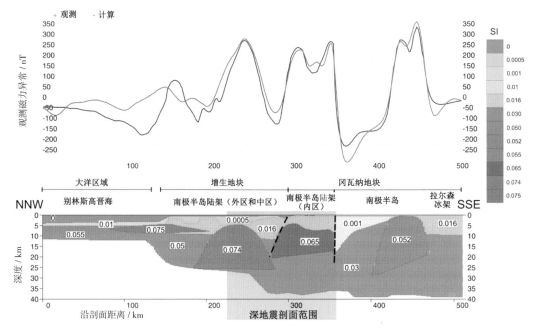

图4-23 剖面Ⅲ-Ⅲ的磁化率结构（Yegorova and Bakhmutov，2013）

剖面 Ⅲ – Ⅲ 横跨大陆坡边缘的高幅重力异常，包括由两个高幅异常值（80 mGal 和 45 mGal）组成，并且横跨了太平洋边缘磁异常的东西两个分支，磁异常分别为 350 nT 和 300 nT。剖面东端横跨了位于靠近亚松半岛的南极半岛东部海岸的强磁力异常区（超过 400 nT）。地壳结构最为复杂的区域位于南极半岛陆壳和洋壳之间的过渡区域。根据重磁异常、海底地形、大陆架地貌、基底和地壳结构特征，沿着剖面 Ⅲ – Ⅲ 可以划分多个区域（Yegorova et al., 2011, 2013）（图 4-107、图 4-108）。

（1）冈瓦纳地块由南极半岛（大陆和内陆架）和拉森冰架（350 ~ 510 km）组成，在块体的西部表现为重磁异常低，而位于亚松半岛区域的南极半岛东部海岸的东部表现为强烈的磁异常。该块体的陆壳（莫霍面深度为 39 ~ 40 km）具有较薄（大约 10 km）的上地壳，较厚（20 km）的中地壳，其深度可达 30 km，以及厚达 10 km 的下地壳。上地壳的平均速度和密度分别为 6.3 ~ 6.45 km/s 和 2.77 g/cm^3，中地壳分别为 V_p = 6.65 ~ 6.85 km/s 和 ρ = 2.87 g/cm^3，而下地壳具有最高的速度和密度，分比为 7.10 ~ 7.20 km^2/s 和 3.0 g/cm^3。该块体的主要特征是在全地壳为高速和高密，并存在较薄的上地壳和较厚的中地壳。模拟获得的厚度及平均速度和密度与测线 Ⅱ – Ⅱ 基本相一致。该块体的西部具有与南极半岛大陆相一致的地壳结构，具有宽阔的磁异常低（–260 nT）和重力异常低。这些特征表明南极半岛上地壳和中地壳的平均密度在西部减小到 2.72 g/cm^3。这里的磁异常低（350 ~ 420 km）解释为在基底和上地壳具有极低的磁化率（0.001 SI），其深度可达 15 km。在南极半岛露头具有低密度和磁化率的块体可能表明存在花岗岩岩基，沿着南极半岛的西海岸的断层侵入到南极半岛的地壳。位于南极半岛东海岸和向东延伸到亚松半岛的 400 nT 的磁力异常，源于上地壳和中地壳为 60 km 宽的地块，具有磁化率 0.052 SI。

（2）位于内陆架和中陆架（210 ~ 345 km）的块体，磁力异常显示太平洋边缘磁异常具有东、西两个分支，自由空间重力异常幅度降低到 0 ~ 30 mGal。太平洋边缘磁异常的西侧分支模拟为深度为 5 ~ 25 km，视磁化率为 0.074 SI 的地壳块体，而太平洋边缘磁异常东侧分支对应的地块下边界深度位于 20 km，磁化率为 0.065 SI。在中陆架（205 ~ 280 km），地震数据包括折射剖面 DSS-13 和反射地震剖面 845-03，揭示该沉积盆地（中陆架盆地）具有 5 km 厚的沉积物，速度和密度分别为 4.2 ~ 4.5 km/s 和 2.3 g/cm^3。重力异常幅度和地壳结构的变化揭示该区域内部存在不均匀性，可能表明对应于太平洋边缘磁异常两个分支异常的地壳属于不同的次地块。位于内陆架的东部次块体（300 ~ 350 km），对应于太平洋边缘磁异常的东部分支，毗邻南极半岛大陆，具有与南极半岛本身相同的地壳结构。位于中陆架的西部次块体，对应于太平洋边缘磁异常的西部分支，具有较低的自由空间重力异常，显示为较低平均密度的较薄地壳，上覆为中陆架盆地。该块体显示具有较好了均衡构造环境。上地壳和中地壳的密度分别为 2.69 g/cm^3 和 2.84 g/cm^3，与西部次块体和南极半岛块体相比较低。质量亏损和低密度沉积物负载通过莫霍面的抬升进行补偿，抬升高度可达 26 km。

（3）位于外陆架和大陆坡（130 ~ 210 km）块体。该块体非常明显的特征为沿着大陆架边缘和外陆架的连续带状的自由空间重力异常。重力异常的东部条带（45 mGal）与 MSH（中陆架隆起）有关，对应于反射地震剖面 845-03 和 878-19 揭示的抬升基底。位于大陆坡边缘的幅度约为 80 mGal 的重力异常西部条带，主要由于抬升到 1.5 ~ 2 km 深到上地壳的高密度（2.90 g/cm^3）的块体造成。后者可能为在东南太平洋大陆边缘的之前的俯冲增生期间，基性岩浆侵位到地壳中。剖面 Ⅲ – Ⅲ 上幅度为 –20 mGal 的重力异常低值带，范围从西北方向到位于大陆坡边缘的重力高值，解释为沉积物增生楔和总厚度为 4 km 的冰川沉积引起。所以，具有带状重力异常的该块体代表了增生构造环境区域，存在两个基底构造抬升，和沉积盆地，和位于外陆架和大陆坡边缘的增生楔。

（4）别林斯高晋海的洋壳区域。在大洋区域显示具有密度为 2.9 g/cm³, 厚度为 6.5 ~ 7 km 的结晶地壳，上覆较薄的大洋沉积物，厚度约为 1 ~ 1.5 km，密度为 1.9 g/cm³，该区域的海水深度为 3.5 ~ 4 km。在别林斯高晋海的沉积物厚度根据反射地震研究获得（图 4-24）。

重力计算表明,如果在上地幔顶部没有密度变化,将很难解释测线Ⅲ-Ⅲ的重力异常变化,其变化从在剖面西北部的位于别林斯高晋海的 10 ~ 20 mGal 增加到拉森冰架的剖面东南端的 40 ~ 50 mGal。推测在洋壳之下存在低密度上地幔（3.20 g/cm³），而在南极半岛陆架（内陆架和外陆架）区域和南极半岛大陆，以及 Larsen 冰架的上地幔顶部密度更高，为 3.27 g/cm³。

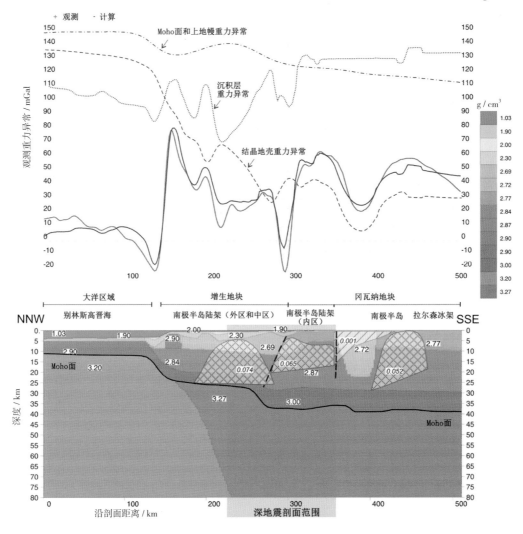

图4-24 剖面Ⅲ-Ⅲ的密度结构（Yegorova and Bakhmutov, 2013）

4.2 南极半岛西缘大陆架新生代构造变形与沉积演化

研究区位于英雄破裂带西南部的被动陆缘区（图 4-25），该区域是研究中生代冈瓦纳大陆裂解，中—新生代板块俯冲消减，主动-被动大陆边缘的转换以及新近纪以来冰川活动的关键区域（丁巍伟等，2014）。对南极半岛的研究大多侧重于南极半岛北部的沟－弧－盆体系，即南设得海沟－南设得兰群岛－布兰斯菲尔德海峡（Maldonado et al., 1994; Gonzalez-Casado et al., 2000; Christeson et al., 2003; Jin et al., 2009; Park et al., 2012; Schreider et al. 2014）、南极半岛的岩浆活动史（Vaughan and Millar, 1996; Doubleday and Storey, 1998; Wendt et al., 2013; Jordan et al., 2014）、南极半岛深部的地壳结构（Yegorova et al., 2011; Yegorova and Bakhmutov, 2013; Janik et al., 2014）、南极半岛陆隆区的沉积特征（Rebesco et al., 1997; McGinnis et al., 1997; Pudsey, 2000; Uenzelmann-Neben, 2006）、南极半岛大陆边缘的冰川演化（Barker and Camerlenghi, 2002; Davies et al., 2012; Cofaigh et al., 2014）等，而对研究区或者研究区相邻区域的新生代的构造－沉积演化特征方面的研究则相对较少（丁巍伟等，2013）。通过对横穿南极半岛陆架区的多条地震剖面的解释，构建了南极半岛西侧被动陆缘陆架区的整体构造格局，同时对该区的地层结构和沉积特征进行了研究。

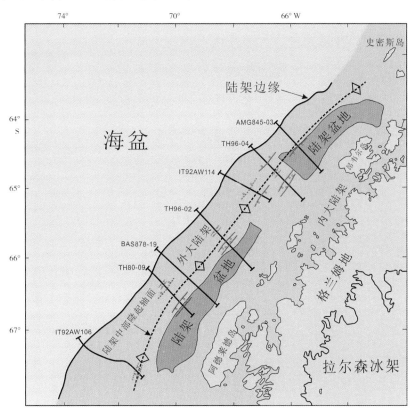

图4-25　南极半岛陆架区主要构造单元及测线位置图

4.2.1　地层单元划分

研究所采用的多道地震数据收集自南极地震数据系统（Antarctic Seismic Data Library System, http://sdls.ogs.trieste.it/），共收集了 36 条地震测线，选择其中品质较好，长度足够，横穿南极半岛西缘陆架区的 7 条地震剖面进行了解释（图4-25）。这 7 条测线的采集部门包括1992 年意大利海洋与地球科学研究所（OGS, Italy）采集的 IT 系列地震剖面 2 条，日本国家石油公司（Japan National Oil Corporation）1980，1996 年采集的 TH 系列地震剖面 3 条，英国南极调查局（British Antarctic Survey）1985，1988 年采集的 BAS 系列地震剖面 2 条。

在研究区可以收集到的钻井资料主要为ODP178航次的4口钻井（1100井，1102井，1103井及1097井），这些钻井都为浅钻，钻深几百米，大多只钻遇了S1、S2层，因此地震剖面解释中层位的标定在钻井资料的基础上，主要以不整合面及与之对比的整合面为层序界面的原则，根据地震的反射特征，包括连续性、振幅、反射终止（上超、削截、下超）等对研究区进行划分，同时也参考了前人文章对地层的解释及年代标定工作（Larter et al., 1997; Barker and Camerlenghi, 2002; Jin et al., 2002）。

基于南极半岛大陆边缘构造地质背景、地震剖面解释并结合钻井资料，将研究区的地层从老到新划分为四大层序：S4、S3、S2、S1，这四大沉积层序被两个主要的不整合面所分隔，分别是S4与S3之间的隆升不整合面以及S3与S2之间的冰川边缘层序底界（图4-26）。

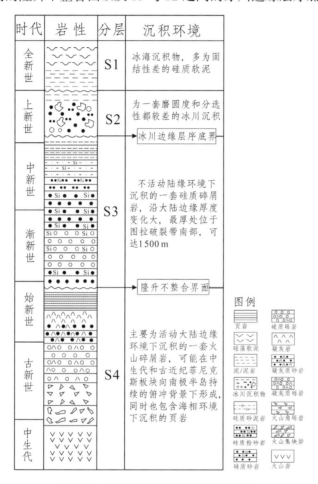

图4-26　研究区主要沉积单元划分及岩性

4.2.1.1　S4（俯冲碰撞前层序）

S4为四大层序中年龄最老的层序，为南极洲–菲尼克斯洋中脊抵达南极半岛大陆边缘之前，活动大陆边缘环境下沉积的一套火山碎屑岩，同时也包含海相页岩和生物有机质。S4可能在中生代和早第三纪菲尼克斯板块向南极半岛持续的俯冲背景下形成，其准确的年龄值尚不清楚。和Erson等（1990）假设菲尼克斯板块俯冲停止之后，S4的沉积也随之停止，估计出S4最小的沉积年龄为每段洋脊抵达大陆边缘的时间。洋脊–海沟碰撞之后导致S4隆升并剥蚀，使得之后的S3沉积受控于隆起的古地形影响，表现为超覆在S4之上。S4与S3之间的不整合界面在南极半岛陆架区普遍发育，Larter 等（1997）称这一因洋脊 – 海沟碰撞所导致的不整合界面为隆升不整合面，因为南极半岛大陆边缘从西南到东北，南极洲 – 菲尼克斯洋脊抵达大陆边缘的时间逐步变新，所以 S4 与 S3 之间的隆升不整合界面具有穿时性，相应的也从西南到东北逐步变新。

4.2.1.2 S3（俯冲碰撞后层序）

S3 为洋脊 – 海沟碰撞之后的被动陆缘环境下沉积的一套硅质碎屑岩，在地震剖面上通常表现为楔型的沉积形态，超覆在 S4 之上。因为南极半岛被动陆缘是从西南逐步向东北扩展，因此西南部的被动陆缘沉积环境持续的时间要比东北部时间长，相应的 S3 的沉积厚度沿着南极半岛西侧大陆边缘也从西南向东北渐薄。由于 S3 与 S4 的分隔界面—隆升不整合面具有穿时性，因此 S3 的底界年龄从西南到东北也逐步变年轻，在南极半岛南部的图拉破裂带（Tula fracture zone）附近 S3 可能为始新世，而南极半岛北部的英雄破裂带附近可能为中新世末期（Jin et al., 2002）。S3 被冰体强烈磨蚀，与其上的 S2 层序为角度不整合接触，这一不整合面也在南极半岛大陆边缘普遍发育，被称为冰川边缘层序底面，代表在陆架上着陆的冰体向着陆架边缘推进的开始（Larter et al., 1997）。S3 与 S2 的不整合界面沿着整个南极半岛大陆边缘基本是等时的，Barker 等（1999）认为这一界面的年龄值为 4.7 Ma。

4.2.1.3 S2（上新世，4.7 Ma）及 S1（全新世）

层序 S2 为一套磨圆度和分选性都较差的冰川沉积物，其厚度沿着南极半岛大陆边缘变化很大。S1 为南极半岛陆架上最年轻的层序，主要由冰海沉积物所组成，多为固结性差的深海硅藻软泥层，向着内陆方向减薄，与 S2 通常不整合接触，但是也存在局部下超至 S2。

4.2.2 南极半岛西侧被动陆缘陆架区的构造变形特征

我们对横穿南极半岛西侧被动陆缘陆架区的七条地震剖面进行了解释，剖面位置如图 4-25 所示。通过地震剖面的解释我们可以发现，在所有横穿南极半岛西侧被动陆缘陆架区的地震剖面上都可以观察到一明显的隆起（图 4-27 至图 4-33），隆起区的位置处于南极半岛西侧被动陆缘陆架区的中部，我们称之为陆架中部隆起，国外的学者通常称之为中陆架高地（Mid-Shelf High）（Larter et al., 1997）。陆架中部隆起的西北缘（向海缘）为陆架外缘区，普遍沉积了 S1—S4 四大沉积序列，而陆架中部隆起的东南缘（向陆缘）发育了陆架盆地，陆架盆地在阿德莱德岛和昂韦尔岛的西北侧较为发育（图 4-25）。

在地震测线 IT92AW106，陆架中部隆起表现为隐伏型，并未隆升至海底面之上，隆起区内部形成了小型的地堑（图 4-27）。在陆架中部隆起的西北侧，发育了较为完整、厚度较大的 S1—S4 四大沉积序列，S4/S3 之间的隆升不整合面以及 S3/S2 之间的冰川边缘层序底面在地震剖面上反射较为明显。S3 的沉积受隆起的地形影响明显，表现为超覆于 S4 之上，S2 层序内的反射明显比 S3 层的反射更为平缓，近似水平，表现为超覆于 S3 之上，S1 层在该地区沉积较厚，直接覆盖了下伏的地层（图 4-27）。在测线 IT92AW114 上所反映的陆架中部隆升幅度要比 IT92AW106 剖面要大，隆起区与其两侧地层表现为为小型的正断层接触。陆架中部隆起区的东南侧发育了一个小型的向斜盆地，但是盆地内的反射较为杂乱，向斜两翼的倾角都较缓（图 4-28）。

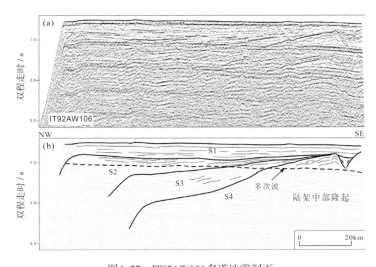

图4-27 IT92AW106多道地震剖面

（a）为原始剖面；（b）为解释图（剖面位置见图4-25）

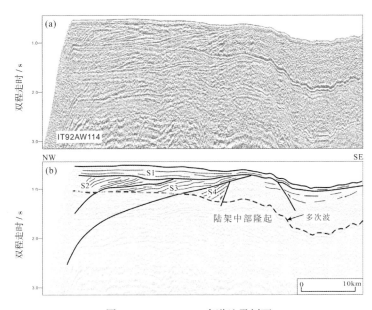

图4-28 IT92AW114多道地震剖面

（a）为原始剖面；（b）为解释图（剖面位置见图4-25）

在一些地震剖面上，陆架中部隆起的隆升幅度很高，隆升至海底面之上形成深海高地，如TH80-09剖面（图4-29）、TH96-02剖面（图4-30）、TH96-04剖面（图4-31），这三条地震剖面的品质都不好，受多次波干扰严重。可以发现由于隆起的幅度较高，在隆起区的两侧都发育了正断层，在陆架中部隆起的内部还发育了小型的地堑。在陆架中部隆起的西北侧，都发育了S1-S4四大沉积序列，整体的沉积厚度比起IT92AW106剖面（图4-27）和IT92AW114剖面（图4-28）要薄，但是沉积格局基本相同，均表现为S3层超覆于S4层之上，而S2又超覆于S3之上，最新的一层盖层S1不整合式地覆盖在其余地层之上（图4-31至图4-33）。

BAS878-19和BAS845-03两条地震测线都比较长，都通过了陆架盆地、陆架中部隆起和陆架外缘区（图4-25）。两条地震剖面的东南部都可以观察到一明显的盆地，因发育于南极半岛陆架区，称之为陆架盆地（图4-32，图4-33），地震剖面显示陆架盆地展现相对简单的内部地层结构和宽阔的向斜构造，且向斜构造是非对称的，表现为向陆一侧的盆地边缘地层倾角较缓，而向海侧的盆地边缘地层倾角较陡（图 4-32）。在 BAS845-03 剖面的陆架盆地，通过不整合面的追踪，可以识别出 IS1-IS4 四大沉积序列，大部分的老层序（IS4-IS2）的反射表现为低连续性，IS4 表现为超覆于盆地基底之上，而 IS3 在盆地的两侧都表现为超覆于 IS4之上，IS2 内部的反射展现一个向斜的沉积形态，在陆架盆地的最上层，IS1 不整合覆盖其下地层，IS1 的反射近于平行，很可能是冰川或者冰海沉积物（Larter et al., 1997）。陆架盆地内的老地层（IS4、IS3、IS2）没有年龄定年数据，地震波速显示这些沉积物为固结较好的老地层，IS2 的平均层速度为 2.4 km/s，IS3 为 2.7 km/s，IS4 为 3.3 km/s（Larter et al., 1997）。BAS878-19 剖面中部的陆架中部隆起表现为一较为宽缓的隆起区，隆起区内部发育了非常小型的正断层，整个陆架中部隆起被最上层的 S1 所覆盖，表现为隐伏于海底面之下。两条剖面都显示在陆架中部隆起区西北部，沉积了 S1-S4 四大层序，S4 在陆架中部隆起附近的反射呈现陡峭的向海倾斜，并表现为剥蚀截断。S3 的反射超覆于隆升不整合面之上，且向海方向逐渐尖灭在陆架外缘区，S2 和 S1 在陆架上反射近水平，在坡折带突然有向陆坡方向的坡折现象，是典型的冰川边缘沉积层序发育特征。

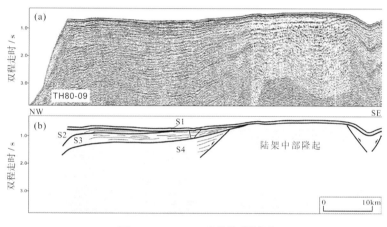

图4-29　TH80-09多道地震剖面
（a）为原始剖面；（b）为解释图（剖面位置见图4-25）

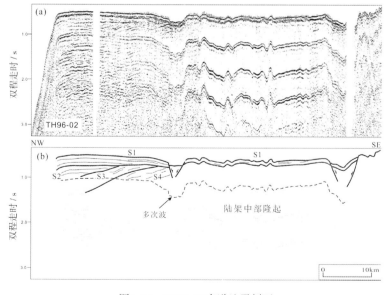

图4-30　TH96-02多道地震剖面
（a）为原始剖面；（b）为解释图（剖面位置见图4-25）

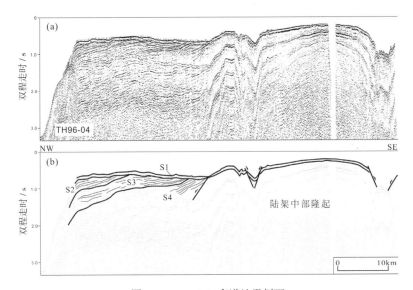

图4-31　TH96-04多道地震剖面

（a）为原始剖面；（b）为解释图（剖面位置见图4-25）

4.2.3　南极半岛陆架区构造单元划分

基于横穿南极半岛西侧被动陆缘陆架区的多道地震测线的解释，可以将南极半岛西侧陆缘划分为四大构造单元：陆架内缘区、陆架盆地、陆架中部隆起、陆架外缘区。

4.2.3.1　陆架内缘区及陆架外缘区

陆架内缘区为一条连接主要岛屿的北东向条带，水深通常小于200 m，但是也包括许多深的、陡峭的海槽，该区域有限的地震数据显示，存在坚硬的、不规则地形的海底面，海底面之下没有重要的反射（Larter et al., 1997）。陆架内缘区地区海底的不规则地形可能是早期板块俯冲背景下形成的中生代和早第三纪的火成岩，类似于那些出露在岛屿之上的岩石。

横穿南极半岛大陆边缘的所有地震剖面均显示一广阔的陆架外缘区，陆架外缘区区域，我们识别出了S1—S4四大层序，被两个不整合面所分隔，即S4/S3的隆升不整合面和S3/S2的冰川边缘层序底面，S4为早期主动大陆边缘环境下的沉积，S3为洋脊 – 海沟碰撞后被动大陆边缘环境下的沉积，而S2为冰川沉积物，S1为冰海沉积物（图4-26）。

4.2.3.2　陆架盆地

南极半岛陆架区的沉积盆地在阿德莱德岛和昂韦尔岛西部最为发育最完整（图4-25），图4-25中陆架盆地的范围参考了Larter等（1997）中的图4-33。从地震剖面上可以发现盆地内具有相对简单的内部地层结构和宽阔的向斜构造，且盆地内的向斜构造是非对称的，表现为靠近陆架中部隆起的一侧地层倾角更陡，而向陆一侧的盆地边缘地层倾角较缓，且盆地内的地震反射与盆地的形态接近（图4-32），说明陆架盆地内的向斜构造是盆地内的沉积物沉积完成之后才发育的，前人研究认为陆架盆地内的沉积层序为洋脊 – 海沟碰撞隆升之前的老地层，年龄与S4相近，沉积物主要为火山碎屑岩（Anderson et al., 1990）。

4.2.3.3　陆架中部隆起

陆架中部隆起在所有横穿南极半岛西侧陆架区的地震剖面上都可以明显地观察到。在地震

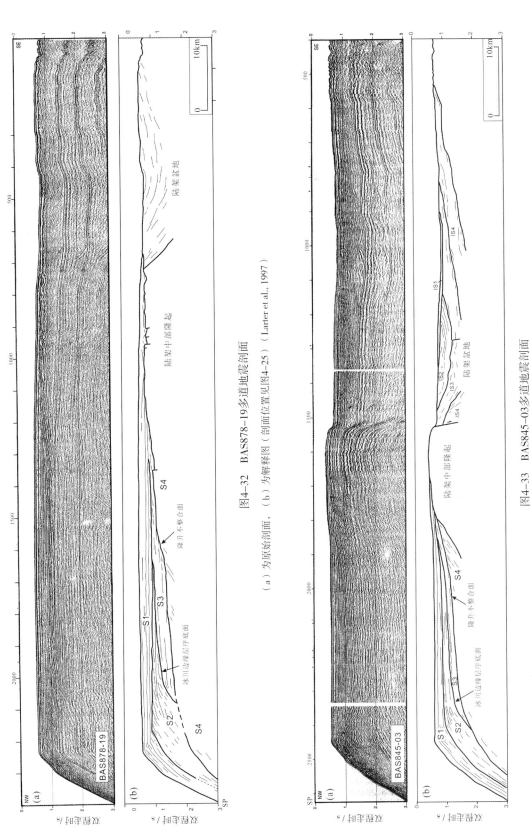

图4-32 BAS878-19多道地震剖面

（a）为原始剖面，（b）为解释图（剖面位置见图4-25）（Larter et al., 1997）

图4-33 BAS845-03多道地震剖面

（a）为原始剖面，（b）为解释图（剖面位置见图4-25）（Larter et al., 1997）

剖面上陆架中部隆起表现不一，在某些地区，隆升至海底面之上形成深海高地，而在另外的区域形成隐伏构造。比如在测线 IT92AW106、BAS878-19 表现为隐伏构造，未被抬升至海底面之上，在其余的测线如 TH80-09、TH96-02、TH96-04、IT92AW114、BAS845-03 上表现为隆起出露海底，形成深海高地。由于南极洲-菲尼克斯洋脊扩张速率在不同时期速率不一（Larter and Barker, 1991a），在洋脊扩张速率较快时期，在南极半岛大陆边缘引起的俯冲及后来的碰撞作用也越强烈，从而引起的碰撞隆升效应也越强，导致陆架中部隆起的幅度较高，直接出露于海底面之上，形成深海高地，反之，当洋脊扩张速率相对较小时，洋脊与大陆边缘的俯冲、碰撞相对不强烈，引起的隆升效应可能就较弱，导致陆架中部隆起呈现隐伏型，隐没在海底之下。

陆架中部的隆起被认为是中新世—上新世逐渐抵达南极半岛大陆边缘的洋脊与南极半岛相互作用的结果（Larter and Barker, 1991b; Bart and Erson, 1995; Larter et al., 1997）。陆架中部隆起集中在陆架中部较为狭窄的区域，陆架中部隆起的形成可能是由于洋脊抵达南极半岛大陆边缘之后，俯冲的洋脊产生的热扰动效应导致在南极半岛西侧陆架区中部形成局部的岩浆作用，形成了底辟式的隆升。

4.2.4 南极半岛西侧被动陆缘区构造沉积演化

南极半岛西侧被动陆缘区主要经历了早期的菲尼克斯板块向着南极半岛俯冲下的活动大陆边缘阶段、南极洲-菲尼克斯板块洋脊抵达南极半岛之后的被动陆缘阶段以及后期的冰川作用阶段。

古生代—早第三纪时期，南极半岛西侧的菲尼克斯板块向着南极半岛俯冲，此时南极半岛西缘为活动大陆边缘，在陆架内缘区，现今存在于海底的不规则地形可能是这时期形成的火成岩，类似于那些出露在岛屿之上的岩石。在陆架盆地区沉积了较老的地层，如图4-33中的IS4、IS3、IS2等，在陆架外缘区域沉积了S4火山碎屑岩，陆架盆地中的老地层可能与S4的沉积年龄相当。

从始新世开始，南极洲-菲尼克斯板块洋脊逐步抵达南极半岛大陆边缘，俯冲作用和洋脊扩张作用均停止，南极半岛大陆边缘逐步转变为被动式的大陆边缘。由于俯冲的洋脊与南极半岛的作用，形成了前述地震剖面中的陆架中部隆起，隆起使得陆架盆地的沉积发生变形，形成了向斜构造，同时使得陆架外缘区的S4发生隆升剥蚀作用，在被动陆缘环境下，一套硅质碎屑岩S3开始沉积，表现为超覆于S4之上（图4-34）。

上新世，南极半岛发生大规模的冰川作用，沉积开始受控于冰川作用，冰体的向外进积作用使得南极半岛陆架内缘区和陆架盆地收到冰体强烈的磨蚀作用，冰川作用时期主要在陆架外缘区沉积了一套分选性差的冰川沉积物S2，在冰体消退期沉积了硅质软泥层S1（图4-34）。

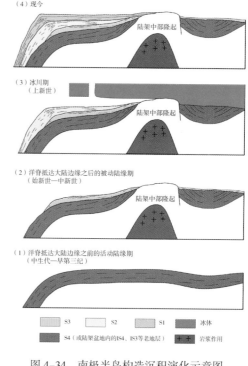

（4）现今

（3）冰川期（上新世）

（2）洋脊抵达大陆边缘之后的被动陆缘期（始新世—中新世）

（1）洋脊抵达大陆边缘之前的活动陆缘期（中生代—早第三纪）

图4-34 南极半岛构造沉积演化示意图

参考文献

丁巍伟, 董崇志, 程子华. 2013. 南极洲东部普里兹湾区沉积特征及油气资源潜力. 地球科学, 38(1): 103–112.

丁巍伟, 董崇志, 林秀斌. 2014. 南极半岛鲍威尔盆地新生代构造变形、沉积演化及其控制因素. 地球物理学进展, 29(6): 2488–2493.

Anderson J B, Pope P G, Thomas M A. 1990. Evolution and hydrocarbon potential of the northern Antarctic Peninsula continental shelf[C]. In: John, B S (Eds.), Antarctica as an Exploration Frontier–Hydrocarbon Potential, Geology and Hazards. American Association of Petroleum Geologists Studies in Geology, 31: 1–12.

Ashcroft W A. 1972. Crustal structure of the South Shetland Islands and the Bransfield Strait, Br. Antarct. Surv. Sci. Rep., 66, 43.

Barker D H N, Christeson G L, Austin J A, et al. 2003. Backarc basin evolution and Cordilleran orogenesis: insights from new ocean–bottom seismograph refraction profiling in Bransfield Strait, Antarctica[J]. Geology, 31, 107–110.

Barker P F and Camerlenghi A. 2002. Glacial history of the Antarctic Peninsula from Pacific margin sediments[C]. In Barker P F, Camerlenghi A, Acton G D, and Ramsy A T S (Eds.), Proceedings of the Ocean Drilling Program, Scientific Results, 178: 1–40.

Barker P F, Camerlenghi A, Acton G D et al. 1999. Proc. ODP, Init. Repts., 178. Available from: Ocean Drilling Program, Texas A & M University, College Station, TX 77845–9547, USA.

Bart P J, Anderson J B. 1995. Seismic record of glacial events affecting the Pacific margin of the northwestern Antarctic Peninsula[M]. In: Cooper A K, Barker P F, Brancolini G (Eds.), Geology and Seismic Stratigraphy of the Antarctic Margin, Antarctic Research Series, Vol. 68. AGU, Washington, D.C., 74–95.

Christeson G L, Barker D H N, Austin J A, et al. 2003. Deep crustal structure of Bransfield Strait: Initiation of a back arc basin by rift reactivation and propagation[J]. Journal of Geophysical Research Atmospheres, 108(B10):237–237.

Cofaigh C Ó, Davies B J, Livingstone S J, et al. 2014. Reconstruction of ice–sheet changes in the Antarctic Peninsula since the Last Glacial Maximum[J]. Quaternary Science Reviews, 100(17):87–110.

Davies B J, Hambrey M J, Smellie J L, et al. 2012. Antarctic Peninsula Ice Sheet evolution during the Cenozoic Era[J]. Quaternary Science Reviews, 31(1):30–66.

Doubleday P A, Storey B C. 1998. Deformation history of a Mesozoic forearc basin sequence on Alexander Island, Antarctic Peninsula[J]. Journal of South American Earth Sciences, 11(1):1–21.

Ferraccioli F, Jones P C, Vaughan A P M, et al. 2006. New aerogeophysical view of the Antarctic Peninsula: More pieces, less puzzle[J]. Geophysical Research Letters, 33(5):151–162.

Fullea J, Fernàndez M, Zeyen H. 2008. FA2BOUG–A FORTRAN 90 code to compute Bouguer gravity anomalies from gridded free–air anomalies: Application to the Atlantic–Mediterranean transition zone[J]. Computers & Geosciences, 34(12):1665–1681.

Garrett S W. 1990. Interpretation of reconnaissance gravity and aeromagnetic surveys of the Antarctic Peninsula[J]. Journal of Geophysical Research, 95(95):6759–6777.

Gonzálezcasado J M, Giner Robles J L, Lópezmartínez J. 2000. Bransfield Basin, Antarctic Peninsula: Not a normal backarc basin[J]. Geology, 28(11):1043–1046.

Janik T, Grad M, Guterch A, et al. 2014. The deep seismic structure of the Earth's crust along the Antarctic Peninsula—A summary of the results from Polish geodynamical expeditions[J]. Global & Planetary Change, 123:213–222.

Janik T, S'roda P, Grad M & Guterch A. 2006. Moho depths along the Antarctic Peninsula and crustal structure across the landward projection of the Hero fracture zone, in Antarctica: Contributions to Global Earth.

Janik T, Środa P, Grad M, et al. 2006. Moho Depth along the Antarctic Peninsula and Crustal Structure across the Landward Projection of the Hero Fracture Zone[M]// Antarctica. Springer Berlin Heidelberg, 229–236.

Jin Y K, Larter R D, Kim Y, et al. 2002. Post–subduction margin structures along Boyd Strait, Antarctic Peninsula[J]. Tectonophysics, 346(346):187–200.

Jin Y K, Lee J, Hong J K, et al. 2009. Is subduction ongoing in the South Shetland Trench, Antarctic Peninsula?: new constraints from crustal structures of outer trench wall[J]. Geosciences Journal, 13(1):59–67.

Jordan T A, Neale R F, Leat P T, et al. 2014. Structure and evolution of Cenozoic arc magmatism on the Antarctic Peninsula: A high resolution aeromagnetic perspective[J]. Geophysical Journal International, 198(3):1758–1774.

Klinkhammer G P, Chin C S, Keller R A, et al. 2001. Discovery of new hydrothermal vent sites in Bransfield Strait, Antarctica[J]. Earth & Planetary Science Letters, 193(s 3–4):395–407.

Larter R D, Barker P F. 1991. Effects of ridge crest–trench interaction on Antarctic–Phoenix Spreading: Forces on a young subducting plate[J]. Journal of Geophysical Research Atmospheres, 96(B12):19583–19607.

Larter R D, Barker P F. 1991. Neogene interaction of tectonic and glacial processes at the Pacific margin of the Antarctic Penisula[M]. In: Macdonald, D.I.M. (Eds.), Sedimentation, Tectonics and Eustasy, International Association of Sedimentologists, Special Publication, 12, Blackwell, Oxford, 165–186.

Larter R D, Rebesco M, Venneste L E, et al. 1997.Cenozoic tectonic, sedimentation and glacial history of the continental shelf west of Graham Land, Antarctic Peninsula[M]. In: Barker P F., Cooper A K. (Eds.), Geology and Seismic Stratigraphy of the Antarctic Margin, Part 2.: Antarctic Research Series, Vol. 71. AGU, Washington, D.C., pp.1–27.

Lawver L A, Nagihara S. 1991. Heat flow measurements in the King George, the Bransfield Strait, in Proceedings of Sixth International Sym- posium on Antarctic Sciences, 9–13 September 1991, Tokyo, pp. 345, eds Yoshda, Y. et al. Terra Scientific Publishing Company, Tokyo.

Lawver L A, Keller R A, Fisk MR, Strelin J. 1995. The Bransfield Strait, Antarctic Peninsula: active extension behind a dead arc, in Back–arc Basins[M]. Tectonics and Magmatism, 315–342, ed. Taylor B, Plenum Publ. Corp., New York.

Maldonado A, Larter R D, Aldaya F. 1994. Forearc tectonic evolution of the South Shetland Margin, Antarctic Peninsula[J]. Tectonics, 13(6):1345–1370.

Mcginnis J P, Hayes D E, Driscoll N W. 1997. Sedimentary processes across the continental rise of the southern Antarctic Peninsula[J]. Marine Geology, 141(1):91–109.

Park Y, Kim K H, Lee J, et al. 2012. P–wave velocity structure beneath the northern Antarctic Peninsula: evidence of a steeply subducting slab and a deep–rooted low–velocity anomaly beneath the central Bransfield Basin[J]. Geophysical Journal International, 191(3):932–938.

Pudsey C J. 2000. Sedimentation on the continental rise west of the Antarctic Peninsula over the last three glacial cycles. Marine Geology, 167: 313–338.

Rebesco M, Larter R D, Barker P F, et al. 1997.The history of sedimentation on the continental rise west of the Antarctic Peninsula. In: Barker P F, Cooper A K(Eds.), Geology and Seismic Stratigraphy of the Antarctic Margin, Part 2. : Antarctic Research Series, Vol. 71. AGU, Washington, D.C., 29–49.

Riley T R, Leat P T, Pankhurst R J, et al. 2001. Origins of Large Volume Rhyolitic Volcanism in the Antarctic Peninsula and Patagonia by Crustal Melting[J]. Journal of Petrology, 42(6):1043–1065.

Sandwell D T, Smith W H F. 1997. Marine gravity anomaly from Geosat and ERS–1 satellite altimetry[J]. Journal of Geophysical Research Solid Earth, 102(B5):10039–10054.

Sandwell D, Garcia E, Soofi K, et al. 2013. Towards 1 mGal Global Marine Gravity from CryoSat–2, Envisat, and Jason–1[J]. Leading Edge, 32(8):892–899.

Scheuer C, Gohl K, Eagles G. 2006. Gridded isopach maps from the South Pacific and their use in interpreting the sedimentation history of the West Antarctic continental margin[J]. Geochemistry Geophysics Geosystems, 7(11):220–222.

Schreider A A, Schreider A A, Evsenko E I. 2014. The stages of the development of the basin of the Bransfield Strait[J]. Oceanology, 54(3):365–373.

Somoza L, MartíNez–FríAs J, Smellie J L, et al. 2004. Evidence for hydrothermal venting and sediment volcanism discharged after recent short–lived volcanic eruptions at Deception Island, Bransfield Strait, Antarctica.[J]. Marine Geology, 203(203):119–140.

Uenzelmann–Neben G. 2006. Depositional patterns at Drift 7, Antarctic Peninsula: Along–slope versus down–slope sediment transport as indicators for oceanic currents and climatic conditions[J]. Marine Geology, 233(1–4):49–62.

Vaughan A P M, Millar I L. 1996. Early cretaceous magmatism during extensional deformation within the Antarctic Peninsula Magmatic Arc[J]. Journal of South American Earth Sciences, 9:121–129.

Wendt A S, Vaughan A P M, Ferraccioli F, et al. 2010. Magnetic susceptibilities of rocks of the Antarctic Peninsula: Implications for the redox state of the batholith and the extent of metamorphic zones[J]. Tectonophysics, 585(585):48–67.

Yegorova T, Bakhmutov V. 2013.rustal structure of the Antarctic Peninsula sector of the Gondwana margin around Anvers Island from geophysical data[J]. Tectonophysics, 585(2):77–89.

Yegorova T, Bakhmutov V, Janik T, et al. 2011.joint geophysical and petrological models for the lithosphere structure of the Antarctic Peninsula continental margin[J]. Geophysical Journal International, 184(1):90–110.

第5章　南极陆缘重点区域油气地质特征

油气资源的研究有五个要素，即生、储、盖、运、聚，对油气地质特征和油气资源潜力建立在对该区构造特征、沉积特征（岩性、物性、物源）以及地球化学特征的详细分析上。南极陆缘区由于自然条件的限制，地球物理和地球化学工作普遍较弱，地震测线质量较差，不仅多次波发育，而且大多未见基底，有限的若干个 ODP 航次的钻井也主要着重于对冰期的研究，深度较浅。这些都给油气资源潜力的评价带来很大的难度。因此本次对南极陆缘油气资源的研究主要基于有限的 2D 地震测线所反映的构造、沉积特征以及研究区有限钻井的有机质、成熟度以及脂肪族碳氢化合物的研究进行。

由于研究工作所限，本次对南极陆缘重点区域的研究目前仅关注了普里兹湾区、南极半岛东侧区域以及南极半岛西缘陆架区（图 5-1）。

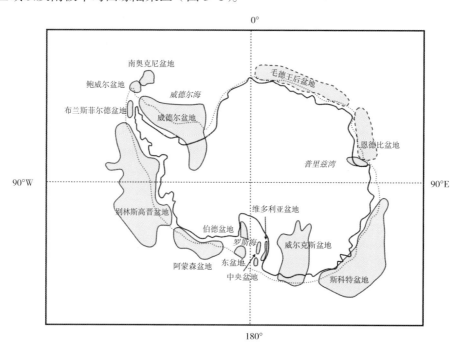

图5-1　南极洲大陆边缘沉积盆地分布图

5.1　南极陆缘油气地质概况

南极洲石油和天然气有潜力的区域主要分布在大陆边缘，在罗斯海、别林斯高晋海、阿蒙森海和威德尔海大陆架以及伯德次冰川盆地的广大区域含有几千米厚的沉积岩地层。沉积盆地主要集中在威德尔海地区和罗斯海地区（图 5-1）。航磁资料表明，Ellsworth 山脉西面以及与 Pensacola 山脉之间有一很厚的沉积地层。

5.1.1 南极半岛地区

南极半岛的盆地按照发育时间可以分为中生代盆地和新生代盆地。

5.1.1.1 中生代盆地油气前景

FBG（Fossil Bluff Group）盆地基本属于中生代弧前盆地。盆地内有大于4000m的沉积，含厚的海退层，上覆有泥岩，对形成储集层和盖层有利。构造形成的背斜和右旋逆断层也可能形成理想的圈闭，对油气聚集有利。根据 McDonald 等（1991）对14个泥岩样（J—K1）分析看，总有机碳（TOC）较高，具有油气潜能，但 P1 和 P2 和氢指数低，产烃指数和温度高，且镜煤反射率高，表明属于高成熟度，处于"干气"阶段。

同时南极半岛在中生代是一个活动的火山弧，火山物质较多，又受新生代洋脊 – 海沟碰撞和侵入体影响，构造活动强烈，对油气会起到破坏作用。

5.1.1.2 新生代盆地油气前景

（1）布兰斯菲尔德盆地。

该盆地是新生代晚期拉张活动形成的盆地，在高水位时期盆地沉积物以泥质砂和砂质泥为主，富含硅质泥岩和软泥，总有机碳达到2%。低水位时期盆地沉积物以浊流为主，生物明显减少。在该盆地一个8.6m长的未固结沉积岩芯中发现有热成因天然气，说明该盆地具有一定的产烃条件。在盆地沉积中，间冰期硅藻软泥在盆地聚积较快，总有机碳较高，油气潜能丰富。而且弧后扩张的加热和热水循环也有利于烃类的成熟。但是由于盆地形成时间较短，沉积物厚度不大，油气不仅不容易聚积，也容易散失。较有希望的烃聚积场可能是低水位时盆地的浊积岩。

（2）卡马拉盆地。

该盆地位于向海一侧的大陆架、陆坡和陆隆上，沉积厚度在2 000 m左右，属于新生代盆地。盆地沉积富含硅质物质，有机碳含量1% ~ 3%。南极半岛西北边缘最适宜形成油气的时期是海岭俯冲和次极地冰川形成期间。卡马拉盆地图拉断裂带以北沉积时气候已变冷，有机含量下降，油气潜能较低。但是盆地西南侧图拉断裂带以南，沉积层形成于始新世，甚至中生代，最具有油气潜能。

5.1.2 罗斯海地区

5.1.2.1 地质概况

罗斯海位于南极的太平洋边缘，罗斯海湾的北端，面积约 $75 \times 10^4 km^2$。由于夏季基本没有浮冰，该区域是研究最好的区域。研究表明在冈瓦纳古陆解体前，罗斯海和玛丽、伯德地与新西兰连在一起，在罗斯海宽广稳定的区域沉积了河流平原 – 浅海相沉积物。随着冈瓦纳古陆的裂解，罗斯海湾地区开始了数百千米的扩张，从白垩纪开始产生了一系列的裂谷盆地，包括维多利亚盆地，中央海槽盆地，东盆地和伯德盆地。根据澳大利亚 – 新西兰周围裂谷盆地的区域地质、构造历史和罗斯海地震地层的相对年龄，推断罗斯海经历了两期裂谷作用：

白垩世期间的早期裂谷作用以及始新世以来的晚期裂谷作用，并充填了大量非海相和海相的沉积。

罗斯海的基底是前寒武纪至晚中生代沉积岩和火成岩组成，上面覆盖了晚中生代至新生代的海相/非海相沉积，沉积中心厚度可达 14 km，其中维多利亚盆地最厚，而且地层的断裂、褶皱和倾斜作用也主要发生在该盆地。早渐新世以来的冰海相沉积物主要出现在厚层近海沉积剖面上部，沉积剖面上存在多个不整合面，包括晚渐新世和晚中新世的构造事件。东盆地位于罗斯海外大陆架上，沉积厚度可达 6 ~ 7 km，下部为河流三角洲相，上部为冰-海相，时代为晚渐新世。中央海槽盆地沉积物和东盆地类似，厚度达 6 ~ 7 km，晚渐新世以后的冰-海相沉积不整合覆盖在白垩纪—早古新世的陆相及浅海相沉积上。维多利亚盆地是一个构造盆地，盆地中沉积厚 2 ~ 5 km。罗斯海至今未获得中生代和古近纪早期沉积地层的样品，推测在较厚的沉积中可能存在。

5.1.2.2　油气资源潜力

罗斯海是发育了巨厚沉积物的大型裂谷盆地，具有良好的油气生成潜力。在罗斯海的麦克默多海峡的钻孔中于 632 m 深处见到了沥青层。其他大多数钻井和海底岩芯均钻遇天然气。

罗斯海中最有潜力的生油层是白垩系—下古新统，可能存在与罗斯海沉积中心深部的前冰川沉积物中，曾与罗斯海在一起的塔斯马尼亚和新西兰（坎贝尔海台）报道有始新世和晚白垩世煤层。在罗斯海样品中曾获得晚白垩世和始新世海相和非海相沉积的微体化石和孢粉，说明罗斯海可能存在晚白垩世—始新世生油层。在罗斯海部分沉积盆地，深部的中生代至渐新世前冰川海相和非海相岩石中可能存在砂岩储集层。

罗斯海可能存在多种构造和地层圈闭类型，其成因可能与扩张形变和冰川作用有关。构造圈闭可能埋深较大，邻近形成地垒、地堑的而且断距较大的基底断裂分布，还可能发育在地层褶皱和断裂的 Terror 裂谷深部。在维多利亚盆地，圈闭可能和始新世及其后期导致老地形变形的 Terror 裂谷断层和次火山侵入构造相关。地层圈闭分布程度受到盆地沉降、沉积物供应和侵蚀速度的控制，这种圈闭很可能发育在早期裂谷地堑边缘的深部、沉积中心边缘被不整合错断地层的前部以及东部盆地的冰海相前积层中。具有地堑构造的抬升地区可能也存在地层圈闭。

对海底热流的测量和罗斯海湾少数钻井下温度测量表明，区内热流值一般较高，多数高于陆区平均值，近海底的地温梯度也较高。如果存在适当的生油层，则罗斯海沉积中心的温度—深度史为海底下 2.5 ~ 4.0 km 的油气生成创造了条件。深部早期裂谷地堑中油气运移的主要通道是沿维多利亚盆地东、西缘和 Terror 裂谷的断层。东部盆地的冰川前积层不可能产生油气运移。

罗斯海各个早期裂谷地堑具有不同的温度—沉降和冰川—沉积作用的历史，这可能影响其油气资源潜力。东部盆地具有宽广的冰川前积层，所以宽度最大，但是由于早期裂谷地堑仅占面积很少，故其油气潜力可能比预期的要低。相反，维多利亚盆地面积较小，但几乎全部被早期裂谷地堑覆盖，并且经历了晚期裂谷的形变，油气潜力较大。

5.1.3　威德尔海地区

威德尔海是一个位于东、西冈瓦纳之间扩张中心以南的被动洋盆，在形成过程中曾经发生相对于南美的顺时针旋转。

威德尔海的沉积盆地具有较好的石油聚集条件：①盆地面积很大；②沉积地层的厚度很大，东南大陆架的沉积厚度为 2.0 ~ 2.5 km，而在布伦特盆地沉积厚度可以达到 20 km；③据推测沉积地层的年代范围很广，沉积相多种多样，可能存在埋藏三角洲、河道和蒸发岩；④存在有利于形成各种圈闭的大的正向构造、局部褶皱和断裂的迹象。陆架下很大的沉积岩厚度可能使得该区成为油藏的远景地区。

威德尔海地区有油气潜力的地区主要有两个：一个是布伦特盆地，另一个是西部的克拉里海槽西边的大陆架。在此二地钻孔中见到的白垩纪碳质泥岩均是有潜力的生油岩。该地区发育的三角洲及冲积扇可能构成良好的储油层和盖层。威德尔海以西和南极半岛东侧的油气也有一定潜力，这里大陆边缘沉积物厚度达到数千米，该区的地热历史也有利于油气在浅部生成。

5.1.4 东南极地区

东南极地区是南极洲大陆的主体，陆地主要为克拉通。环绕东南极的大陆架有一系列的盆地分布，包括近 N 侧的毛德王后盆地，近 NE 侧埃默里地区的恩德比盆地和普里兹湾盆地以及近南侧的威尔克斯盆地。

5.1.4.1 威尔克斯地

威尔克斯地（Wilkes Land）在冈瓦纳古陆解体前与澳大利亚是连在一起的，大约在 95 Ma 前分开。威尔克斯地和乔治五世地（George V Land）大陆架中产出的孢粉，其时代为早白垩世至古近纪。陆缘最老岩层为陆相及浅海相，其上为深海相，最上部为河流冲积相。沉积物厚度达到 6 ~ 7 km。其中白垩纪碳酸盐页岩具有油气潜力。但其埋藏深度是否有利于油气生成尚不清楚。

5.1.4.2 埃默里地区

在冈瓦纳解体之前，埃默里地区与印度、斯里兰卡和非洲东南连在一起，在晚侏罗世—早白垩世期间分开。普利兹盆地外海大陆架沉积厚度约几千米，最老的岩层略向大洋方向倾斜，推测其时代为二叠纪 - 三叠纪，其上有几个未变形的反射层，最上部为河流相和冰 - 海相沉积。在该区钻孔中见到其上部为冰川沉积，时代为上新世及更晚；下部为碳酸盐沉积或砂岩和泥岩，估计其时代为始新世。钻孔中见有油气潜力的河流相砂岩油藏，但是埋藏深度是否有利于成有尚不清楚。

5.1.4.3 毛德王后地

毛德王后地（Queen Maud Land）与南非的分裂大约在 150 Ma 前，与印度和斯里兰卡的分裂大约发生在 130 ~ 118 Ma 之间。毛德王后地在威德尔海地区的大陆架很窄，不及 70 km，陆坡坡度很陡，达 40°。沉积物厚 4 ~ 6 km。在靠近陆坡陡坎的缓坡台阶上施工钻孔穿越了早白垩世黏土岩，其中有机碳含量平均达到 8.6%，是有潜力的生油岩。早白垩世沉积之上为渐新世—更新世的半深海相沉积。

5.2　普里兹湾区油气地质特征

5.2.1　沉积物来源和有机质成熟度（南极普里兹湾739C和741A钻孔冰川期和白垩纪地层）

有机质的分子和整体特征在描述古沉积环境，确定原始生物输入通量和推断沉积物中有机质的成熟度方面具有重要的作用（Barker，1982）。拥有奇偶碳数优势的长链正烷烃（>21碳原子）和高含量的甾烷被认为主要与陆地或陆源输入相关。另一个例子，当支链烷烃、环烷烃、正构烷烃以及多环芳烃（PAH）同时存在时表明碳氢化合物来源于石油或者成熟的有机质。生物来源的碳氢化合物是相对简单的混合物，仅包含几个特定结构的烷烃、烯烃和芳烃，来自于浮游生物的遗骸、细菌和/或陆地碎片。生物前体及其转化后的产物（例如22S/22R异构体的长链藿烷）的比值和甲基菲同分异构体之间的比值能反映出一个沉积序列的热成熟史（Philp，1985）。干酪根的化学和光学特性还可以推断有机质的来源和热成熟史（即热指标）。

由于钻探工作有限，在本节中我们主要通过大洋钻探计划（Ocean Drilling Program，简称"ODP"）119航次获取的两个钻孔（739C和741A）的孔沉积有机质的分子，体积，和外观特征，来了解普里兹湾的海洋沉积物的来源和成熟度。739C钻孔位于普里兹湾中央，距大陆架边缘约30km，距离陆地200km，距离埃默里冰架140km。741A钻孔位于普里兹湾东部，在739C钻孔东南部约50km，这两个站位分布见图2-1。

5.2.1.1　739C钻孔沉积物中的有机质特征

739C钻孔在普里兹湾外部水深412m的位置，沉积物长486.8m，其沉积序列的年龄范围从始新世晚期/渐新世早期且被细分为五个地层单元（Barron et al.，1989）。TOC含量范围从0.20%～2.97%（$n=68$），大部分样品TOC含量在0.5%以上，其最大值大于1.2%，位于海底以下（mbsf）24～174m的第二单元。第五单元位于海底以下315～486m，TOC浓度范围为0.56～0.73%。第二单元位于中新世晚期主要是由大量的杂岩构成，这些杂岩中含有10%～20%的砾石和多达10%的硅藻。第五单元处于始新世/渐新世，由大量的杂岩和钙质胶结物组成。来自于第二单元和第五单元含有大量的有机碳不同深度间隔的五个样品被选定做详细的有机地球化学分析。

分析的第二单元样品中抽提物浓度为140.2～215.4mg/kg，有机碳含量为1.13%～1.56%。$T_{max}=451℃$，氢指数（HI）为57～66，氧指数（OI）为27～36，生产指数（PI）小于0.20，S1值小于0.2，S2值小于1.0，表明干酪根是陆相来源并且还未成熟（Tissot and Welte，1978；Peters，1986）。镜下观察第二单元大多数的干酪根（60%～70%）为氧化镜煤素和惰质组的混合物。镜煤素主要是来自更高的陆地植物，其代表物质是纤维素和木质素。惰性煤质素，也被称为木炭或半炭屑，表明一个再生或次级源，主要来自以前被深埋在地下沉积岩的上升侵蚀。无定形干酪根占总干酪根的20%至30%，可能源于难降解的大分子的溶解或胶体有机物的沉淀例如腐殖酸。第二单元红褐色的和缺乏荧光无定形干酪根来源于外部的输入。范克雷维伦图显示干酪根是高度改变了的Ⅲ型干酪根（图5-2）。干酪根和抽提物的稳定碳同位素范围分别分布为-22.8‰～-23.3‰和-24.6‰～-25.2‰之间。来源相关的油提取物和干酪根的 $\sigma^{13}C$ 相比，干酪根比抽提物的 $\delta^{13}C$ 值重 0.5‰ ~ 1.5‰（Schoell，1982）。干酪根和抽提物的 $\sigma^{13}C$ 值差异从 −1.3‰ ~ −2.2‰之间表明干酪根和抽提物有明显的相关性。

表5-1 南极普立兹湾ODP 119航次钻孔739C和741A挑选的岩石样品的地化数据

岩芯样品	深度 /m	TOC (%)	S1 /[mg/g(HC)]	S2 /[mg/g(HC)]	S3 /[mg/g(CO₂)]	T_{max} /℃	氢指数 /[mg/g(HC)]	氧指数 /[mg/g(CO₂)]	生成指标 S1/(S1+S2)
					739C				
16R−3，28−34	133.6	1.50	0.13	0.93	0.54	451	62	36	0.12
20R−2，31−37	151.5	1.13	0.18	0.75	0.35	451	66	31	0.19
23R−2，44−51	165.9	1.56	0.15	0.89	0.42	452	57	27	0.14
47R−1，71−78	386.6	0.85	0.11	0.70	0.58	435	82	68	0.14
60R−1，85−92	473.7	0.51	0.13	0.70	0.47	445	137	92	0.16
					741A				
5R−1，39−45	33.8	4.16	0.20	2.88	3.13	430	69	75	0.06
8R−1，13−18	62.6	3.21	0.12	1.15	2.95	430	36	92	0.09
13R−3，15−20	113.9	4.50	0.18	3.07	2.99	428	68	66	0.06
14R−1，40−46	120.9	4.11	0.10	0.71	2.36	435	17	57	0.12

表5-2 南极普立兹湾119航次钻孔739C和741A挑选的岩石样品的地化参数

岩芯样品	深度 /m	EOM /(μg/g)	$\delta^{13}C$ 干酪根 /‰	$\delta^{13}C$ EOM /‰	R0	TAI	干酪根类型				
							无定形	壳质体	镜质体	惰质体	固体沥青
					119−739C						
16R−3，28−34	133.6	205.2	−23.3	−24.6	0.69	a2	20	5	50	20	5
20R−2，31−37	151.5	140.2	−23.0	−25.2	0.73	a3	30	5	35	25	5
23R−2，44−51	165.9	215.4	−22.8	−24.6	0.71	a3	30	未测	40	25	5
47R−1，71−78	386.6	99.7	−23.5	−26.6	0.46	a3	35	10	35	15	5
60R−1，85−92	473.7	135.2	−23.4	−26.9	0.56	a3	25	10	50	10	5
					119−741A						
5R−1，39−45	33.8	260.2	−21.3	−27.5	0.48	2	10	10	40	30	30
8R−1，13−18	62.6	155.0	−24.0	−26.3	0.31	未测	5	5	75	15	15
13R−3，15−20	113.9	215.0	−23.0	−26.5	0.33	未测	5	5	65	20	20
14R−1，40−46	120.9	94.6	−23.5	−26.1	0.66	2	5	5	65	25	25

第五单元两个样品的可萃取有机质浓度为 99.7 ~ 135.2 mg/kg，TOC 为 0.51 ~ 0.852。氢指数（HI）为 82 ~ 137，氧指数（OI）为 68 ~ 92，生产指标（PI）小于 0.20，S1 值小于 0.2，S2 值小于 1.0，表明有机质主要是陆地来源。435℃和 445℃的最高温度值和 0.46 和 0.56 的 R0 值都比第二单元中的低，表明干酪根是成熟度不高。干酪根有机质主要为镜质体和无定形（70% ~ 75%）。第五单元比第二单元含有较少的惰质体和较多的壳质体，干酪根的特征表明

沉积物为陆源沉积环境，而且有机质进过了重新作用。范克雷维纶图表明干酪根为高度变化的Ⅲ型干酪根材料（图5-2）。五单元干酪根的稳定碳同位素组成（-23.5‰ ～ -23.4‰），可萃取有机质（-26.9‰ ～ -26.6‰），可以排除了其间的相关性。干酪根和相应的可萃取有机质的δ¹³C差异是-3.1除和-3.5除，明显高于第二单元中所观察到的那些数据。¹²C在可萃取有机质中的相对富集可能是由于成熟油的侵入，也可能早期的有机质渗透所致。

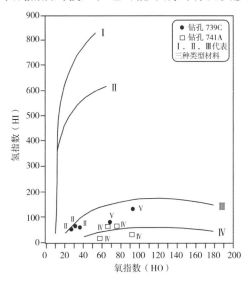

图5-2　739C和741A钻孔样品的干酪根元素组成 (McDonald et al., 1991)

表5-3和图5-3分别展示了739C钻孔第二单元样品烃的数据和气相色谱图。第二单元的正构烷烃是有11 ～ 32个碳原子的同系物，是典型的石油而非未熟的沉积物的特征。碳优势指数平均值是1.7，主要的正构烷烃是n-C_{18}或n-C_{19}，姥鲛烷植烷比值分布在3.8 ～ 4.3之间。成熟度的指标和这部分年轻的地质年龄不一致，表明碳氢化合物不是自生的。该正构烷烃和类异戊二烯烃可能是由于暴露的成熟大陆沉积物侵蚀迁移所致，主要是这个地区深层迁移油的注入或和沉积物的古渗透。

表5-3　南极普立兹湾ODP119航次739C和741A钻孔样品正构烷烃和
类异戊二烯数据(Barron et al., 1991)

岩芯样品	海底下深度 /m	主 n- 烷烃（碳分子数）	姥鲛烷 / 植烷	n-C_{17}/ 姥鲛烷	碳优势系数
119–739C					
16R–3，28–34	133.6	18	3.9	1.6	1.7
20R–2，31–37	151.5	18	3.8	1.7	1.8
23R–2，44–51	165.9	18/19	4.3	1.6	1.7
47R–1，71–78	386.6	25	2.1	0.8	4.4
60R–1，85–92	473.7	25	1.9	1.0	3.8
119–741A					
5R–1，39–45	33.8	27	1.5	2.0	3.0
8R–1，13–18	62.6	31	1.2	1.4	2.9
13R–3，15–20	113.9	27	1.5	2.1	3.2
14R–1，40–46	120.9	27	1.6	1.6	2.2

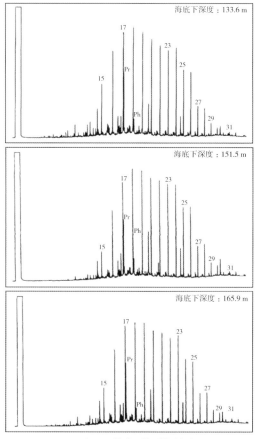

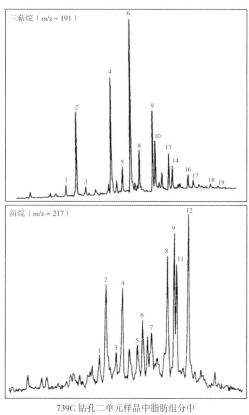

GC(FID) 对 739C 钻孔二单元样品提取
有机物的分析结果（数值 n 是烷类，Pr 是
姥鲛烷，Ph 是植烷）

739C 钻孔二单元样品中脂肪组分中
m/z = 191（三萜烷）和 m/z = 217（甾烷）质谱图

图5-3　739C钻孔第二地层单元样品烃类组分气相色谱图和脂肪酸质谱图（Barron et al., 1991）

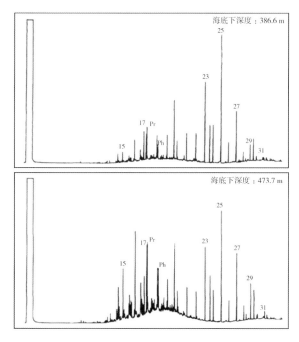

图5-4　739C钻孔第五地层单元样品烃类气相色谱图（McDonald et al., 1991）

133

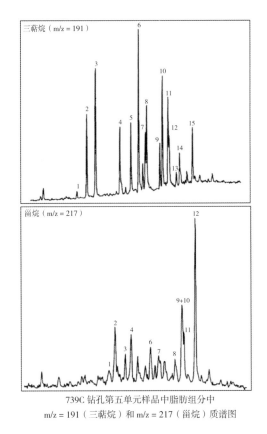

739C 钻孔第五单元样品中脂肪组分中
m/z = 191（三萜烷）和 m/z = 217（甾烷）质谱图

图5-5　739C第五地层单元样品脂肪组分质谱图（McDonald et al., 1991）

　　739C 钻孔第二地层单元样品的气相色谱／质谱数据列在了表 5-4 和表 5-5 中。Ts/Tm 值为 0.13 ～ 0.14,藿烷／莫烷的比值为 2.70 ～ 3.26,C29 和 C30 化合物的比值从 2.38 到 3.05 不等。C31 藿烷中 22S／(22S + 22R) 的值为 0.62 ～ 0.64，C29 甾烷中 20S／(20S + 20R) 的平均值 0.43。17α(H)，21β(H) 藿烷的丰度，甾烷的高架异构体比例和接近热平衡的长链藿烷同分异构体的比率表明：成熟度远高于目前的沉积环境。有研究指出 17α(H)，21β(H) 藿烷异构化反应达到热平衡时，其 22S／(22S + 22R) 值为 0.6，对于 5α(H), 14α(H), 21α(H) 甾烷来说，当其异构化反应达到热平衡时，其 22S／(22S + 22R) 值是 0.5。萘类、菲类和二苯并噻吩的同系物都存在，这表明了该地区存在与石油相关的有机质来源。含量最多的芳香烃是甲基菲，单芳和三芳甾烷分布相对简单。C19 甾烷的丰度，三环萜烷和甾烷的比值和二环萜烷的存在表明提取的有机质主要来自陆源。

　　739C 钻孔第五地层单元碳氢化合物数据和气相色谱图分别列在了表 5-5 和图 5-4。虽然从 n-C11 到 n-C32 其他的 n- 正烷烃也少量的存在，但是在第五单元气相色谱中从 n-C23 到 n-C31 的奇数的 n- 正烷烃占主导地位。这些长链 n- 正烷烃的假定来源是维管束植物的蜡类物质。CPI 值分别为 3.8 和 4.4,姥鲛烷／植烷比值是 1.9 ～ 2.1。大量含有奇数碳原子 n- 正烷烃、低的姥鲛烷／植烷比值、丰富的不成熟的脂肪族 [即 17β（H）和 21β（H）藿烷] 的生物标志化合物表明和第二单元相比第五单元的提取物具有较低的成熟度。

　　图 5-5 列出了第五地层单元沉积物中典型的三萜烷和甾烷的碎片谱。两个样品包含了一个不成熟的生物标志物模式，包括大量的 C29、C30、C31 和 17β(H)、21β(H)、17β(H) 和 21α(H) 藿烷；17α(H)-22, 29, 30 - 三降藿烷；还包括 17α(H), 21β(H) (22R) 藿烷和

5α(H)，14α(H)，21α(H)（20R）C29 甾烷。然而，成熟的生物标志物 [即 17α(H) 和 21β(H) 藿烷] 也出现在这两个样品中。芳香族碳氢化合物表现出和第五单元低成熟度的沉积物相符的相对简单模式。

739C 钻孔第二地层单元和第五地层单元有机质的组成表明了它们具有独立的热成熟史。脂肪族生物标志物的一些特征是相似的，包括 Ts/Tm 比值和 C29 甾烷优势。尽管某些海洋生物可以增加沉积物中的甾醇含量，但是 C29 甾烷的大量存在一般还是和陆缘有机物输入相关。碳氢化合物模式证实了干酪根分析结果，即这两个单元的大部分有机质是陆地起源的，与第二单元比第五单元的有机质更成熟。第二单元和第五单元的镜煤素反射率平均值分别是 0.7%和 0.5%。这表明第二单元是一个再沉积、再循环成熟区域，并且成熟的提取物是原来的再沉积物质。

表5-4　南极普立兹湾ODP119航次钻孔739C和741A样品脂肪族生物标志化合物比值

（McDonald et al., 1991）

岩芯样品	深度 /m	Ts/Tm	$C_{27}β$/Tm	αβ 藿烷 / βα 藿烷		αβ 藿烷 / ββ 藿烷		S/S+R C_{31} 藿烷	S/S+R C_{29} 藿烷
				C_{29}	C_{30}	C_{29}	C_{30}		
119−739C									
16R−3，28−34	133.6	0.13	0.11	3.62	3.05	未测	未测	0.62	0.44
20R−2，31−37	151.5	0.14	0.16	2.70	2.38	未测	未测	0.64	0.43
23R−2，44−51	165.9	0.14	0.13	3.26	2.80	未测	未测	0.62	0.43
47R−1，71−78	386.6	0.12	1.38	0.81	1.50	0.82	1.43	0.30	0.16
60R−1，85−92	473.7	0.13	1.69	0.72	1.42	0.68	1.18	0.25	0.10
119−741A									
5R−1，39−45	33.8	0.18	4.68	0.75	1.30	0.18	0.28	0.07	0.01
8R−1，13−18	62.6	0.10	2.41	0.97	1.76	0.47	0.74	0.19	0.02
13R−3，15−20	113.9	0.42	3.40	0.74	1.49	0.27	0.35	0.08	0.02
14R−1，40−46	120.9	0.25	3.08	0.76	1.85	0.42	0.93	0.18	0.04

注：Ts=18α(H)-22，29，30 – 三降藿烷
　　Tm= 17α(H)-22，29，30 – 三降藿烷
　　$C_{27}β$ = 17β(H)-22，29，30 – 三降藿烷

表5-5　南极普立兹湾ODP119航次钻孔739C和741A样品生物标志化合物数据（McDonald et al.，1991）

岩芯样品	深度 /m	菲 - 甲基菲 /(mg/kg)	单芳香甾烷 /(mg/kg)	三芳甾烷 /(mg/kg)	总双萜 /(mg/kg)	总三萜烷 /(mg/kg)	总甾烷 /(mg/kg)	ββ- 藿烷 /(mg/kg)	主三萜烷 /(mg/kg)
119−739C									
16R−3，28−34	133.6	17 580	85	236	86	3 060	1 104	未测	C30αβ
20R−2，31−37	151.5	15 583	79	293	219	7 046	2 557	未测	C30CΦ
23R−2，44−51	165.9	17 048	74	227	77	2 577	986	未测	CgoOβ
47R−1，71−78	386.6	3 725	271	182	71	3 836	1 357	1 061	Cgo<Xβ
60R−1，85−92	473.7	388	45	38	75	2 706	1 126	827	C27β

续表 5-5

岩芯样品	深度/m	菲-甲基菲/(mg/kg)	单芳香甾烷/(mg/kg)	三芳甾烷/(mg/kg)	总双萜/(mg/kg)	总三萜烷/(mg/kg)	总甾烷/(mg/kg)	ββ-藿烷/(mg/kg)	主三萜烷/(mg/kg)
119-741A									
5R-1, 39-45	33.8	263	76	62	41	7 362	1 174	6 729	C27β
8R-1, 13-18	62.6	253	104	35	33	938	653	428	C27β
13R-3, 15-20	113.9	289	91	58	114	9 069	3 109	7 884	C31ββ
14R-1, 40-46	120.9	4 790	176	138	61	1 658	658	737	C27β

注：C3Q αβ = 17(α). 21(ß) Hopane; C_{27}β = 17b(H)-22.29,30-trlsnorhopane;C3, ββ = 17(ß),21(ß) Homohopane; C_{29}(R) ααα = 24-ethyl-5α,14α, 17α-cholestane (20R).

5.2.1.2 741A 钻孔沉积物中的有机质特征

741A 钻孔在东部南极普里兹湾的内部，水深 551 m。岩芯长 128.1 m，组成为海相、冰川相、冰海相和冲击相沉积物，其年龄范围从早白垩世到全新世，可以细分为四个地层单元。TOC 浓度范围从 0.15% ~ 6.8%（$n=20$）其 TOC 最高值均位于海底下 27 m（mbsf,离海床深度）米以下。第四单元的 24 ~ 128 m 之间的样品 TOC 最高,从而被用于详细的有机地球化学分析。第四地层单元主要由白垩纪早期细粒碎屑沉积物组成,沉积在一个低洼,起伏小的,冲积平原中。陆地输入的炭化植物碎片,或者是残余的木质,通常沉积在这个单元中。

741A 钻孔中样品的干酪根分析结果总结在表 5-1 和表 5-2 中,烃类组分气相色谱见图 5-6。可萃取有机质和 TOC 的范围分别为 94.6 ~ 260.2 mg/kg 和 3.21% ~ 4.50%。T_{max} 小于 435℃,HI 值为 19 ~ 69,OI 值为 57 ~ 92,PI 值小于 0.12,S1 值小于 0.21,S2 值为从 0.71 ~ 3.07,表明不成熟的陆缘有机质。除了 TOC 和 S2 值较高以外,这些特征和 739C 钻井的第五地层单元很相似。较高的 S2 值可能是由 741A 钻孔沉积物中含有较高的煤质造成的。目测干酪根表明大多数材料是镜质体和惰质体（70% ~ 90%）。范克雷维纶图特征表明其为高度转变的Ⅳ型干酪根。干酪根和可萃取有机质的碳同位素（δ^{13}C）组成分别为 −21.3‰ ~ −24.0‰ 和 −26.1‰ ~ −27.5‰。干酪根和可萃取有机质的碳同位素组成数值的巨大差异,表明使它们不可能来自相同的沉积源。

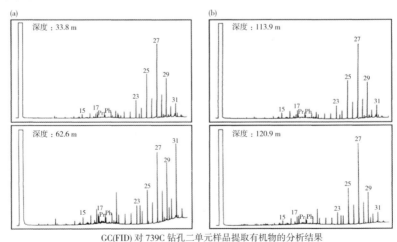

GC(FID) 对 739C 钻孔二单元样品提取有机物的分析结果
（数值 n 是烷类, Pr 是姥鲛烷, Ph 是植烷）

图5-6　741A样品烃类组分气相色谱图（McDonald et al., 1991）

从有机质里提取的烃的含量数据和气相色谱分别列于表 5-5 和表 5-6。此处沉积物抽提物中烃类组成主要是为长链奇数碳原子的正构烷烃，还包含微量的 11 ~ 32 个碳原子的正构烷烃。CPI 值的范围为 2.2 ~ 3.2，Pr / Ph 的比值范围为 1.2 ~ 1.6，占主导地位的正构烷烃是 $n-C_{27}$ 或 $n-C_{31}$。这些特征表明存在未熟的陆源有机质。从在这个站点采集的所有样品中的正构烷烃和类异戊二烯的分布型式类似于从孔 739C 的第五单元采集的样品，这表明它们有相似的有机质来源（即陆源）、沉积环境和热成熟史。

在图 5-7 中显示了 741A 钻井中代表性脂肪族生物标志物。在这个钻孔的生物标志物主要由 C_{29}，C_{30}，和 C_{31}，17β(H)，21β(H) 和 17α(H)，21β(H) 藿烷；17β(H)- 22，29，30 – 三降藿烷；17α(H)，21β(H) (22R) 扩展藿烷和 5α(H)，14α(H)21α(H) (20R) C_{29} 甾烷组成。三萜烷和甾烷模型和孔 739C 第五单元中的模型相似，但芳香族化合物相对简单。

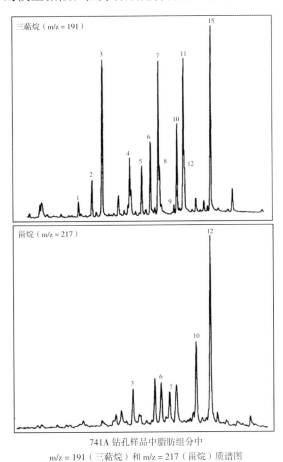

741A 钻孔样品中脂肪组分中
m/z = 191（三萜烷）和 m/z = 217（甾烷）质谱图

图5-7　741A第五单元样品脂肪组分质谱图（McDonald et al., 1991）

5.2.2　南极洲普里兹湾沉积物中的脂肪族碳氢化合物

南极洲特殊的地理位置提供了相对原始的环境条件，从而有助于进行沉积地球化学过程的研究。本章节主要针对大洋钻探计划（ODP）119 航次在普里兹湾中五个钻孔中的获得的样品进行研究，分别为 741 钻孔（内部陆架，水深 551.4 m）和 742 钻孔（陆架中部，水深 415.7 m）。在 741 钻孔获得了 7 个白垩纪早期的样品，钻探深度水沉积物界面下 27.3 ~ 121.2 m；这些样品主要由粉砂岩和少量细砂岩组成。从 742 钻孔得到的 8 个样品年

龄分别是始新世、渐新世到中新世。从最浅采样深度沉积物—水界面之下 135.2 ~ 288.8 m，沉积物主要由杂岩组成，反映了冰川作用和海洋的环境。岩芯底部位于界面之下 316 m 附近（313.4 m 和 314.0 m）采集的两个样品，由黏土岩和粉砂岩组成，混合着杂岩层。

5.2.2.1 741 和 742 钻孔脂肪族碳氢化合物测试结果

15 个样品的地球化学检测结果见表 5-6 和表 5-7。741 钻孔白垩纪早期的六个样品 TOC 范围是 0.54% ~ 3.0%。742 钻孔上新世沉积物两个样品的 TOC 为 1.4% 和 2.3%；这个地区始新世到渐新世部分，TOC 为 0.23% ~ 0.58%。从始新世早期到渐新世的两个最深的样品 TOC 差异很大，分别为 0.22% ~ 1.6%（表 5-7）。

表5-6 南极普立兹湾ODP 119航次741和742钻孔沉积物样品理化参数（Kvenvolden et al., 1991）

岩芯样品间隔	深度/m	时代	有机碳/%	干浸出物/(μg/g)	己烷分馏物/(μg/g)
119-741A					
4R-3，38-44	27.3	早白垩世	1.5	44	8
5R-1，54-60	34.1	早白垩世	1.4	72	16
6R-3，53-59	46.8	早白垩世	2.6	150	24
10R-1，16-22	82.1	早白垩世	0.54	4	2
12R-1，0-6	101.2	早白垩世	1.2	6	2
13R-3，17-23	114.0	早白垩世	1.8	160	37
14R-1，64-70	121.1	早白垩世	3.0	44	3
119-742A					
16R-2，94-100	135.2	上新世	1.4	52	3
17R-3，30-36	145.6	上新世	2.3	87	5
21R-1，80-86	181.8	始新世 - 渐新世	0.58	31	7
26R-4，83-91	234.6	始新世 - 渐新世	0.56	32	5
29R-1，25-31	258.4	始新世 - 渐新世	0.23	43	6
32R-2，21-27	288.8	始新世 - 渐新世	0.26	20	5
34R-5，110-116	313.4	早始新世 - 渐新世	0.22	8	1
34R-6，17-20	314.0	早始新世 - 渐新世	1.6	70	9

脂肪烃馏分中都含有正构烷烃，从 $n\text{-}C_{14}$ 到 $n\text{-}C_{35}$（图 5-8）。除了样品 119-742A-17R-3，30 ~ 36 cm 和 119-742A-34R-5，110 ~ 116 cm，样品中的正构烷烃以一种单一模式分布：正构烷烃的主峰集中在 $n\text{-}C_{25}$、$n\text{-}C_{27}$、$n\text{-}C_{29}$ 或 $n\text{-}C_{31}$ 的奇数碳原子烷烃上（表 5-7）。从 $n\text{-}C_{25}$ 到 $n\text{-}C_{29}$ 的正构烷烃奇偶碳原子优势（OEP_{27}）通过 Scalan 和 Smith 方法（1970）进行了计算；除了前面提到的两个样品，OEP_{27} 的值在 2.1 ~ 4.0 之间变化（表 5-7）。除了前面提到的两个样品 119-742A-17R-3，30 ~ 36 cm 和 119-742A-34R-5，110 ~ 116 cm，这部分正构烷烃也以一种单一模式分布，但是主峰分子量低，分别集中在 $n\text{-}C_{19}$ 和 $n\text{-}C_{23}$。这两个样品各自的 OEP_{27} 值分别是 1.4 和 1.5（表 5-7），反映了比其他大多数样品相对低的奇数碳原子优势。除

了姥鲛烷 / 植烷比值为 6.1 的 119-742A-17R-3,30-36cm 样品外，类异戊二烯的姥鲛烷和植烷通常检测不到，或者相对于占优势的高分子量的正链烷烃，和低分子量的链烷烃一起视为次要组分（图 5-8）。

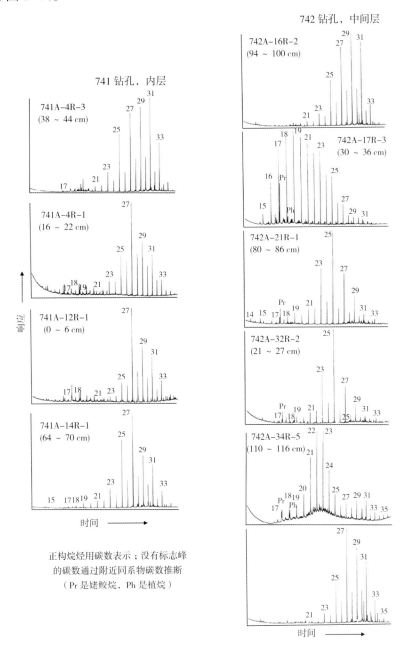

图5-8　741A和742A钻孔10个样品脂肪族烃GC图谱（Kvenvolden et al., 1991）

三萜族和甾族衍生物碳氢化合物存在于所有的样品中，代表性的质谱碎片谱为图 5-9 和图 5-10。在两个钻孔，三萜烃（图 5-9）是系列的 17α（H），21β（H）- 藿烷，17β（H），21α（H）- 藿烷（以前被称作莫烷),和 17β（H）21β（H）- 藿烷（发现于 11 个样品的可变组分中）。这些同系物的 C_{30} 组分的比率见表 1.4.2。还有三种 C_{27} - 藿烷：Tm [17α（H）-22，29，30 - 三降藿烷],Ts [18α（H）- 22，29，30 - 三降藿烷] 和 Tβ [17β（H）-22，29，30 - 三降藿烷]。Tm/Ts 比值最初由 Seifert 和 Moldowan 定义和使用（1978），除了三个样品例外，Tm/Ts 比值范围很大，从 0.91 ～ 21（表 4-8）。Tβ 存在于除了两个样品之外所有的样品中。除了样品 119-741A-5R-1，存在 17α(H)，21β(H) - 同分藿烷（C31）和 17α，21β（H）- 双高藿烷（C32）的 22S 和 22R 差向异构体。

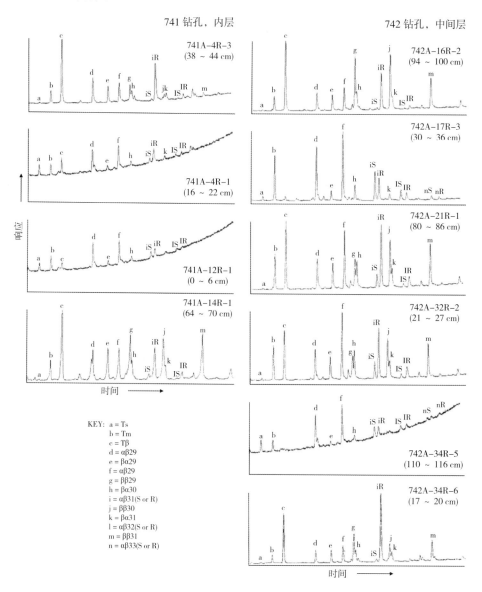

图5-9 741A和742A钻孔10个样品中三萜系化合物（m/z = 191）质谱图（Kvenvolden et al., 1991）

741 钻孔样品 C31 化合物的差向异构体的 22S /（22S+22R）比值通常很低，样品 119-741A-5R-1 接近 0（只有 R 差向异构体存在），19-741A-6R-3 样品为 0.11- 除了样品 119-741A-10R-1 和 119-741A-12R-1 这两个样品含有明显高的比值，分别为 0.28 和 0.45。后面这些样品缺少 ββ - 藿烷和低的 Tm/Ts 比值，分别为 1.0 到 2.0（表 5-6）。742 钻孔除了两个样品外的所有样品的 C31 差向异构体的比值集中在 0.05 到 0.26（表 5-7），样品 119-742A-17R-3 和 119-742A-34R-5 含有明显高的比值，分别为 0.57 和 0.53；这些样品也缺少 ββ - 藿烷，且后者含有所有样品中最低的 Tm/Ts 值。四个样品其中两个来自同一钻孔，含有最高 C31- 藿烷差向异构体比值的也含有最高的 C30 - 藿烷和 C30 - 莫烷比（表 5-7）。

表5-7　南极普立兹湾ODP119航次741和742钻孔沉积物样品有机地化参数（Kvenvolden et al.，1991）

岩芯样品	烷烃		三萜烷 (m/z=191)				甾烷 (m/z=217)	
	OEP27	最大碳数	$C_{30}\beta\beta/\alpha\beta$	$C_{30}\alpha\beta/\alpha\beta$	$C_{31}\alpha\beta S22S/$ (22S+22R)	Tm/Ts	$C_{29}\alpha\alpha\alpha20S/$ (20S + 20R)	甾族为主的碳氢化合物
119-741A								
4R-3，38-44	2.9	31	0.31	1.7	0.05	9.5	仅 R	St
5R-1，54-60	2.3	27	0.78	1.6	R only	15	仅 R	St
6R-3，53-59	2.4	31	2.0	1.5	0.11	15	仅 R	St
10R-1，16-22	2.1	27	仅 αβ	3.9	0.28	1.0	仅 R	D
12R-1，0-6	3.3	27	仅 αβ	3.8	0.45	2.0	仅 R	D
13R-3，17-23	3.1	27	2.3	1.6	0.08	18	仅 R	St
14R-1，64-70	2.9	27	1.3	1.6	0.05	15	仅 R	St
119-742A								
16R-2，94-100	2.6	29	2.4	1.2	0.06	16	仅 R	St
17R-3，30-36	1.4	19	仅 αβ	4.6	0.57	11 21	0.41	St
21R-1，80-86	3.9	25	0.82	2.1	0.18	21	0.09	St
26R-4，83-91	4.0	25	0.65	2.2	0.26	18	0.10	St
29R-1，25-31	3.8	25	0.45	2.4	0.25	12	0.11	St
32R-2，21-27	4.0	25	0.58	2.4	0.25	14	0.10	st
34R-5，110-116	1.5	23	仅 αβ	6.2	0.53	0.91	0.40	D
34R-6，17-20	3.2	27	1.1	1.4	0.05	13	仅 R	St

注：OEP27 = 奇 / 偶碳数优势度；αβ、ßa、and ßß = 藿烷；Tm and Ts = 萜烷；m/z = 碎片离子的．

　　甾族碳氢化合物（图 5-10）主要由 C_{27}-、C_{28}- 和 C_{29}-5α（H），14α（H），17α（H）甾烷系列组成，有少量的 5β（H），14α（H），17α（H）差向异构体和 C_{27}-、C_{29}-13β、17β - 重排甾烷。在这些钻孔中，主要的化合物是 C_{29}- 甾烷［24- 乙基 -5α（H），14α（H），17α（H）- 胆甾烷］和 C_{27}- 重排甾烷［13β（H），17α（H）- 重排胆甾烷］。在每一个钻孔，甾族化合物的分布都是甾烷或重排甾烷占主导（图 5-10 和表 5-7）。741 钻孔中的样品仅含有 C_{29}-ααα-甾烷的 20R 差向异构体。但是 C_{27}-βα- 重排甾烷的 20S 和 20R 差向异构体都存在（图 5-10）。在 741 钻孔的五个样品中，主要是甾烷，但是在样品 119-741A-10R-1 和 119-741-12R-1 中主要是重排甾烷（表 5-7）。后面的两个样品是相同的，都缺少 ββ- 藿烷和最高的 C_{31}- 藿烷差向异构体比值和最低的 Tm/Ts 值。742 钻孔的八个样品中都含有 C_{29}-ααα- 甾烷的 20R 差向异构体。742 钻孔中四个样品中 20S 差向异构体的含量很低，但是在样品 119-742A-17R-3 和 119-742A-34R-5 中 20R 差向异构体相比 22S 含有高的浓度，20S/（20S+20R）的值分别为 0.41 和 0.40（表 5-7）。后面两个样品缺少 ββ- 藿烷和有最高的 C_{31}- 藿烷差向异构体比值。除了样品 119-742A-34R-5，其他样品甾烷比重排甾烷占优势（表 5-7）。119-742A-34R-5和 119-742A-17R-3 和其他样品相比都有异常的正链烷烃分布和低的 OEP27 值（分别为 1.5和 1.4）。

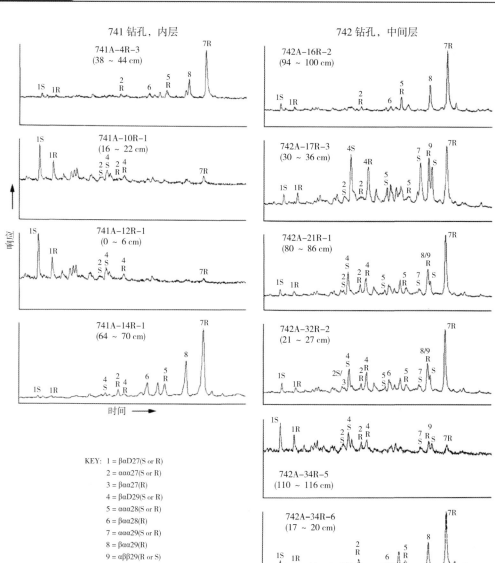

图5-10　741A和742A钻孔10个样品中甾族碳氢化合物化合物质谱图（Kvenvolden et al., 1991）

5.2.2.2　钻孔脂肪族碳氢化合物指示意义

741钻孔白垩纪早期沉积物中相对富含有机碳：7个样品中的6个TOC平均为1.9%±0.7%。然而这些样品不如威德尔海692钻孔的两个沉积物样品TOC丰富，其平均为4.2%±0.9%（Kvenvolden,1990）。742钻孔的两个上新世样品的TOC平均为1.9%±0.6%。与此相反，6个始新世到渐新世样品中的5个有较低的TOC，平均为0.37%±0.18%。因为白垩纪早期和上新世沉积物含有多于1%的有机碳，如果热力学背景足够，可能是是潜在的油气来源。

对于大部分741和742钻孔沉积物中的正构烷烃组成来说，主要包含高分子量并且有显著的奇碳原子数优势分布（OEP为2.1～4.0）。这些大分子量的正构烷烃（>n-C$_{20}$）可能代表陆相（陆生的）来源的维管植物蜡的贡献。与此相反，低分子量直链烷烃范围是从n-C$_{13}$到n-C$_{20}$有很低的相对丰度，这些化合物代表海相输入。因此这两个钻孔沉积物中以陆相来源的正烷烃为主，曾经在南极大陆常见的维管植物很可能是大部分的直链烷烃的来源。

　　三萜烃可能来自细菌，也有可能来自于藻类和蕨类。在两个钻孔所有样品中都存在的是 αβ- 藿烷和 βα- 藿烷（莫烷），αβ 有相对高的丰度（表 5-6）。ββ- 藿烷的立体化学和他们假设的生物前体相匹配；因此，15 个中除了 4 个之外，所有的样品中的这些化合物可能代表未成熟的有机物。

　　除了三个样品外，Tm 的丰度明显高于 Ts（表 5-7）。Tm/Ts 比值被认为主要由成熟作用控制（Seifert and Moldowan，1978），因为这些比值是和其他成熟度参数一致的。大部分样品的高 Tm/Ts 值表明这种有机物处于成熟作用早期阶段。在相同的样品中 Tβ 优势大于 Tm 和 Ts 同样表明是未成熟的。低成熟到中等成熟可以由 22S/（22S+22R）αβ- 升藿烷异构化比值表示；741 钻孔中白垩纪早期 5 个样品的该比值从 0（只有 22S）到 0.11（表 5-7）表明它们还未成熟。剩余的两个样品含有表明处于中等成熟的比值 0.28 和 0.45（表 5-7）。这些样品同样具有更有利的中等成熟的证据——低的 Tm/Ts 比值和缺少 ββ- 藿烷。742 钻孔第三纪沉积物中的 6 个样品的 αβ- 升藿烷差向异构化比值表明由不成熟到中等成熟，该比值从 0.05 变化至 0.26（表 5-7）。两个样品含有异常高的 αβ- 升藿烷差向异构化比值（0.53 和 0.57），很接近完全成熟值（约 0.6）。

　　甾族烃为有机质来源和成熟度的解释做了补充。15 个样品中有 12 个样品的甾烷以 $C_{29}ααα$- 甾烷为主，这些样品中的 9 个只含有 20R 差向异构体（表 5-7）。根据 Huang 和 Meinschein（1979）提出的标准，$C_{29}ααα$- 甾烷可能表明陆相植物的来源；然而这个解释有许多例外（Grantham，1986；Volkman，1986）。一个陆相源非常符合我们在样品中观察到的陆源正构烷烃的结果。$C_{29}ααα$- 甾烷的 C-20 差向异构体的比值 20S/（20S+20R）通常很低，在 7 个白垩纪早期样品和两个第三纪样品中接近零（只有 20R），在 4 个其他的第三纪样品中该比值的范围是从 0.09 到 0.11（表 5-7）。两个第三纪样品（119-742A-17R-3 和 119-742A-34R-5）的比值分别是 0.41 和 0.40，这两个值接近完全成熟值（约为 0.55）。这两个样品同样含有最高的 αβ- 升藿烷差向异构体比值、最低的 OEP_{27} 比值和缺少 ββ- 藿烷，这均是高成熟度的标志。高成熟度的另一个标志是这两个样品中的一个样品具有所有样品中最低的 Tm/Ts 值（0.91）。

　　在收集的样品中，两个白垩纪早期和一个第三纪含均显示具有最大成熟度的标志，含有比甾烷更大的重排甾烷丰度（表 5-7）。上新世样品 119-742A-17R-3 也含有高成熟度标志（基于高的 αβ- 升藿烷、$C_{29}ααα$- 甾烷的差向异构体的比率、缺少 ββ- 藿烷和低的 OEP27 值），但是这些样品中重排甾烷的丰度低于甾烷（表 5-7）。这个样品的 Tm/Ts 比值（11）大于其他有高成熟度的样品，和其他样品相比，这个样品还含有较低分子量的正链烷烃分布，正构烷烃的分布形状表明它是一个石油类混合物。

　　742A 钻孔孔基底附近的始新世早期到渐新世沉积物的两个样品的地球化学参数差别较大。样品 119-742A-34R-5 的球化学参数表明高成熟度（表 5-7），且和其他大部分样品相比正构烷烃的模式转变为低分子量（图 5-10）。这个样品有最低的 SFE 浓度（8 μg/g）和最小的正己烷分数（1 μg/g）。与此相反，样品 119-742A-34R-6 仅低于样品 119-642A-34R-5 0.6 m，地球化学参数一致表明是不成熟的，产生的结果和在这个钻孔其他样品的观察结果更符合。除了样品 119-742A-17R-3，在底层这么小的间隔时间内不存在不同来源的有机物质。

　　741 钻孔在白垩纪早期（27.3 ~ 121.1 m）有机地球化学变化趋势在 82.1 m 和 101.2 m 处

被打断；样品 119–741A–10R–1 和 119–741A–12R–1 表明中等的有机成熟度，而上覆的和下面的沉积物样品成熟度比较低（表 5–7）。这两个中级成熟样品和其他样品相比，有低的 SFE 浓度（4 μg/g 和 6 μg/g）和低的正己烷分数浓度（2 μg/g）（表 5–6）。这两个 741 钻孔沉积物样品可能代表了一个地球化学相，指示在白垩纪早期记录中有一个不同来源的成熟度更高的组分。

5.2.3　油气资源潜力分析

构造演化分析表明普里兹湾是一个发育在被动陆缘上的沉积盆地，先后经历了晚二叠世 – 早三叠世以及白垩纪两期的裂谷事件，其形成和冈瓦纳的裂解—南大洋的海底扩张相关，并与印度东部为共轭陆缘。印度东部陆缘盆地有较多的油气产出，如克里希纳—戈达瓦里（Krishana–Godavari）盆地已探明 45 000 km² 的含油气区域和 42 个含油气构造，优质源岩位于二叠系—白垩系至下中新统沉积地层中，这似乎预示着在中生代期间具有相似的构造 – 沉积演化过程的普利兹区也有较好的油气前景。

5.2.3.1　钻孔有机质沉积物来源及成熟度

739C 钻孔上部的三个样本代表了从中新世晚期至第四纪巨大的混杂陆源沉积岩。根据脂肪族和芳香族这类生物标志物的分布，n– 正构烷烃分布，和镜质组反射率可以得出在这个时期的有机质是成熟。对干酪根的外观检测和热解分析可以得出，占主导地位的是陆源有机质。一个成熟的提取物的出现可以归因于暴露的大陆物质的再循环或者是这段时期有机质从更深的一层向上迁移。这种具有偶然性分散有机质成熟指标（干酪根及其萃取物）表明了原产地有机质的再循环。这表明富含成熟有机质的物质存在于中新世。

从第五地层单元采集的两个样品是从始新世中期到渐新世早期的一个巨大的混杂陆源沉积岩。根据对生物标志物、正构烷烃和干酪根的分析，在这段时期的有机质是不成熟的。对干酪根的外观检测和热解分析可以得出，占主导地位的是陆源有机质且它在热转变程度上比第二单元的样品低。热成熟期的逆转，也就是更成熟的有机质覆盖不成熟的部分可能与从冰川侵蚀产生的再沉积物相关。

741A 钻孔中选出的样品为白垩纪下层硅质碎屑，和 739C 钻孔第五单元中得到的样品相似。根据脂肪族和芳香族这类生物标志物、n– 正构烷烃的分布和干酪根的分析，白垩纪沉积物中的有机质是不成熟的。对干酪根的外观检测和热解分析可以得出占主导地位的陆源有机质是相对不成熟的。从 739C 钻孔的第五地层单元和 741 钻孔的相似性可以得出在 739C 的第五单元中冰川沉积物中有机质的源是在白垩纪，并和在普里兹湾孔 741A 中沉积物样品有机质来源类似。

5.2.3.2　钻孔脂肪族碳氢化合物总结

南极洲近海第四纪沉积物中脂肪烃的研究表明，这些碳氢化合物含有萜类化合物和甾族化合物组分，代表了有机质从中度成熟到完全成熟。碳氢化合物主要来自于海洋和陆地的初级的和再循环的有机物质的混合。在地质时代的较早期，南极大陆维管植物衍生物是正构烷烃的来源。研究威德尔海第三纪沉积物的地球化学发现萜烷和甾烷比值（表示部分到完全成熟）和正构烷烃的分布归因于海洋和陆地共同来源的结论是相似的。

普里兹湾第三纪沉积物中脂肪烃的分布与南极洲近海其他地方第三纪和第四纪沉积物中的分布形成对比照。例如，普里兹湾沉积物中正构烷烃的数量主要是陆源组分，三萜类和甾族碳氢化合物一般不太成熟。普里兹湾白垩纪早期脂肪烃和威德尔海白垩纪早期沉积物中的形成对照。普里兹湾沉积物中的正构烷烃主要来自陆源，而威德尔海沉积物中正构烷烃来自海洋和陆地。威德尔海沉积物中的三萜类和脂肪类碳氢化合物比普里兹湾沉积物中的具有更低的成熟度。普里兹湾白垩纪早期和晚中新世沉积物中有充足的有机质（TOC 为 1.9%）被视为一个潜在的石油来源。

5.2.3.3 油气富集因素分析

普里兹湾具有较厚的沉积，尤其在内陆架 – 中陆架区域，沉积了厚度较大的 PS.4 和 PS.3 的沉积序列。PS.4 的沉积以陆相无化石红层砂岩及粉砂岩为主，部分含煤，显示当时处于氧化的沉积环境，并不利于烃源岩的发育。而 PS.3 主要包括下白垩统河流 – 冲积相的砂岩、粉砂岩和上白垩统三角洲—潟湖相的暗色泥岩、粉砂岩等，其中上白垩统的沉积富含有机质，并有煤层发育。对 ODP 119 航次 741 站位沉积物有机质物源和成熟度的分析表明，PS.3 中上白垩统的 TOC（总有机碳）在（1.2 ~ 3.0）wt% 之间，以未成熟的陆源有机质为主，但其中夹有有机碳成熟度更高的沉积序列，表明在早白垩世某个阶段物源有所变化（Kvenvolden et al., 1991; McDonald, 1991）。ODP 188 航次 1166 站位显示上白垩统沉积 TOC 基本在（1.5 ~ 5.2）wt% 之间，尤其在上白垩统的顶部可高达 9 wt%，且具有较高的成熟度（Shipboard Scientific Party, 2001）。有机碳含量较高，以陆源为主，有机碳成熟度不均，部分层位较高，这些均表明 PS.3 具有较好的油气资源生成潜力。

新生代以来普里兹湾区开始进入陆缘盆地发育阶段，并被冰川作用改造。冰川作用形成的沉积按理很难形成有机质的聚集，ODP 119 航次 742 站位表明晚始新世—渐新世期间的沉积 TOC 在（0.22 ~ 0.58）wt% 之间，ODP 188 航次的 1166 站位及 1167 站位也显示晚始新世均在 0.4 wt% 左右。然而 ODP 119 航次的 739 站位上中新统的 TOC 却很高，在（1.4 ~ 2.3）wt% 之间，ODP188 航次的 1166 站位上中新统的 TOC 也在（0.4 ~ 1.4）wt% 之间。对脂族和芳香族生物标记分布、n- 烷烃分布以及镜质体反射的分析表明，晚中新世—第四纪沉积中的有机质为陆源有机质为主，并已经成熟 (Shipboard Scientific Party, 2001)。这种反常的高 TOC 的沉积覆盖于低 TOC 的沉积可能与冰川作用相关，由于冰川底部的剥蚀作用，使得更深层的高 TOC 的沉积被挖掘（如白垩世的沉积），并随冰川作用向外缘迁移，覆盖在年代更新的沉积上，形成了现今倒转的沉积序列。中新统呈现向海逐渐加深的进积序列，在陆架区沉积较薄，埋深也较浅，向着陆架外缘、陆坡区该套沉积厚度比较大，埋深也大，具有一定的生油潜力。

以上分析表明，普里兹湾 PS.3 和 PS.2 的部分（中新统）具有较高的 TOC，可能是该区主要的烃源岩。PS.3 的有机成熟度不均，部分层位已处于成熟的热演化阶段，因此普里兹湾中部凹陷具有一定的油气资源生成潜力，而北部凹陷位于中 – 外陆架区，埋深更大，也有利于有机质的成熟。普里兹湾盆地中部隆起是横亘中部的一个构造高地，有利于油气的聚集而形成圈闭，是油气勘探的有利区域（图 5-11 中 IA）。普里兹湾陆架外缘 – 陆坡深水区的中新统的有机成熟度也较高，沉积厚度也较大，这些区域中地层、岩性圈闭也可能是未来值得关注的油气潜力勘探区（图 5-11 中 IB）。

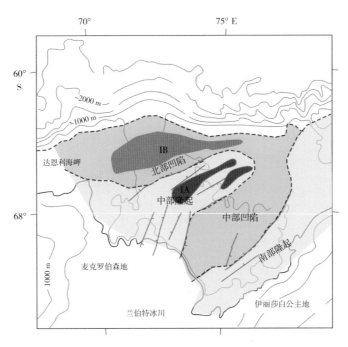

图5-11 普里兹湾区有利含油气区带分布示意图

5.3 南极半岛东缘油气地质特征

南极半岛东侧涵盖了广大的地区，包括东部陆缘的鲍威尔盆地、拉尔森盆地以及更靠东侧的毛德皇后陆缘。以下将分解加以介绍。

5.3.1 鲍威尔盆地及陆缘区

对鲍威尔盆地是一个新生代发育的拉张型海盆，海盆中的沉积主要为新近纪，而且受到强烈的冰川作用，沉积时间短，不具有油气资源潜力，对陆缘区的分析如下。

5.3.1.1 沉积物特征及有机质

（1）裂谷期沉积。

鲍威尔盆地裂谷层序中有机质含量也尚未被揭示，本文用邻近的ODP Leg113中的Site 696钻孔的Ⅶ D层序所揭示的有机质数据（Barker et al., 1988）来分析鲍威尔盆地裂谷层序潜在的有机质潜力。Ⅶ D层序的总有机碳（TOC）较低，现有从上到下4个样品的TOC值分别为0.37、0.33、0.22和0.39。从C-H化合物中轻烃的组成来看，主要以甲烷为主，从上到下4个样品的甲烷含量分别为79.9、224.6、205.8和380.8 μL/L（气体/沉积物）；乙烷的含量从上到下分别为1.2、0.6、0和0.6 μL/L；丁烷、戊烷未检出；己烷的含量从上到下分别为30.9、36.0、30.7和28.4 μL/L；CO_2的含量从上到下分别为1.7、0.3、0.2和2.3 μL/L。从不同干酪根类型所产生的有机质含量来看，Ⅰ型干酪根产出十分有限，其从上到下4个样品mg(HC)/g(rock)值分别仅为0.01、0.00、0.01和0.04；Ⅱ型干酪根的产出在层序上部较少、层序下部增加，从上到下4个样品mg(HC)/g(rock)值分别为0.18、0.00、0.48和0.51；Ⅲ型干酪根的产出较多，但主要为CO_2，从上到下4个样品mg(CO_2)/g(rock)值分别为0.23、0.26、0.30

和 0.49。总体来说，该套层序的有机质含量十分有限，总有机碳值低，在 C–H 化合物中以己烷和轻烃甲烷为主，干酪根类型以Ⅲ型为主，其次为Ⅱ型，Ⅰ型干酪根的烃类产出十分有限。

值得重申的是，上述关于裂谷层序沉积物特征及有机质数据均来自于 ODP Leg113 的 Site 696 钻孔，该钻孔在位置上处于鲍威尔盆地东缘的南奥克尼微陆块中，因此实际上两地之间的沉积物特征及有机质特征虽然在某种程度上存在可对比性，但可能也同时存在着差异。这种差异可能有以下几个方面：① 696 井钻遇的与鲍威尔盆地裂谷层序同期的沉积物厚度仅有不足 40 m，考虑到南奥克尼微陆块处于鲍威尔盆地的东缘，其所经历的裂陷作用不如鲍威尔盆地显著，因此鲍威尔盆地中裂谷层序的厚度应远大于 696 井所钻遇的约 40 m 厚度。这从现有的鲍威尔盆地地震反射剖面揭示的裂谷层序最厚可达约 1.4 km 的事实中得到了验证。②与南奥克尼微陆块构造活动微弱相比，鲍威尔盆地裂谷作用强烈，因此沉积物中可能会有更多代表着高能动荡沉积环境的沉积物，如水下扇、河道、三角洲等，特别是裂谷早期可能出现一些极为高能环境下的粗粒碎屑物。

鲍威尔地震反射剖面的地震相分析结果所证实（Viseras and Maldonado, 1999）。相较于南奥克尼微陆块一直处于较为平静的水下环境，鲍威尔盆地在裂谷阶段盆地水深显著大于南奥克尼微陆块，在裂谷晚期较深的平静水体中更有利于有机微生物的生存，因此推断鲍威尔盆地裂谷层序中的有机质丰度可能会高于 ODP Leg 113 的 696 井所揭示的有机质丰度，同时Ⅰ型干酪根也可能更为丰富。但究竟有机质发育程度如何还很难推测。

（2）漂移期沉积。

借用 ODP Leg113 的 Site 696 钻孔所揭示的ⅦC 和ⅦB 两个分层的有机质数据（Barker et al., 1988）来初步估计鲍威尔盆地相同地质时代的洋壳扩张构造层序的有机质潜力。钻孔揭示的ⅦC 和ⅦB 两个分层的总有机碳（TOC）值虽略高于ⅦD 分层（与鲍威尔盆地裂谷层序同时代的地层），但总体上仍处于有机碳含量较低的水平，从上至下的 6 个样品 TOC 值分别为 0.94%、0.86%、0.57%、0.34%、0.32% 和 0.23%。从 C–H 化合物中轻烃的组成来看，仍主要以甲烷为主，从上至下的 6 个样品甲烷含量分别为 8.1 μL/L、7.4 μL/L、7.6 μL/L、6.6 μL/L、6.2 μL/L 和 18.9 μL/L（气体 / 沉积物）；乙烷含量较少，从上至下 6 个样品的乙烷含量分别为 1.1 μL/L、1.1 μL/L、0.9 μL/L、1.4 μL/L 和 0 μL/L（气体 / 沉积物）；丙烷、丁烷和戊烷均至少，其中丙烷和丁烷均未检出，戊烷也仅有其中一个样品检出 0.4 μL/L（气体 / 沉积物）；己烷含量丰富，从上至下六个样品的己烷含量分别为 22.4 μL/L、23.8 μL/L、75.3 μL/L、33.3 μL/L、32.4 μL/L 和 33.2 μL/L（气体 / 沉积物）；CO_2 含量较少，从上至下 6 个样品的 CO_2 含量分别为 0.2 μL/L、1.1 μL/L、0.9 μL/L、0.8 μL/L、0.3 μL/L 和 0.3 μL/L（气体 / 沉积物）。从不同干酪根类型所产生的有机质含量来看，Ⅰ型干酪根产出有限，其从上到下 6 个样品 mg(HC)/g(rock) 值分别仅为 0.08、0.08、0.03、0.01、0.01 和 0.00；Ⅱ型和Ⅲ型干酪根产出较Ⅰ型干酪根多，但仍处于较低的水平，其中Ⅱ型干酪根从上到下 6 个样品 mg(HC)/g(rock) 值分别仅为 1.36、1.61、0.82、0.48、0.50、和 0.35，Ⅲ型干酪根从上到下 6 个样品 mg(HC)/g(rock) 值分别仅为 0.43、0.43、0.14、0.19、1.28 和 0.09。总体来说，该套层序的有机质含量十分有限，总有机碳值低，在 C–H 化合物中以己烷和轻烃甲烷为主，干酪根类型以Ⅱ型和Ⅲ型为主，Ⅰ型干酪根的烃类产出十分有限。

由于尚没有钻孔揭示鲍威尔盆地洋壳扩张演化阶段的具体层序，所以尚无法得知该构造层序的沉积物具体特征。除前述地震反射相所揭示的盆地西部斜坡区具有陆相巨型河流沉积外，依据其他地区洋壳扩张的特征，可以推断在洋盆发育地区可能发育深海沉积物，这些深海沉积物中可能夹杂着超基性、极性岩浆岩和火山岩。值得注意的是，洋壳扩张演化时期的这些岩浆和热作用，可能会对鲍威尔盆地潜在的有机质产生加热作用，从而使得有机质过熟或者被破坏。

（3）后漂移期沉积。

从 696 井钻孔的有机质数据来看，有机质特征与下伏层序相似。总有机碳(TOC)含量较低，皆不足 1%，从上至下的 15 个样品的 TOC 值分别为 0.29%、0.48%、0.46%、0.45%、0.47%、0.25%、0.15%、0.32%、0.23%、0.70%、0.42%、0.45%、0.55%、0.34% 和 0.34%。烃类的特征也与下伏层序相似，主要为己烷、其次为甲烷，丙烷和丁烷含量虽然有所上升，但仍处于较低水平。从上至下的 14 个样品甲烷含量分别为 6.4 μL/L、5.0 μL/L、28.4 μL/L、18.5 μL/L、14.6 μL/L、19.1 μL/L、18.2 μL/L、23.6 μL/L、7.2 μL/L、5.3 μL/L、8.2 μL/L、9.2 μL/L、9.2 μL/L 和 15.1 μL/L（气体 / 沉积物），乙烷含量分别为 1.1 μL/L、1.5 μL/L、0 μL/L、1.0 μL/L、5.4 μL/L、0 μL/L、1.6 μL/L、1.6 μL/L、2.0 μL/L、0.5 μL/L、0.6 μL/L、0.9 μL/L、0.5 μL/L 和 1.8 μL/L（气体 / 沉积物），丙烷含量分别为 0 μL/L、0 μL/L、0 μL/L、0 μL/L、0 μL/L、1.4 μL/L、痕量、0 μL/L、0.2 μL/L、0.4 μL/L、1.6 μL/L、0 μL/L 和 0 μL/L（气体 / 沉积物）；丁烷含量分别为 0 μL/L、0 μL/L、0 μL/L、0 μL/L、0 μL/L、0.5 μL/L、1.9 μL/L、0 μL/L、1.7 μL/L、0 μL/L、0 μL/L、1.1 μL/L、0 μL/L 和 0.5 μL/L（气体 / 沉积物），戊烷含量分别为 0 μL/L、0 μL/L、0 μL/L、0 μL/L、0 μL/L、0 μL/L、0 μL/L、0.4 μL/L、0 μL/L、0 μL/L、0 μL/L、0 μL/L、0 μL/L 和 0.4 μL/L（气体 / 沉积物），己烷含量分别为 44.3 μL/L、32.9 μL/L、60.1 μL/L、26.0 μL/L、85.5 μL/L、14.0 μL/L、31.0 μL/L、37.6 μL/L、52.4 μL/L、17.4 μL/L、19.9 μL/L、22.5 μL/L、30.7 μL/L、68.1 μL/L（气体 / 沉积物）。从不同干酪根类型所产生的有机质含量来看，Ⅰ型干酪根产出有限，其从上到下 15 个样品 mg(HC)/g(rock) 值分别仅为 0.05、0.23、0.06、1.37、1.65、0.99、0.50、0.80、0.38、0.00、0.61、0.42、0.64、0.24 和 0.26；Ⅱ型干酪根较Ⅰ型产出多，但水平仍有限，其从上到下 15 个样品 mg(HC)/g(rock) 值分别为 0.48、1.37、0.66、1.37、1.65、0.99、0.50、0.80、2.24、0.15、3.02、2.41、3.78、2.10 和 1.39；Ⅲ型干酪根产出较少，其从上到下 15 个样品 mg(HC)/g(rock) 值分别仅为 0.06、0.31、0.14、0.10、0.13、0.08、0.03、0.11、0.14、0.00、0.03、0.01、0.03、0.07 和 0.10。总体来说，该套层序的有机质含量十分有限，总有机碳值低，在 C–H 化合物中以己烷和轻烃甲烷为主，干酪根类型以Ⅱ型为主，Ⅰ型和Ⅲ型干酪根的烃类产出十分有限。

综上所述，鲍威尔盆地区并不具备油气资源生成潜力。

5.3.2　拉尔森盆地

拉尔森盆地位于威德尔海的西北陆缘，是冈瓦纳裂解之后形成的中生代沉积盆地，沉积厚度较大（图 5-12）。其受中—晚新生代发育的斯科舍海和德雷克海峡的影响，使得其与南美洲南部认识较深的俯冲相关的弧后盆地的关系变得模糊不清。拉尔森盆地可能属于冈瓦纳大陆西南边缘封闭式弧后盆地的不连续序列之一，其部分海底为洋壳。了解威德尔海构造史对认识拉尔森盆地演化史的重要性包括三方面。第一，拉尔森盆地在中侏罗世—早白垩世的打开阶段可能表现为走滑或斜向扩张，这可能是小型盆地发育的拉伸和沉陷阶段。第二，在威德尔海快速发育的早白垩世，拉尔森盆地可能位于其已发生正常热沉降的伸展边缘。第三，拉尔森盆地内极有可能发生过弧后扩张作用，这些可能对后面盆地的发育尤为重要，而且也可能使该地区的热演化变得很复杂。

自德雷克海峡在 30 ~ 35 Ma 打开之后，南极洲半岛陆块的北部遭受了若干裂离事件。在大约 20 ~ 30 Ma 期间，鲍威尔盆地的打开将南奥克尼群岛块体移动到它现在的位置，其被认为是南奥克尼微大陆东边发生的对简地块下方向西俯冲响应的弧后扩张事件所致。

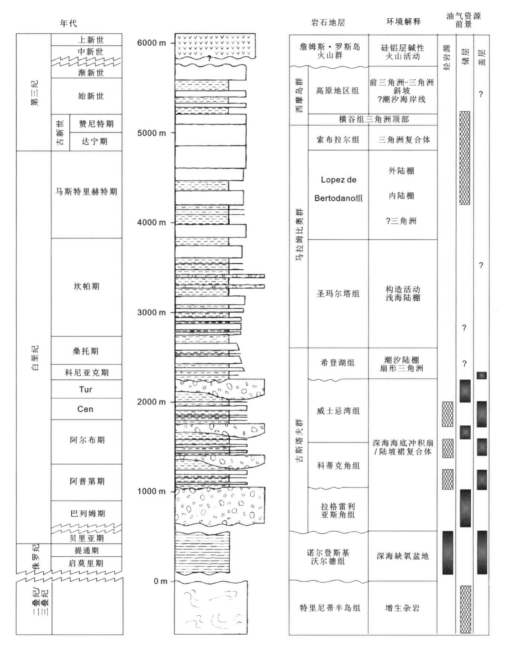

图5-12 拉尔森盆地的地层学特征和油气前景（据Macdonald et al., 1988；Hathway, 2000；Cooper et al., 2013绘制）

色差条纹表示油气潜力高；交叉影线表示油气潜力中下；问号表示油气潜力极差或未知

在威德尔海的西缘和南美洲南部过去毗连的区域，存在大量中生代沉积岩的露头。在帕默地东部，中—上部侏罗统海相沉积岩受到广泛的变形作用影响，且在晚白垩世和早第三纪侵入了大量花岗岩。在南美洲南部，一套上部侏罗纪—下部白垩纪的层序在白垩纪期间发生了变形，且在晚白垩世和早第三纪被大量花岗岩侵入。相反，拉尔森盆地的岛弧源火山碎屑沉积物属于巴列姆—渐新世统；其变形并不严重，主要局限于盆地西部的边缘区，发生于沉积期之前。火山活动的唯一证据是一套主体为上新世碱性玄武岩的上覆层序。因此，拉尔森盆地是一个独特的地质构造单元，可以将其与威德尔海地区的其他盆地分开考虑。

5.3.2.1 油气地质特征

（1）烃源岩。

拉尔森盆地内最可能的潜在烃源岩是诺尔登斯基沃尔德组的黑色页岩，以及古斯塔夫群的泥岩。这两个岩石单元的裸露部分要么表现为盆地内欠成熟、岩化极差的沉积物（在诺尔登斯基沃尔德组为外来物质），要么表现为岛弧边缘成熟、岩化极好或变质的岩石。产生的四组样品的有机地球化学都表现出有趣的变化特征。

总有机碳(TOC)：与古斯塔夫群的泥岩相比（平均0.78%），诺尔登斯基沃尔德组（图5-13，表5-8）具有高得多的TOC（平均1.81%），它们的分布范围有少许重叠。盆地内两个组泥岩的平均TOC都比岛弧边缘的泥岩高。

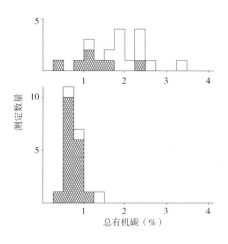

图5-13 （A）诺尔登斯基沃尔德组（n=19）和（B）Gustav Group（n=21）泥岩的总有机碳（TOC）的分布情况
交叉影线表示来自岛弧区内的高度硬化或变质的岩石

两个地层组之间的TOC值差异一定程度上与颗粒大小有关，因为白垩纪泥岩比诺尔登斯基沃尔德组泥岩要细得多。但是，TOC范围的极小重叠说明泥岩的差异可能要大得多。岛弧区岩石较低的TOC是硬化和热变质样品具有较高成熟度的衡量指标。诺尔登斯基沃尔德组的平均TOC从盆地到岛弧下降了41%，而白垩纪的样品只下降了22%。

成熟度：镜质体反射率表明，岛弧区所有的油气田样品从近成熟变化到过成熟，所有地层单元的Ro值为0.54%～4.0%，其与变质程度有关。相反，盆地内出露岩石的Ro值小于0.5%。下节讨论的裂解和元素分析都支持这种成熟度观点。

干酪根质量：四组样品具有极为不同的元素比例（图5-14）。来自盆地填充层序的诺尔登斯基沃尔德组中外来岩石的样品属于欠成熟的II型干酪根，而来自岛弧区的样品具有沿II型成岩轨迹日益成熟的特征。古斯塔夫群的岩石都属于III型干酪根，界定了一个向下进入退化期的趋势，对应其 Ro 值高于 2.5%。

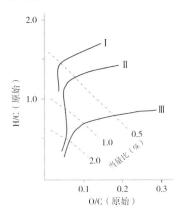

图5-14 范克里弗伦示意图，展示了诺尔登斯基沃尔德组（岛弧：正方形；盆地：圆圈）和
Gustav Group（岛弧：三角形；盆地：菱形）的元素比

表5-8 拉尔森盆地中生代泥岩的TOC测定结果（MacDonald et al., 1988）

地层单元	构造背景	测定数量	TOC范围（%）	标准差	TOC平均值（%）
1. 诺尔登斯基沃尔德组	岛弧	7	0.32 ~ 0.42	0.59	1.26
	盆地	12	1.10 ~ 3.50	0.57	2.12
	两者都有	19	0.32 ~ 3.50	0.71	1.81
2. 古斯塔夫组	岛弧	18	0.44 ~ 1.13	0.17	0.75
	盆地	3	0.61 ~ 1.45	0.35	0.97
	两者都有	21	0.44 ~ 1.45	0.22	0.78

盆地填充内部诺尔登斯基沃尔德组碎屑的裂解表明，所有样品都不成熟（表5-9）。虽然有些样品具有游离烃，但是 P_1 峰值低。P_2 峰值适中，说明具有 5 ~ 11 kg/t 的潜在产量，低的转化率与成熟度较低的推断一致。对于不成熟样品而言，含氢指数的变化范围为 193 ~ 408，表明它们为混合源（油和气）到易生油干酪根源。相反，古斯塔夫群斜坡泥岩的含氢指数都低于 70，说明其来源可能为易生气干酪根源。

表5-9 10个来自盆地填充沉积内外来岩块的诺尔登斯基沃尔德组泥岩的热解和TOC数据
（MacDonald et al., 1988）

样品	TOC (wt. %)	H指数 (P_2/TOC)	P_1 /(kg/t)	P_2 /(kg/t)	P_1/P_2+P_2	T_{max}
1	1.10	193	0.020	2.122	0.009	452.8
2	1.77	308	0.313	5.467	0.054	438.8
3	1.97	428	0.25	6.500	0.037	439.35
4	1.98	234	0.044	4.630	0.009	442.3
5	1.99	285	0.057	5.133	0.011	452.3
6	2.28	256	0.107	5.832	0.018	443.5
7	2.32	308	0.081	7.156	0.011	446.5

样品	TOC (wt. %)	H指数 (P_2/TOC)	P_1 /(kg/t)	P_2 /(kg/t)	P_1/P_2+P_2	T_{max}
8	2.35	232	0.543	5.446	0.091	454.35
9	2.64	295	0.058	7.787	0.073	452.5
10	3.50	309	0.348	10.807	0.031	441.8

这两组的分离物都包含海洋和陆地干酪根。诺尔登斯基沃尔德组样品主要由无定性藻类物质、蜡状干酪根（孢子和角质层）以及木质材料组成，此外还含有次要的比例高度变化的孢子、浮游植物以及外来的煤炭物质。与之完全相反的是，古斯塔夫群几乎不含无定形有机物，聚集物主要由腐殖质煤岩组分和陆地孢子组成。

诺尔登斯基沃尔德组是一个具有中等程度富集潜力的油源，主要包含Ⅱ型干酪根。虽然岛弧区的裸露地层为成熟到过成熟，盆地边缘为不成熟，但是在盆地内部更深的地方应该很成熟。古斯塔夫群的泥岩构造了一个贫瘠的潜在气源，主要包含Ⅲ型干酪根。

既然两个单元的陆地干酪根主要源区都可能是南极洲半岛岛弧的火山岛，那么这些物质的比例在盆地更东侧应该更低。冈瓦纳大陆解体时改良的盆地内循环（Tissot et al., 1980; Stein et al., 1986），意味着整个区域内下白垩统泥岩的产量可能比上侏罗统黑色页岩低。

（2）储层。

盆地内有许多潜在的目标储层。受盆地西侧近端部分露头的限制，评估工作变得很困难。因为盆地边缘变形带只移动了几千米，所以可以认为在主盆地填充沉积的整个过程中，盆地的位置固定不变。在这种情形下极有可能发生了由近至远的变化，对这种目标储层的许多评估都必须根据推理来获得。

储层位置和大小：表5-10展示了不同的资源储层深度，并在下文中从最深到最浅的储层进行了讨论。对于最低的两个储层，假设它们的基底被拉伸成一系列的旋转断块。

表5-10 拉尔森盆地的潜在储层单元

年龄	地层单元	属性	来源	岩石学	状况	盖层
第三纪	西摩岛群	三角洲砂岩	（岛弧）+特里尼蒂半岛群	石英砂屑岩	观察/推断	？盆地淤泥
晚白垩纪	马拉姆比奥群	陆棚砂岩	岛弧+特里尼蒂半岛群	长石+石英砂屑岩	观察/推断	？盆地淤泥
早白垩纪	古斯塔夫群	内扇形渠道+（外扇形波瓣）	岛弧+（特里尼蒂半岛群）	岩石砾石+长石岩屑砂屑岩	观察/推断	盆地淤泥
晚侏罗纪—早白垩纪	*cf.*植物湾群	小扇形	特里尼蒂半岛群	石英砂屑岩	假想	诺尔登斯基沃尔德组
二叠纪—三叠纪	特里尼蒂半岛群	裂隙基底	—	变质沉积岩	假想	诺尔登斯基沃尔德组

石油可以积聚在断块顶部，并储存在破碎的变质沉积岩内，其来源和封存都发生在诺尔登斯基沃尔德组中。这种聚积模式纯粹是假想的，但作为辅助的目标储层值得考虑。

在拉伸和裂离之前的抬升期内，硅质碎屑沉积物来源于特里尼蒂半岛群。这些应该会形成与植物湾群年龄相当的小型扇形沉积，但不会以火成岩单元为盖层。再者，虽然盆地内这些物质的出现是推测的，但它们可以构成一个辅助的目标储层。

最好的目标储层在下白垩统内。在岛弧边缘附近，由碎屑支撑砾岩填充的大型内扇水道被斜坡泥岩所包围。露头上的层序地层缺乏砂质相，说明裸露地层代表着高能扇形系统的内部，同时意味着大部分砂子绕过了这些地区，并在盆地内以朵叶的形式沉积。如果每个水道代表一个岛弧活动事件，那么它们都应该具有对应的朵叶，且同样被泥浆包围。虽然水道的经度范围并不清楚，但是露头上可识别的主水道横断面面积变化范围为 2 ~ 20 km^2。任何水道填充储层都可以容纳数立方千米到数十立方千米的任何物质，其取决于水道长度，砂岩沉积体的储层能力也应该具有相同的数量级。如果沉积作用受到盆地边缘的构造活动控制，每个水道–朵叶系统与盆地的相对位置将被限制。这些系统可能会在垂向上堆叠，或者至少重叠，那么它们可以构成一个诱人的多目标储层。如果盆内高地或者旋转断块的顶部对盆地填充主期有任何影响，根据模棱两可的古洋流信息可知，在平行盆地边缘的拉长"轴向"水槽内可能具有一系列独立的扇形系统。然而，这并不改变与扇形大小相关或者与岛弧火山活动在东侧方向影响力减小相关的任何争论。

对上白垩统和第三纪地层的地层学和沉积学特征了解得不够清楚，以至于无法预测其砂岩体的结构或大小。整个陆架–三角洲复合体可以极好地提供大量砂岩目标储层：外大陆架砂体、前三角洲扇形沉积以及三角洲砂体。虽然任何储层都可能要么很薄，要么横向范围有限，但它们都具有埋深很浅的优势。任何这类储层都可以作为次要目标。

储层质量：任何储层相都可能含有大量的火山岩屑。大量不稳定颗粒的出现可以导致重要的黏土、碳酸岩以及沸石相的孔隙胶结。更多来自特里尼蒂半岛群的石英质砂岩可能具有更高的储层属性，这些包括假想的深部储层和第三纪砂岩。有限且模棱两可的证据表明，至少在上白垩统地层单元里，近海的石英成分更多。下白垩统内推测将成为主储层的砂岩波瓣可能是在浊流中沉积的长石砂岩。原始颗粒间孔隙率不可能超过这类岩石的 15%，而且经过后期的成岩作用将可能大量减少。

拉尔森盆地内部可能存在厚的储层相。主目标储层可以是受构造控制的海底扇形渠道以及下白垩统砾岩和砂岩的波瓣。陆棚和三角洲环境下沉积的上白垩统–第三纪砂岩，以及可能是白垩统最底部的扇形砂岩和砾岩，分别为浅层和深层油气提供了次要目标储层。由于火山岩屑颗粒的比例很高，所以储层的质量可能很差，这种作用对下白垩统储层最为有害。

（3）盖层。

诺尔登斯基沃尔德组的泥岩可能是盆地中最好的盖层单元，而且任何一个假想的深部储层（表 5-11）都可能被很好地封闭。虽然下白垩统泥岩比诺尔登斯基沃尔德组更为泥泞（siltier），但它也可能为潜在主要储层提供好的盖层。上白垩统和第三纪层序地层富含极高的砂岩。虽然几乎可以肯定具有不同的细–中粒度级别的砂岩单元，但其主背景沉积是不太可能形成有效盖层的生物扰动、淤泥和极为细粒的砂岩。

这个时期的潜在储层产量必然不佳。然而，近海的沉积相可能变得更为富泥，而远海的泥岩则可能盖住储层相。与希登湖组相当的远海相物质的属性尤为重要。这种深度（level）代表的是 Coniacian-Campanian 时期的局部倒转和主变浅事件，同时还伴随着不同程度的横向不整合。如果希登湖组往盆地方向尖灭，那么它可以构成一个很重要的盖层单元。

表5-11 拉尔森盆地沉积单元的年代范围及厚度（据MacDonald et al., 1988）

地层单元	年龄范围		厚度 / m		
	地层年代	绝对年龄 / Ma	最薄	最厚	最可能
詹姆斯·罗斯岛火山群	上新世—更新世	6 ~ 0	0	500	250
高原地区组	始新世—渐新世	55 ~ 34	560	560	560
横谷组	古新世（赞尼特期）	57 ~ 55	0	235	110
索布拉尔组	古新世（达宁期赞尼特期）	63 ~ 57	210	255	240
下马拉姆比奥群	坎帕期—古新期	83 ~ 63	1 300	2 500	1 500
希登湖组	科尼亚壳期—? 坎帕期	89 ~ 83	200	450	400
威士忌湾组	阿尔布期—科尼亚克期	108 ~ 89	450	950	700
科蒂克角组	阿普第期—阿尔布期	116 ~ 118	265	1 000	500
拉格雷利亚斯角组	巴列姆期–阿普第期	122 ~ 116	500	500	500
诺尔登斯基沃尔德组	启莫里期—? 巴列姆期	153 ~ 141	200	800	550
共计			3 705	7 750	5 310

（4）盆地结构。

与其他地质方面信息相比，拉尔森盆地的结构信息了解得更少。边缘构造活动对盆地更东侧部分结构的重要性并不清楚，构造活动可能局限于近海区域，也可能沿盆内断裂具有相似的同生沉积运动。詹姆斯·罗斯岛东、西两侧的地层可能有些重复，但它的地层学特征并没有被详细研究过，以至于不能够完全确定。盆地填充也可能受到晚期断块运动的影响，正如其对 Jason 和 Kenyon 半岛的影响。

主结构具有两种形成方式。一是在最初的拉伸期间，盆地内可能发生了断块运动和半地堑的发育，后期地层覆盖在地垒顶部从而形成主结构。二是正如晚白垩世盆地倒转期内发生的高角度逆断层，早期的盆地断裂重新活动也可以形成主结构。迄今为止，这两种形式在该区的地球物理探测中都还没有看到过。

（5）成熟度。

利用可以计算和绘制埋深曲线和时间 – 温度指数的综合地球化学解释 MATURE 软件，可以模拟各个盆地填充沉积地层在最可能厚度、最小厚度和最大厚度情况下的成熟度。三个厚度模型都假设来自裸露地层（位于边缘变形区内，以下白垩统地层为例）的沉积速率代表了地层主体部分的可能沉积速率。

对于最可能厚度模型［图 5–15(a) (b)］，沉积物于 141 ~ 122 Ma 和 34 ~ 6 Ma 期间在裂缝内沉积和迁移的过程被合并了。由暴露地表地层推断的整体厚度为 5 130 m，与由航磁和大地电磁推断的 5 ~ 6 km 沉积厚度相一致。［图 5–15(b) ~ (d)］展示了三个具有 30℃ /km 平均地温梯度的厚度模型（最可能厚度，最大厚度和最小厚度，表 5–11），图 5–15A 展示的是正在经历热松弛阶段的具有初始高地温梯度（50℃ /km）的例子。

对于最可能厚度的情况［图 5–15(a) (b)］，埋深刚超过 3 km 的诺尔登斯基沃尔德组在大约 80 Ma 就已经进入生油窗。对于最大埋深的情况［图 5–15(c)］，埋深约 3.5 km 的储层最早可在 90 Ma 开始产油，而诺尔登斯基沃尔德组在大约 75 Ma 就已经穿过生油底界。即使对于最小厚度的情况［图 5–15(d)］，诺尔登斯基沃尔德组在大约 50 Ma 也已经进入生油窗。

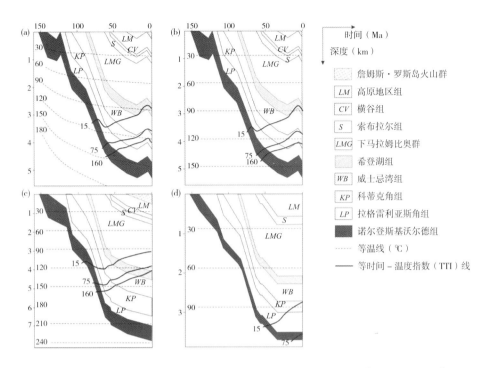

图5-15 四种埋深和成熟度的模型，分别对应每个单元的最可能厚度[(a)+(b)]，最大值厚度(c)和最小值厚度(d)（厚度来自表5-11）；模型(a)包含了一个50℃/km的初始地温梯度，而模型(b)~(d)利用的是不变的30℃/km的地温梯度

（注意图中不同的垂直比例尺）（MacDonald et al., 1988）

图5-15 展示的模型对地温梯度的估算考虑得相当周全，其结果表明，所有埋深在3~3.5 km 左右的早于白垩纪中期的烃源岩都足够成熟并开始产油。然而，真实的地温梯度有可能比这些模型高，所以有可能在更浅、更早的情况下就已经成熟。盆地内大部分诺尔登斯基沃尔德组可能都已经达到这个深度。只有最大厚度模型 [图 5-15(c)] 在给定地温梯度情况下，产生了大量来自古斯塔夫群的干气。更高的地温梯度将增加天然气的产量。

（6）运移和定年。

表 5-12 总结了诺尔登斯基沃尔德组和古斯塔夫群内潜在烃源岩的可能运移通道。

诺尔登斯基沃尔德组的石油将通过直接接触形式运移到假想的更深储层，另外，诺尔登斯基沃尔德组同时也会阻止来自古斯塔夫群的天然气向这些储层运移。石油运移与古斯塔夫群内更深储层之间也可以存在直接接触，但任何向古斯塔夫群或 Marambio 和西摩组内更浅储层运移的石油都需要沿着断层进行。古斯塔夫群斜坡泥岩产生的天然气可以直接向海底扇形储层运移，大部分天然气都可能会积聚在古斯塔夫群的顶部，或者向上泄露从而进入更浅的储层。

表5-12 拉尔森盆地内可能的运移通道

储层	来源	
	诺尔登斯基沃尔德组	古斯塔夫群
马前提下姆比奥群+西摩岛群	断面泄露	断面泄露
古斯塔夫群顶层	断面泄露	直接接触
古斯塔夫群低层	直接接触	这层产量极少
假想的深部储层	直接接触	阻塞

5.3.2.2 油气资源评估

获得的关于烃源岩、储层、圈闭和成熟度测年的资料表明，拉森盆地的演化有三种可能情形（图5-16，表5-13）。

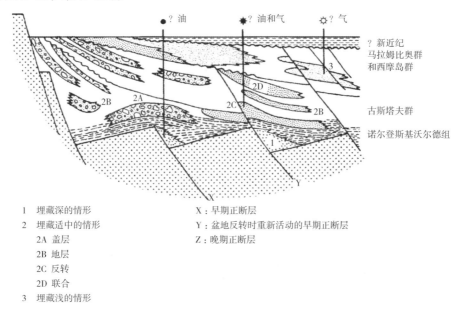

1 埋藏深的情形
2 埋藏适中的情形
  2A 盖层
  2B 地层
  2C 反转
  2D 联合
3 埋藏浅的情形

X：早期正断层
Y：盆地反转时重新活动的早期正断层
Z：晚期正断层

图5-16 拉尔森盆地油气运聚模式图

表5-13 拉尔森盆地油气情形特征

	情形		
	埋藏较深	埋藏适中	埋藏较浅
烃岩源	诺尔登斯 基沃尔德组	诺尔登斯基沃尔德组 +（古期塔夫群 mst）	诺尔登斯基沃尔德组 +（古期塔夫群 mst）
储层	硅质碎屑冲积扇	下白垩统冲积扇砾岩 + 砂岩	上白垩统—第三纪海洋—三角洲砂岩
盖层	诺尔登斯基沃尔德组	盆地淤泥	盆地淤泥
结构	褶皱	褶皱 + 反转	褶皱 + 反转
圈闭	大部分地层	地层 + 结构 + 联合	（？地层）+ 结构 + 联合
圈闭容量	小	大—巨大	小—中等
孔隙率	中等	差	差—中等
穿透性	中等—非常好	差	中等
产油层	单个	多个	？多个
油气类型	油	较深储层为油；较浅储层为气顶和油柱	具有小型油柱的气顶

如果油藏埋藏适中，是油气资源最有潜力的状况。这种情形可能具有总储量高达数十立方千米的地层圈闭或者地层与结构联合圈闭，可拥有巨大或者超级巨大的油气田。直接覆盖并与诺尔登斯基沃尔德相舌形交错的更深储层（与拉格雷利亚斯角组年龄相当）比更浅储层具有更好的储存潜力。在古斯塔夫群顶部，从倾斜泥岩运移的天然气比诺尔登斯基沃尔德组的石油运移具有更容易的通道。这种埋深适中情形的主要限制因素是储层质量，其质量可能会比较差。

如果油藏埋深较浅，那么油气资源前景比较差。目前存在很多关于这种情形储层相厚度、盖层、形成时间以及石油运移通道的疑问。浅的储层规模可能比较小，如果没有从更深的储层中置换石油，那么其主要含天然气。这种情形的储层质量可能比较深的要好些。通常情况下，离岸更远的地方具有更好的油气资源前景，因为那些区域可能含有两类烃源岩，而且陆上干酪根含量较少，同时该区域的那里的储层质量也会好些。

5.3.3　毛德皇后地陆缘

对于毛德皇后地陆缘一侧 ODP113 航次中三个钻井的地球化学分析表明，在 ODP113 航次靠近毛德皇后地陆缘的三个钻井中（692、693 和 694）重烃普遍存在，但是含量不是很高。在毛德皇后地陆缘中陆坡处 692、693 钻井获取的样品表明沉积的时代从早白垩世到更新世。第三系的平均有机碳含量在 0.2% 左右，既有海相也有陆相，成熟度中 - 好。而相反，上白垩统的沉积平均有机碳含量可以达到 4%，而且具有较好的成熟度。说明白垩纪的地层具有较好的油气资源潜力。位于威德尔海深海平原的 694 井，地层的时代从晚中新世—早上新世，平均有机碳含量在 0.2% 左右，为陆源属性，成熟度中等。该区碳氢化合物发生过再循环。

对威德尔海沉积物碳氢化合物的地化分析表明，威德尔海南部毛德皇后地陆缘具有中生代有机质丰富的未成熟碳氢化合物混合体和新生代沉积中成熟的碳氢化合物混合体。新生代沉积中只有少部分海相有机质组分。大部分该种类型的有机质已经由于氧化作用而缺失，剩余的主要是二次成因或者再循环生产的。新生代沉积中含量较少的有机质可以源自南极大陆较老沉积物，由于冰川的剥蚀作用而搬运至此。南极陆缘很多地方具有这样的特征。

中生代沉积中的有机质主要为原生的，在沉积过程中烃类物质变化不大。中生代的沉积代表了一种稳定古沉积环境，有利于有机质生成和保存。如果该时期沉积物的成熟度更高，会成为潜在的油气生成区。

5.4　南极半岛西缘油气地质特征

在本书第 4 章"南极半岛西缘地质特征"中，我们根据研究区的多道地震数据和收集到的钻井数据对该区的地层单元进行了划分，从老到新划分为四大层序：S4、S3、S2、S1，这四大沉积层序被两个主要的不整合面所分隔，分别是 S4 与 S3 之间的隆升不整合面以及 S3 与 S2 之间的冰川边缘层序底界（图 4-26）。其中层序 S4，及南极半岛西缘洋脊 - 海沟碰撞之前的层序是一套合适的烃源岩，时代包含了古新世和晚白垩世的地层。

S4 内部包含了在气候较为温和的时候沉积的海相页岩及生物有机质，在俯冲扩张中心的高热流值作用下，S4 可能生烃（Anderson et al., 1990）。在洋脊俯冲（被动陆缘发育）以及冰川作用开始前的时间是形成硅质碎屑储层的非常有利时期，在这一时间间隔内，是形成硅质碎屑岩储层 S3 的有利时期，对于南极半岛陆架的油气资源的保存具有重要的意义。冰川作用时期，南极半岛陆架上的沉积样式发生了显著的变化，沉积了分选性差的冰 - 海相沉积物，这些沉积物不适合作为储层。冰川作用期间，气候寒冷，河流不再搬运陆相的沉积物，因此难以发育良好的储层，也即在冰川以及冰海沉积环境下，良好的储集层不发育（Anderson et al., 1990）。

因此，南极半岛陆架上的，最有利的油气资源位置是 S4 埋藏最深，且 S3 储层最厚的区域。我们做出了 S3 在南极半岛的等厚图，在图拉破裂带的南部，S3 达到最厚，约为 1500 m，且烃源岩 S4 的埋藏最深，是油气资源前景最好的地区，图拉破裂带以北的油气资源前景不乐观（图 5-17）。

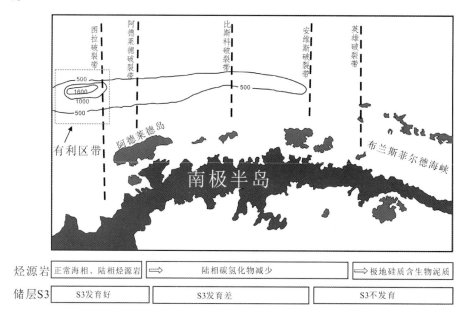

图5-17　南极半岛西缘油气有利区带分布图，图拉破裂带南部是油气有利区带

5.5　南极陆缘区油气资源生成条件及有利区带分析

　　全球主要海域至 2010 年已经发现了超过 200 个大型油气田，分布在全球 90 余个沉积盆地中，比如西西伯利亚盆地、墨西哥湾盆地、北海盆地、澳大利亚的卡那封盆地、西非陆缘盆地区、巴西陆缘盆地区等。在这些油气田中，大型油田占 53%，大型气田占 47%。通过对这些油气田构造背景的统计发现，属于被动陆缘盆地有约 127 个，约占比例的 65%。属于大陆裂谷型盆地的有 65 个，约占 33%，剩下的未走滑型的构造背景。从统计结构看，被动陆缘盆地和大陆裂谷型盆地是大型油气田的主要分布区，其中尤以面临大型洋盆的被动陆缘盆地居多，如西北澳大利亚、北非、西非、墨西哥湾、巴西陆缘、孟加拉湾等。可能的原因包括①在裂谷早期的湖泊和封闭海环境中发育了高质量的烃源岩；②裂谷盆地之上的坳陷盆地沉积或被动陆缘沉积既起到了裂谷层析生成油气的储集层作用，同时也起到了盖层作用；③早期裂谷阶段之后的构造稳定使得烃源岩和储层免遭破坏或致使遭受到远方板块边界构造活动的影响而只发生了轻微的反转活动。

　　南极洲陆缘除却南极半岛西缘区为主动陆缘，其余均为被动陆缘背景，虽然新生代以来受到冰川作用的控制以冰川作用相关的碎屑岩沉积为主，但在侏罗纪冈瓦纳裂解之后，同样在陆缘区沉积了大量中生代的海相沉积（如页岩）。而且在与其为共轭陆缘的很多盆地，比如与普里兹湾共轭的澳大利亚南部陆缘及印度陆缘，与毛德皇后地区陆缘共轭的非洲陆缘及南美东部陆缘，以及与罗斯海共轭的新西兰区等区域均有良好的油气发现，由此可以推断在南极这些陆缘区均有侏罗纪-白垩纪的海相烃源岩存在，具有生油潜力。尤其是罗斯海区，在冈瓦纳裂解之前沉积了河流平原-浅海相的沉积物，而随着冈瓦纳古陆裂解，又开始了长时期的拉张运动，形成了一系列的裂谷盆地，并充填了大量海相沉积。这些巨厚的沉积物具有良好的油气生成潜力。在该区的钻孔工作或者钻遇了沥青层或者钻遇天然气，显示这里是未来非常有利的油气勘探区。

南极洲陆缘由于冈瓦纳裂解以及西部菲尼克斯板块－太平洋板块的俯冲作用，体现了一系列不同的构造格局及演化历史。与其他大陆不同，南极洲陆缘的沉积更受到冰川作用的影响。对于多道地震数据的地质解释表明由于大陆及陆架区冰川作用的差异而使得陆缘地层结构截然不同，主要表现在以下几个方面。

（1）南极洲的陆架区与低纬度区最为显著的一个不同即内陆架的深度往往较大，并向外陆架呈现逐渐变浅的趋势，在普里兹湾区、罗斯海区尤为显著。这种独特的内陆架区冰川作用最为直接和显著的证据即陆架区的冰川不整合面，其记录了数百米的剥蚀作用，在其后表现为陆架的前积作用。陆架区大量被冰川作用剥蚀的沉积被搬运至陆坡处，沉积相也从半深海相转为以滑坡、重力流和海底扇为主，后一套沉积在陆缘外侧广泛存在，形成了超过 1 km厚的沉积体。在西南极，冰川作用对陆缘发育的影响开始于中新世，主要集中于中中新世，而在东南极冰川作用的影响时间集中在中—晚始新世—早渐新世。在中中新世陆架区有一期深剥蚀作用，影响了包括东南极和西南极在内的整个区域。在上新世—更新世期间冰架在陆架区的快速前进和后退在地震记录中均有体现。

（2）南极陆架区沉积的不连续性，不仅由于冰川不断的进积和退积在陆架区形成了大量的剥蚀－充填结构，同时由于冰川的接地剥蚀作用，使得更老的地层得以出露，同时部分老的沉积由于搬运作用覆盖于更新的地层之上，形成地层的倒转。比如在普里兹湾的中新统具有较高的有机碳含量，而在其之下的新生代地层有机碳含量极低，而白垩统的有机碳又变得较高。这很可能是由于冰川的底侵作用，使得深部有机碳含量较高的沉积在上部重新沉积的结果。对于陆架区冰川接地剥蚀的时代需要更多的钻井数据进行约束，而且是深钻井。在某些区域获取完整的新生代地层是可能的。未来需要获取更为高精度的地震剖面以及钻井数据，以期进行地层的详细对比。

因此，对于南极洲陆缘区来说，具备油气资源潜力的区域需得具备以下几个特点。

（1）属于被动陆缘区的拉张型盆地中，并且具有厚度较大的高质量烃源岩，尤其是作为全世界大型油气田主力生油层的中生代海相烃源岩；较大的厚度也可以使得烃源岩较早的进入生油窗。

（2）冰川作用形成的胶结较差的松散冰川碎屑沉积具有较大的孔隙率，可以作为良好的储集层。

（3）裂谷阶段之后后期构造运动比较弱，对原先的沉积结构破坏较少。具有较好的构造圈闭，比如拉尔森盆地区断块结构的圈闭，或者如普里兹湾区岩浆底辟形成的古潜山圈闭。

而南极洲陆缘区油气资源不力的因素包括以下内容。

（1）冰川底侵对前期沉积的破坏作用。这些接地冰川的底侵和剥蚀作用不仅可能破坏原先形成的油气圈闭，而且使得古老的地层暴露，减低了地温梯度，对于未进入生油窗的地层来说延缓了烃源岩的成熟。即便是那些由于剥蚀作用而覆盖于更老地层之上的沉积，由于埋藏较浅，虽然有机质含量较高，但也并不利于生油。

（2）冰川作用形成的沉积虽然可能成为较好的储集层，但是由于自中新世以来至今南极洲陆缘区均为冰川相沉积，也即意味着储集层之上没有封闭性能较好的盖层。

因此，在南极陆缘区，可能的有利油气聚集区包括罗斯海区，南极半岛东缘的拉尔森盆地，以及普里兹湾盆地，而该三个区域尤以罗斯海区为最。

参考文献

Anderson J B, Pope P G, Thomas M A. 1990. Evolution and hydrocarbon potential of the northern Antarctic Peninsula continental shelf[C]. In: John BS (Ed), Antarctica as an Exploration Frontier—Hydrocarbon Potential, Geology and Hazards. AAPG Stdu Geol, 31: 1–12.

Barker P F. 1982. The Cenozoic subduction history of the Pacific margin of the Antarctic Peninsula: Ridge crest-trench interactions[J]. Journal of the Geological Society, 139: 787~801.

Barker P F, Kennett J P, et al. 1988. Proceeding of ODP initial Reports[M], 113: College Station, TX (Ocean Drilling Program), 527–606.

Barron J, Larsen B, et al. 1989. Proceedings of the Ocean Drilling Program, Initial Reports, Vol. 119 [C], College Station, TX (Ocean Drilling Program).

Barron J, Larsen B, et al. 1991. Proceedings of the Ocean Drilling Program, Scientific Results, Vol. 119 [C], College Station, TX (Ocean Drilling Program).

Cooper A K, Barker P F, Brancolini G. 2013. Seismic stratigraphy of the Larsen Basin, Eastern Antarcti Peninsula[M], American Geophysical Union, 59–74.

Hathway B. 2000. Continental rift to back–arc–basin: Jurassic–Cretaceous stratigraphical and structural evolution of the Larsen Basin, Antarctic Peninsula[J]. Journal of Geological Society, 157(2): 417–432.

Kvenvolden K A, Hostettler F D, Rapp J B, Frank T J. 1990. Hydrocarbons in sediment of the Weddell Sea, Antarctica[C]. In: Barker P F, Kennett J P, et al, Proceedings of Ocean Drilling Program, Scientific Results, Vol, 113, College Station, Texas (Ocean Drilling Program), 199–208.

Kvenvolden K A, Hostettler F D, Rapp J B, Frank T J. 1991. Aliphatic hydrocarbons in sediments from Prydz Bay, Antarctica[C], In: Barron J, Larsen B, et al (Eds) Proceedings of the Ocean Drilling Program, Scientific Reports, Vol, 119, College Station, Texas (Ocean Drilling Program), 417–425.

Macdonald D I M, Barker P F, Garrett S W, et al. 1988. A preliminary assessment of the hydrocarbon potential of the Larsen Basin, Antarctica[J]. Marine and Petroleum Geology, 5: 34–53.

McDonald T J, Kennicutt Ⅱ M C, Rafalska J K, et al. 1991. Source and maturity of organic matter in glacial and Cretaceous sediments from Prydz Bay, Antarctica, ODP Holes 739C and 741A[C], In: Barron J, Larsen B, (eds), Proceeding of the Ocean Drilling Program, Scientific Results, Vol. 119, College Staion, Texas(Ocean Drilling Program), 407–416.

Shipboard Scientific Party. 2001. Proceedings of the Ocean Drilling Program, Initial Reports Volume 188 [C], College Station TX(Ocean Drilling Program). 1–191.

Stein R, Rullkotter J and Welte D H. 1986. Accumulation of organic carbon–rich sediments in the Late Jurassic and Cretaceous Atlantic Ocean — a synthesis[J]. Chem GeoL, 56: 1–32.

Tissot B, Demaison G, Masson P, et al. 1980. Paleoenvironment and petroleum potential of middle Cretaceous black shales in Atlantic basins Bull[J]. Am Ass Petrol Geol, 64: 2051–2063.

Viseras C. and Maldonado A. 1999. Facies architecture, seismic stratigraphy and development of a high–latitude basin: the Powell Basin (Antarctica)[J]. Marine Geology, 157: 69–87.

第 6 章 南极陆缘重点区域天然气水合物 成藏条件及资源潜力评估

天然气水合物，也称之为气体水合物、甲烷水合物或气体笼形物，在自然条件下呈固态，由水分子形成刚性的笼架晶格，每个笼架晶格中均包括一个气体分子（主要为甲烷）。因此，气体水合物实质上是一种水包气的笼形物。

天然气水合物是在高压、高温、充足的天然气条件下由水和天然气形成的冰状固态物质，通常充填在沉积物孔隙中。当条件发生变化时，天然气水合物会发生分解并释放气体，标准气压条件下 1 m³ 天然气水合物可释放出 164 m³ 甲烷气体，据估计全球天然气水合物中的碳储量约为 21 016 m³，相当于全球已探明常规化石燃料总碳量的 2 倍以上。同时，甲烷是大气中含量仅次于二氧化碳的温室气体，天然气水合物的分解既影响大气中温室气体变化，对全球气候变化具有巨大的影响，又会导致海底滑坡、滑塌等地质灾害的发生。

6.1 天然气水合物成藏条件概述

充足的气源、良好的沉积条件、合适的温压条件和地质构造环境是天然气水合物形成的必要条件。

6.1.1 沉积条件

作为天然气水合物矿床的载体，沉积物结构构造及沉积层形成的地质环境和沉积条件是天然气水合物成矿的条件之一。据目前认识，天然气水合物可形成于各种类型的海底沉积物中，尤其是粉砂质和砂质沉积物中更常见水合物。在气源条件相同的情况下，沉积速率大的砂质沉积由于具有较大的孔隙度，更有利于水合物的形成和聚集。

沉积物的岩性及组成与天然气水合物的关系主要有以下特点：①海洋天然气水合物主要产出于颗粒较粗的软性、未固结的沉积物中，如含砂软泥。该类沉积物的粒度一般较粗、孔隙度较大。②就其沉积时代而言，大多数含天然气水合物的软性未固结沉积物为中新世以来的地层；而一些通过构造裂隙或岩底辟构造部位渗出的天然气水合物可分布在全新世地层。③部分研究结果表明，天然气水合物稳定带的沉积物中含有较丰富的硅藻化石，据推测，由于硅藻化石具有较多的孔隙结构，大量硅藻的存在增加了沉积物的孔隙和渗透率。此外，这些富含硅藻的沉积物形成于当地古气候适宜和生物生产率高的环境下，是有机碳的来源之一。④含天然气水合物的沉积物富含有机碳，有机碳含量一般在 0.5% 以上。⑤含天然气水合物产地常有自生碳酸盐矿物或其他自生矿物伴生。⑥含天然气水合物地层的沉积速率一般较快，超过 30m/Ma。

6.1.2 沉积特征

通过国内外调研表明，天然气水合物主要形成于陆坡和坡脚部位。这是由于陆坡区有利于快速沉积，并形成具有砂-泥或孔、渗性良好的沉积体系，尤其是在各种重力作用下形成不同扇体对天然气水合物的形成提供了良好的储集空间；同时由于受温-压条件的限制，推测天然气水合物稳定带主要分布于似海底反射层（Bottom Simulating Reflector，简称"BSR"）之上的海底浅埋沉积物中，而本区 BSR 基本位于上中新统之上，因此，有必要对晚中新世以来的地层进行层序划分。

沉积背景和沉积相控制了沉积体的沉积特征。因此要分析天然气水合物的沉积条件，就必须研究其可能发育区的沉积背景和沉积相，从而了解沉积体的沉积过程，分析有利于天然气水合物聚集成藏的沉积体，进而寻找天然气水合物的有利储层。

地震反射构型是指沉积体内部的地震反射属性与特定沉积作用或过程所形成的集合形态特征的结合，其构型由 4 个基本要素组成：即内部地震反射结构、反射构造、地震单元外部几何形态和形成该沉积体的沉积作用。地震反射构型主要有以下几类。

（1）垂积构型：反射构型是以垂向加积作用为主。垂向加积是指在整个沉积过程中，沉积表面的地形特征只是直接向上延展而不发生任何侧向移动，包括机械搬运过程中的底负载和悬移负载搬运沉积。垂积构型的反射结构依沉积物粒度可分为两种：①粒度较粗时，反射结构为杂乱反射或弱反射，反射构造为平行或亚平行，外形为楔状、透镜状，这种反射构型主要是有水动力较强的下切合股的垂向加积所形成的；②粒度较细时，反射结构可为弱反射或无反射，反射构造为下凹状平行或亚平行，地震单元外形则为席状，这种反射构型主要是由细粒物质在静止水体中垂向加积所形成。垂积构型总体反映水道的迁移与分叉不易发生，但沉积速率快而变化大的特点。

（2）前积构型：反射构型以前积或顺流加积作用为主。前积（顺流加积）作用是指碎屑物于一定环境下不断向前加积。通常加积是河流所携带的沉积物在遇到地形突然开阔、坡度变陡时，所形成的顺流向沉积作用，即沉积物在地形开阔和坡度增加的部位，开始卸载并逐渐向前推进或堆积的过程。形成的反射结构为连续性较好的弱反射、强反射和杂乱反射。反射构造主要有各种前积反射构造："S"型前积构造、顶超型前积构造，下超型前积构造、斜交型前积构造、叠瓦型前积构造、杂乱前积构造、复合前积构造、双向前积构造及双向（丘状）反射构造；地震单元外形为楔状、透镜状或带状。前积构型多见于三角洲环境，是形成各种三角洲沉积体系砂体的沉积作用。

（3）选积构型：反射构型以选积作用为主。所谓选积是由于汇水盆地的波浪作用，使浪基面以上的砂质颗粒产生来回的淘洗而形成滩坝的沉积作用。该构型的反射结构为连续性较好的弱反射；反射构造主要由平行或亚平行、波状反射结构；地震单元外形为板状或席状。这种构型主要是滨岸环境下形成的薄层状砂体。

（4）填积构型：以填积作用为主，填积主要指水道内的重填沉积，这一过程是水流携带的大量沉积物在流水能量小于颗粒自身的重量时，沉积物发生卸载并重填于水道内的堆积形式。填积构型主要是侵蚀充填型反射构造，为连续性较好的弱反射、强反射或杂乱反射，地震单元外形多为透镜体。

（5）浊积构型：反射构型以浊积作用为主。浊积是指沉积物和水的混合物中由流体紊动向上的分力支撑颗粒，使沉积物呈悬浮状态，并与上覆水体形成明显的密度差。在密度差引起的重力作用下，沉积物沿着（水下）斜坡流动并向前堆积的过程。形成的反射结构为弱反射或杂乱反射；反射构造主要有斜交型前积构造杂乱前积构造及双向（丘状）反射构造，地震相单元外形为楔状和透镜状。

6.1.3 地质构造条件

地质构造在天然气水合物的形成和分解中起到相当重要的作用，是天然气水合物成矿的充分条件之一。板块运动引起的俯冲、褶皱断裂及局部构造造成的滑塌、泥火山等构造都会对天然气水合物的形成和分解造成影响。

在全球范围内，主动大陆边缘和被动大陆边缘均发现有丰富的天然气水合物资源。在主动大陆边缘中，增生楔是水合物大规模发育的有利区域，由于板块的俯冲运动，随着俯冲带附近沉积物不断加厚，浅部富含有机质的物质被带到增生楔内；同时，由于构造的挤压作用，在俯冲带形成一系列叠瓦断层，增生楔内部压力得以释放，使得深部气体不断沿断层向上运移，这些活动均为天然气水合物的形成提供了较为充足的物质条件，在适宜的温－压条件下聚集形成天然气水合物矿藏。在被动大陆边缘中，断裂－褶皱系、底辟构造、海底重力流和滑塌体等地质构造环境与天然气水合物的形成与分布密切相关。按主动陆缘和被动陆源分类如下。

（1）主动陆缘构造环境（以增生楔为例），增生楔又称俯冲杂岩或增生楔状体，是主动陆缘的一个主要构造单元，当大洋板块、海沟中的物质在板块俯冲过程中被刮落下来，通过叠瓦状的逆冲断层或褶皱冲断等各种机制附加到上覆板块，沿海沟内壁构成复杂的地质体。高精度的地震探测技术显示增生楔内广泛发育叠瓦状逆冲断层和褶皱，其结构类似于陆上的褶皱冲断带。俯冲增生的方式包括刮落作用和底侵作用。前者指俯冲板块上的沉积层沿基底滑脱面被刮落下来，通过叠瓦状冲断作用添加于上覆板块或已增生物质的前缘。底侵作用则是指俯冲物质从上覆板块与俯冲板块之间楔入，添加于上覆板块或增生楔的底部。导致增生楔逐渐加厚并抬升。随着地震探测技术的发展，在世界上绝大多数的增生楔中均发现有天然气水合物。

（2）被动陆缘构造环境，被动陆缘构造环境主要有三种：断裂－褶皱系，底辟构造或泥火山，和滑塌构造。断裂－褶皱系是天然气水合物赋存的有利场所之一。底辟构造或泥火山是在地质应力的驱使下，深部或层间的塑性物质（泥、盐）垂向流动，致使沉积盖层上供或刺穿，侧向地层遭受牵引，在地震剖面上呈现出轮廓明显的反射中断。被动陆缘内巨厚沉积层塑性物质及高压流体，陆缘外侧火山活动及张裂作用使得该地区底辟构造发育。滑塌构造是指海底土体在重力作用下发生的一种杂乱构造活动，滑塌与滑坡性质相同。调查资料表明，巨型的滑塌体可达亿立方米数量级。滑塌构造一般表现为：①滑塌体典型，滑动面清楚，崩塌谷呈"V"字形，谷底未被重填，表明为现代或正在进行的滑塌；②同一滑塌处有多期滑动，新老相叠面组成复合的滑塌体，形成一个滑坡地带；③滑塌体走向大致与陆架坡折带平行。

6.1.4 海域天然气水合物成矿的热动力学条件

天然气水合物是在特定的温－压条件下由水分子及气体分子结合形成的固态物质。它是低分子量的烃类或非烃类分子，在水介质中，当温度和压力达到平衡时形成的产物。热动力学条件的微小变化都会影响天然气水合物的形成和平衡，进而影响到天然气水合物在沉积物中的保存和分布。

天然气水合物的相平衡条件决定了天然气水合物的形成，研究天然气水合物的相平衡，确定水合物的形成条件，是研究天然气水合物稳定带影响因素的基础，对于确定自然界中水合物形成和稳定保存条件及其分布范围也具有重要意义。

6.2 普里兹湾区天然气水合物资源潜力评估

6.2.1 天然气水合物的地震特征

似海底反射层（Bottom Simulating Reflector，简称"BSR"）是天然气水合物存在的地震标志。地震剖面上通常出现与海底大致平行的强烈反射波，称为似海底反射波，究其因分析认为是含水合物高速沉积层与下伏含气低速沉积层之间存在明显的波阻抗所致，大致代表了水合物稳定带的底界，是天然气水合物聚集的最有意义的指示物之一，具有强振幅、近似平行海底、多与层面反射相交的特点。

在通过 ODP 188 航次的 1165 钻孔的地震反射剖面上，有一个 150 ms 厚的强振幅反射波带（图6-1）。该反射界面一直穿过普里兹湾大陆隆起，在海底面以下 606 m 处现了像成岩 BSR 的强海底似反射界面（BSR）。钻井证据表明沉积物主要是硅质微体化石的聚集（大部分可能是硅藻），聚集足够大后通过液化和再沉淀导致生成薄的硬硅层。较新古环境地层记录来源于在硅过渡带以上未蚀变岩芯。

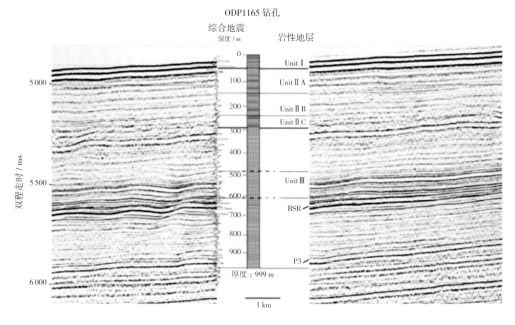

图6-1 1165站位岩石地层与合成地震道的地震反射剖面（Cooper and O'Brien，2004）

6.2.2 普里兹湾海域水合物地球化学数据资料

普里兹湾海域有限的钻井资料来自于 ODP 188 航次，本章节主要对 ODP 188 航次在普里兹湾区获取的 ODP 1165 和 ODP 1166 沉积样品地球化学分析的基础上进行。

6.2.2.1 普里兹湾 ODP 1165 和 ODP 1166 钻孔自生碳酸盐和甲烷生成与氧化

自生碳酸盐记录了碳酸盐在沉淀过程中的一些物理、化学过程和碳氧稳定同位素分馏的条件。孔隙水流失之后碳酸盐一直保存在于岩石之中，因此沉积物中自生碳酸盐可以用来重组当时的成岩环境。对于正在形成碳酸盐环境的观察提供了必要的模拟信息。在深海钻探计划（DSDP）和大洋钻探计划（ODP）钻取芯期间收集沉积物和孔隙流体是观察不同阶段成岩作用和伴生矿物沉淀的一个有用的载体。

ODP 188 大洋钻探航次在南极洲近海普里兹湾北部的大陆隆、斜坡和陆架钻取了沉积物的岩芯（Cooper et al.，2001）。1165 钻孔的大陆隆（水深 3 537 m），钻取了中新世和远洋、半远洋漂移沉积物的岩芯。在陆架的 1166 钻孔（水深 457 m）钻取沉积物包括白垩纪富含有机碳的岩石，它是在陆上沼泽植被生长适宜的气候条件下沉积形成。从这些岩芯中收集和分析了 13 个碳酸盐介壳样品，其中 10 个样品来自 1165 钻孔，3 个来自 1166 钻孔。这项研究的目的是把碳酸盐介壳的化学、同位素组成和碳酸盐沉淀时的成岩条件联系起来，并且展示沉积学的条件（主要是沉积速率）是怎样影响这个区域的岩芯沉积历史。

虽然在 1165B 钻孔中观察到甲烷含量增加，并且压力温度处于甲烷水合物能够稳定存在于海底 470 m 之下的条件，但是没有发现甲烷水合物存在的有力证据。溶解甲烷浓度显然不足以在孔隙水中过饱和并形成稳定水合物相。本研究的主要结果是证明甲烷厌氧氧化过程可能导致侵蚀和耗尽了一个曾经甲烷浓度很高的产甲烷区，从而破坏了这个地区可能存在的天然气水合物。

1165 钻孔位于普里兹湾近海陆隆中央延伸沉积物之上，水深 3 537 m。由陆架提供的沉积物和南极洲陆隆向西流动的海流相互作用所形成。该钻孔主要目标是获得临近陆隆南极冰期和间冰期记录，用来和南极洲附近其他钻孔、北半球冰原钻孔相比较。1166 钻孔位于南极普里兹湾陆架，普里兹湾在南极排水系的下游尽头，这个排水系起源于南极洲东部中心的泽夫山脉。一般认为新生代南极冰盖的早期发育和增长起始于始新世到渐新世早期，但是迄今为止，在陆地和陆地边缘钻探的地层剖面中没有发现跨越和包含从先冰期到冰期条件的过渡时期。选择钻孔 1166 沉积物岩芯主要是恢复新生代和提供普里兹湾冰期到来的年龄和随着冰期开始后该地区古环境和生物群的变化记录。

1165A ~ 1165C 钻孔孔隙水成分的浓度和同位素组成见表 6-1。1165A ~ 1165C 钻孔孔隙水中溶解硫酸盐和甲烷浓度、碱度和溶解硫酸盐的 $\delta^{34}S$ 值随深度变化见图 6-2。1165A ~ 1165C 钻孔中溶解无机碳和方解石介壳中 $\delta^{13}C$ 值随深度变化的曲线如图 6-3。来自于钻孔 1165 的孔隙水样品分析（Shipboard Scientific Party，2001）表明溶解硫酸盐浓度呈线性减少，大约在海底之下 150 m 附近接近零。孔隙水中碱度很低，海底之下 150 m 深度附近达到最大值 7.4 mmol/L，与最大碱度相对应的是最低钙离子浓度。在海底下 150 m 有一个大的钙离子梯度（0.05 mmol/L）的变化。从海底 30 ~ 150 m 深度区间内，甲烷浓度很低（顶部空间 10 ~ 400 mg/L 或在间隙水 2 ~ 90 µmol/L），但高于背景水平。深度大于 150 m 以后，孔隙水剩余的甲烷含量迅速增加，深度为 ~ 300 m 时沉积物中甲烷剩余（岩芯脱气后）浓度达到 6 ~ 7 mmol/L。从 0 ~ 150 m 深度，硫酸盐的 $\delta^{34}S$ 值从 21‰ 增加到 26‰。在 1165A ~ 1165C 钻孔中的溶解无机碳的 $\delta^{13}C$ 值表现为极端偏负，在 150 m 深度附近达到最小值 –56‰。150 m 深度以后，$\delta^{13}C$ 值逐渐偏正，在大约 550 m 深度达到最大值 –7‰。

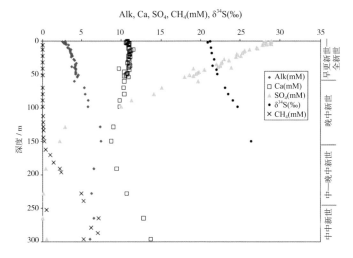

图6-2　1165钻孔孔隙水SO_4^{2-}，碱度，顶空甲烷和$\delta^{34}S-SO_4^{2-}$随深度变化趋势（Cooper et al.，2004）

表6-1　1165岩芯孔隙水中SO_4^{2-}离子浓度和$\delta^{34}S-SO_4^{2-}$（Claypool et al.，2004）

岩芯层位	深度 / m	SO_4^{2-} /（mmol/L）	$\delta^{34}S-SO_4^{2-}$ / ‰
188-1165A			
1H-1	0.45	28.9	21.2
1H-4	1.95	28.8	20.9
188-1165B			
1H-4	5.95	27.8	
2H-2	9.75	27.1	
2H-3	11.25	27.2	
2H-4	12.75	26.2	
2H-5	14.25	25.6	
2H-6	15.75	25.5	
3H-1	17.75	25.3	21.4
3H-2	19.25	24.6	
3H-3	20.75	24.7	
3H-4	22.25	25.1	
3H-5	23.75	24.5	
4H-1	27.2	23	21.7
4H-6	34.7	22	
5H-1	36.7	22.5	21.5
5H-2	38.2	22.2	
5H-3	39.7	23.9	
5H-5	42.7	20.5	22
6H-1	46.2	19.8	
6H-3	49.2	19.4	22.1
6H-5	52.2	19.1	
6H-6	53.7	18	

岩芯层位	深度 / m	SO_4^{2-} / (mmol/L)	$\delta^{34}S-SO_4^{2-}$ / ‰
188-1165C			
1R-4	59.9	19.7	
188-1165B			
8H-4	69.7	15.1	23.1
9H-4	79.2	14.1	23.5
10H-4	88.7	11.3	24.1
11H-4	98.15	10.0	24.7
19X-1	149.7	2.2	26.4

碳酸盐介壳中的碳、氧同位素组成和矿物学成分见表6-2。在1165B和1165C钻孔中获取的碳酸盐介壳样品层位于海底下273～961 m，且$\delta^{13}C$值的范围为-48.1‰～-8.2‰，大致平行于溶解无机碳的$\delta^{13}C$值曲线。在1165B和1165C钻孔中自生碳酸盐$\delta^{18}O$值范围为-1.5‰～+4.6‰。

表6-2 碳酸盐介壳的$\delta^{13}C$、$\delta^{18}O$值和矿物学组成（Cooper et al，2004）

岩芯样品间隔	深度/m	$\delta^{13}C_{PDB}$/‰	$\delta^{18}O_{PDB}$/‰	方解石/%	菱铁矿/%	石英/%	长石/%	白云母/%	高岭石/%	磷灰石/%	总量/%
188-1165B 和 1165C											
33X-1，122-124	272.8	-49.73	4.24	79.8		11.4	8.7				99.9
33X-1，129-131	272.9	-47.67	3.95	81.6		10.1	8.2				99.9
41X-1，97-98	348.3	-48.05	4.59	65.0		13.2	11.5	10.2			99.9
41X-2，106-107	350.2	-48.01	4.39	70.3		19.3	10.4				100
44X-3，35-37	350.9	-35	3.92	71.3		15.1	13.6				100
58X-1，96-98	511.9	-9.01	2.16	50.7		16.7	32.6				100
59X-1，35-39	521.0	-8.17	1.81	59.0		13.7	11.2	16.2			100.1
8R-1，42-43	855.3	-12.14	0.98	63.6		12.2	6.1	18.0			99.9
21R-1，30-32	883.8	-12.26	0.8	70.3		20.9	8.8				100
23R-6，91-93	961.4	-12.58	-1.54	62.6		11.7	6.0	19.6			99.9
118-1066A											
32R-1，115-117	296.2	-14.88	0	51.2		10.5	14.3				100
32R-1，87-88	296.5	-15.25	3.24	51.4		7.1	7.6				95.2
32R-2，42-43	297.1	-7.64	0.36	73.2		9.6					82.8
32R-2，95-98	297.6	-13.65	-0.72	82.7		6.1					88.8

从1166A钻孔中收集的菱铁矿介壳样品跨越了1m的间隔（深度范围296.5～297.6 m），在白垩纪晚期（土仑阶）碳质页岩（有机碳含量高于5 wt%）位于普里兹湾南极陆架岩芯截

面底部附近。介壳的 $\delta^{13}C$ 值的范围为从 $-7.6‰ \sim -15.3‰$，$\delta^{18}O$ 值为 $-0.7‰$ 到 $3.2‰$（图 6-3）。没有关于白垩纪孔隙水的数据用来评估这些介壳。

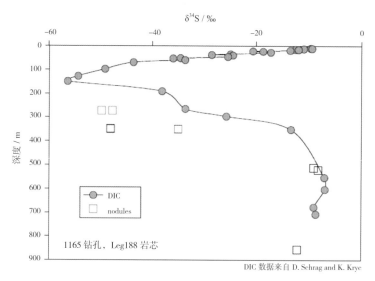

图6-3　1165孔钻自生碳酸盐的碳同位素（$\delta^{13}C$）和孔隙水中DIC（$\delta^{13}C$）

随深度变化趋势（Cooper et al.，2004）

　　两个钻孔的自生碳酸盐代表截然不同的沉积环境。1166 钻孔中菱铁矿介壳表示碳质页岩的沉积主要为海洋或泻湖的沉积环境。菱铁矿碳、氧同位素组成与甲烷早期生成相一致。菱铁矿轴向页岩隔层含有砂质粉土和富含有机物薄层，同时具有自生硫化物组分，这表明直到硫酸盐从产生甲烷的间隙水中被消耗殆尽除去，菱铁矿形成所需的 Fe^{2+} 才能被利用。

　　1165 钻孔岩芯的方解石介壳明显是形成在低于硫酸盐还原带（浅于 400 m），可能是结合来自于甲烷微生物厌氧氧化产生的碳。自生碳酸盐层和溶解无机碳的 $\delta^{13}C$ 随深度的变化趋势（图 6-3）是成岩活动的一个记录，并且为甲烷在海洋沉积物中的最终去向提供了重要线索。1165 钻孔沉积物堆积率从中新世早期的 130 m/Ma 单向减少到中新世晚期的 15 m/Ma，再减少至上新世—更新世的 5 ~ 7 m/Ma。这种沉降速度的长期减少应该导致硫酸盐 / 甲烷界面沉降，从中新世早期的 10 ~ 20 m 深度增加到目前 150 m 深度。此外，$\delta^{13}C$-DIC 与深度曲线的最低值很可能从中新世早期的 $-20‰$ 转向了现在的最低值 $-56‰$。

　　1165 钻孔溶解硫酸盐的 $\delta^{34}S$ 值从接近沉积物 / 水界面海水值（$+21‰$）随深度逐渐增加到 150 m 深度的 $+26‰$。在同样的深度区间内，溶解硫酸盐浓度从 28.9 mmol/L 减少到 2.2 mmol/L。硫酸盐 $\delta^{34}S$ 值的增加是硫酸盐几乎完全被还原所致。这种程度的硫酸盐还原，通常残余硫酸盐的 $\delta^{34}S$ 值将接近 $+100‰$（Rudniki et al.，2001）。1165 钻孔残余硫酸盐的 $\delta^{34}S$ 值增长很小，因为缓慢的沉降允许上覆海水通过扩散进行充分硫酸盐补给。

　　海底 250 m 深度以下的自生方解石样品和孔隙水无机碳 $\delta^{13}C$ 随深度的变化趋势（图 6-4）具有明显的平行性。明显的解释是碳酸盐在当前（或稍浅）埋藏深度最近形成，同时来自于孔隙水无机碳，而 $\delta^{13}C$ 值受控于约 200 m 深度的甲烷氧化或生成。首选的解释是所有的碳酸盐都形成于较浅的深度（20 ~ 200 m）接近或仅仅低于硫酸盐 / 甲烷界面，且溶解无机碳孔隙水 $\delta^{13}C$ 随着时间演变，中新世早期形成的自生碳酸盐偏重，而中新世晚期到现在形成的自生碳酸盐偏轻。后一种解释更倾向于和其他 DSDP/ODP 钻孔的无机碳孔隙水 $\delta^{13}C$ 值剖面图的类比（Borowski et al., 2001）。

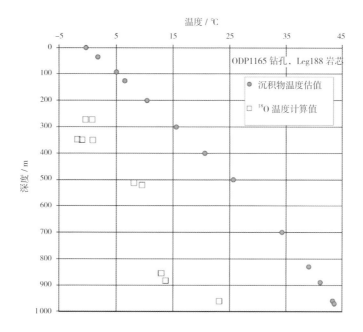

图 6-4 岩芯中温度探头的预测温度和自生碳酸盐氧同位素计算温度，假设自生碳酸盐氧同位素与
孔隙水中氧同位素平衡时 $\delta^{18}O = 0‰$（Cooper et al., 2004）

近似 40 ～ 50 m/Ma 线性沉积速率一般可以排除电子受体和导致微生物甲烷产生（Stein et al., 1995）。在这些条件下，甲烷在硫酸盐 / 甲烷界面氧化可以导致间隙水 $\delta^{13}C$-DIC 偏轻（如 -40‰）（Paull et al., 2000）。然而，在 $\delta^{13}C$-DIC 剖面图上值偏轻 -60‰，这个值不在海底甲烷喷口的地方出现比较少见。1165 钻孔始于上新世的变慢的沉积速率可能导致了现在的情况。中新世早期到现在，沉积速率是 130 m / m.y 时，硫酸盐 / 甲烷界面可能在 20 ～ 50 m 深度，就像在其他有相同沉积速率的 DSDP / ODP 钻孔一样。当低的沉积速率 5 ～ 7 m/Ma，导致更深的硫酸盐扩散渗透深度和更激烈的厌氧甲烷氧化在硫酸盐 / 甲烷界面（约 150 m 深处）。

自生碳酸盐的 $\delta^{18}O$：自生碳酸盐岩层的 $\delta^{18}O$ 值和沉积时的温度有关。如图 4.1.26 所示，自生碳酸盐的 $\delta^{18}O$（假设间隙水的 $\delta^{18}O = 0‰$）估算的温度和探针测量推测的温度大致平行。$\delta^{18}O$ 温度和 300 ～ 500 m 深度碳酸盐岩形成层的温度基本一致。通常认为方解石介壳沉淀在硫酸盐还原区，从上新世开始，硫酸盐还原带的基底在变深。如果 1165 钻孔的孔隙水 $\delta^{18}O$ 偏重，那么估算的温度（尤其是深度范围为 273 ～ 351 m 深度的碳酸盐）会和在硫酸盐还原区基底附近碳酸盐沉淀沉积物的预期温度（5 ～ 15℃）更一致。在富含甲烷沉积物中的自生碳酸盐一般都有异常重的 $\delta^{18}O$ 值（Malone, 2002；Hicks et al., 1996；Rodriguez et al., 2000）。通常解释是孔隙水同位素重是因为 ^{18}O 分馏水来自甲烷水合物分解（Matsumoto, 1989）。

孔隙度和方解石百分比与深度：假设碳酸盐胶合物在沉积过程中填充可用的空隙，在介壳或层中碳酸盐体积分数可以估算自生碳酸盐沉淀时沉积物的深度。方解石的体积百分数和 1165 钻孔孔隙度（Shipboard Scientific Party, 2001）随深度的变化趋势标绘在图 6-5 中。大多数碳酸盐层方解石体积分数是 50% ～ 80%，与 1165 钻孔沉积物柱上边 300 m 的信息一致。1165 钻孔的孔隙度线性趋势有点反常，大多数 ODP 钻孔孔隙度随埋藏深度的增加呈指数减少。1165 钻孔浅的沉积物由于慢的沉积速率可能更紧实。更深的，更迅速沉积的沉积物可能比 1165 钻孔最浅的样品所显示有更大的初始孔隙度。

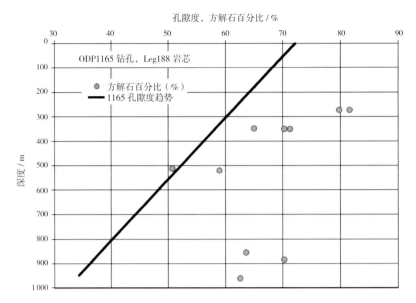

图6-5　钻孔1165孔隙度和方解石在自生碳酸盐中的百分比随深度的变化趋势（Cooper et al., 2004）

在南极东部陆隆（1165 钻孔）和陆架（1166 钻孔）中新世和上白垩纪沉积物中发现了方解石层和菱铁矿介壳。菱铁矿介壳形成于白垩纪晚期（土仑阶）阶段的泻湖沉积物产甲烷的早期阶段。方解石层介壳形成于甲烷填充硫酸盐还原区基底附近的沉积物上部，溶解碳酸盐来源与甲烷厌氧氧化。1165 钻孔的沉积物的漂移，主要是由于过去的 20 Ma 沉积速率由 130 m/Ma 逐渐放缓到 5 m/Ma 累积的结果。这样慢的沉积速率导致了上覆海水硫酸盐通过扩散而增加。这些硫酸盐（因为同位素轻的硫酸盐的持续注入）减小了硫酸盐还原（甲烷氧化作用）过程中硫同位素的分馏。这导致了硫酸盐还原区的扩张，甲烷生成带上方的硫酸盐还原过程导致甲烷的消耗，低浓度溶解甲烷导致的该地区甲烷水合物的不稳定而分解。

6.2.2.2　普里兹湾 ODP 1165、ODP 1166 和 ODP 1167 钻孔孔隙水离子浓度

1167 钻孔孔隙水中离子浓度剖面可以显示岩芯的沉积成岩作用，可以反应化学性质不同的次表层孔隙水的混合作用以及与现代的底层海水扩散交换。从 0 到 20 m 深度，Cl^- 和 SO_4^{2-} 比海底值增加 ~ 3% 以上，这表明高盐度 LGM 海水被保留（图 6-6）。SO_4^{2-} 从海底（30 mmol/L）降低至 433 m 深度的 24 mmol/L，表明硫酸盐还原区在沉积物中被有效保存（图 6-6）。

岩芯从海底表面至 25 m 深度，溶解态锰从 15 mmol/L 增至 20 mmol/L。海底至 40 m 深度，碱度由 3 mmol/L 逐渐降低至 1.3 mmol/L，之后稳步上升到 433 m 深度的 2 mmol/L。从 0 ~ 60 m 深度，溶解钙离子剖面，由 10 mmol/L 增加到 25 mmol/L；镁离子由 56 mmol/L 增加到 42 mmol/L，钾离子由 12 mmol/L 减小至 2 mmol/L，锂离子由 30 mmol/L 减小至 5 mmol/L，都表明硅酸盐黏土成岩反应正在发生。5 m 深度以下溶解的二氧化硅浓度（300 mmol/L）稍微高于现代的底层水（约 220 mmol/L），反映沉积物中生物硅的缺少。整个钻孔沉积物碳酸钙是含量很少，但是岩石地层单元 Ⅱ 比在单元 Ⅰ 稍微丰富。

岩芯中烃类气体的浓度在本底水平（4 ~ 10 mg/L 的），在几个深度超过 350 m 深度的样品中，甲烷和乙烷浓度超过目前上述检测值。TOC 含量平均值 ~ 0.4%，在深度上没有明显的变化趋势。岩石热解的有机质特征表明，所有样品中主要是在循环和热成熟的有机物。

1166钻孔孔隙水剖面显示了沉积物的成岩作用和底层海水扩散交换作用。从 0 ~ 150 m 深度，有机物的氧化作用降低硫酸盐的浓度，其值从 28 mmol/L 减小至 8 mmol/L，铵盐的浓度从 177 mmol/L 增加到 1277 mmol/L。0 ~ 75 m，碱度从 4.5 mmol/L 减小至 1 mmol/L，二氧化硅从 800 mmol/L 降低到 200 mmol/L，钾离子从 12 mmol/L 减小至 2 mmol/L，钙离子从 10 mmol/L 增加为 22 mmol/L。垂直剖面的变化趋势表明硅酸盐成岩反应发生在硫酸盐还原带内。在 150 ~ 300 m 之间，钙和镁离子浓度改变相对较小（分别为 15 mmol/L 和 24 mmol/L），显示主要受到扩散过程的控制。

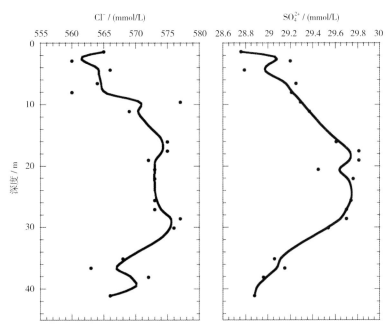

图6-6　1167钻孔孔隙水中Cl⁻和SO_4^{2-}浓度随深度的变化趋势（Shipboard Scientific Party，2001）

按照不同岩石地层单元根据暗颜色选择 14 个样品测试沉积物 TOC 含量。冰碛岩中 TOC 重量百分比范围在 0.4% ~ 1.4%；大量的砂质岩（第Ⅲ单元）TOC 值为 0.2% ~ 0.5%，除了第Ⅲ单元基底附近一个河流/三角洲砂样品的 TOC 含量达到 9.2%；碳质黏土岩（Ⅳ单元）TOC 含量为 1.5% ~ 5.2%。大部分钻孔层位无机碳含量低小于 0.1%。岩芯中气体分析结果显示，甲烷浓度只有背景浓度水平（4 ~ 10 mg/L），其他碳氢化合物没有被检测到。大多数样品 C/N 比值较高，表明了陆地植物有机物质的输入，尤其是对于 TOC 大于 1% 样品。岩石 -Eval 热解分析表明，OC 热解的馏分很低（氢指数：每克碳含有 50 毫克碳氢化合物或更少），与多数的碳质样品（＞2%）以退化的植物材料作为碳来源是一致的。具有较低的碳含量（＜1.4%）的样品可能包含再生较高的热成熟度组分。这种回收的有机成分 Rock-Eval Tmax values 达到 490℃，因为 TOC 减小为 0.5%。组冰碛岩（单元Ⅰ）比碳质岩（单位Ⅲ和Ⅳ）有更大比例的再生有机物，其中包含大多第一循环的有机物质。大部分的沉积层位孔隙度在 20% 和 40% 之间，除了第Ⅱ单元，其中的平均孔隙率是 50%。在最底地层的边界 P 波速度突然改变。剪切强度表明沉积物超固结，特别是Ⅰ单元。低于 70 m 深度，沉积物固结比 ~ 2。固结记录意味着至少有一个或两个时期，250 ~ 300 m 厚的沉积物被压实（现在被侵蚀掉），或者在冰川期之前 330 ~ 420 m 厚的沉降冰被埋藏。

1165 钻孔从 0 ~ 150 m 深度（图6-7），由于有机质的降解成岩作用，硫酸盐浓度从

30 mmol/L 线性下降至 2 mmol/L 的，铵离子从 20 µmol/L 增加到 384 µmol/L，磷酸从 3 µmol/L 增加到 10 µmol/L，碱度浓度从 3 µmol/L 增加到 8 µmol/L。从 150 ~ 400 m 深度，铵离子浓度增大到 800 µmol/L，磷酸盐浓度减小为 0，碱度线性减小至 1 mmol/L。海底溶解二氧化硅浓度为 522 µmol/L 增加最近增大至 200 m 最大 1000 µmol/L，表明岩芯中丰富硅质微体化石被溶解，而从 400 ~ 999 m 二氧化硅浓度逐渐降低。根据对钻孔温度测量，opal–A/opal–CT 理论过渡深度在约 600 m 附近，在这个深度观察到强烈的地震反射面。低于 150 m 深度，钙和镁浓度的变化呈现相反的趋势，这表明钻孔下部分受到成岩作用控制和富集钙岩性。岩芯中低于 50 m 深度后，钾浓度减少和细粒钾长石增加（X 射线衍射测量确定），表明自生钾长石的存在。

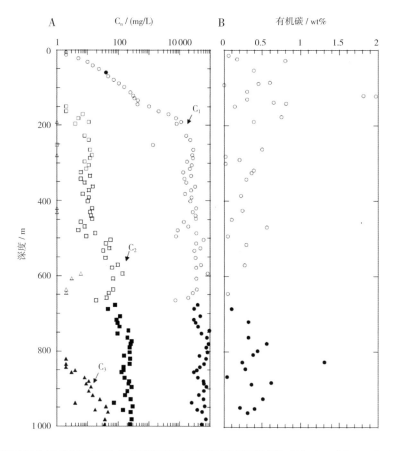

图6-7 1165B（□）和1165C（■）钻孔有机质和气体浓度随深度变化（Shipboard Scientific Party，2001）

岩芯 150 m 深度的硫酸盐还原带内岩芯中烃类气体含量较低（<400 mg/L）。低于 150 m 深度以后甲烷浓度迅速增加，在 270 ~ 700 m 深度间隔内，其浓度达到 20 000 ~ 40 000 mg/L，深度从 700 m 增加到 970 m，甲烷浓度从 40 000 mg/L 增加至 100 000 mg/L。这些顶空气体测量浓度只是岩芯样品采集到海平面后孔隙水残留的气体浓度。根据岩芯样品大小的变化，密度和孔隙率，计算溶解甲烷浓度为 8 ~ 35 mmol/L。岩芯深度超过 700 m 后，因为的成岩作用和脱气增强，可能含有较多的气体。超过 157 m 深度，乙烷出现在顶空气体样品。根据观测到的地温梯度（温度梯度为 43.6°C/km），C_1/C_2 值显示预期的随深度减少。1165 沉积物 OC 含量较低（0.1% ~ 0.8%），除了在 122 m 和 828 m 层位，发现高 OC 浓度，分别为 1.8% ~ 2% 和 1.3%。在对采集到的天然气水合物稳定带（海底 460 m）的岩芯样品立即进行检查后，没有观察到水合物样品存在。

6.2.2.3　普里兹湾陆缘天然气水合物资源前景

普利兹盆地最大沉积厚度为 5 ～ 12 km 之间，普利兹盆地通过一个从普里兹湾西南角开始，向北东倾伏的基底山脊把外陆架、陆坡和海隆分开来，基底山脊和盆地沉积物中广泛发育断层。

ODP188 航次 1165 钻孔的地球化学分析资料显示：沉积物顶空气的烃类气体为甲烷、乙烷和丙烷，其中在埋深海底面以下 30 ～ 150 m 之间甲烷含量从 0.25 mmol/L 缓慢增加到 25 mmol/L，而在埋深海底面以下 150 ～ 230 m 之间则从 25 mmol/L 快速增加 1250 mmol/L，海底面以下 230 ～ 700 m 之间变化相对比较稳定，在 1 250 ～ 2 500 mmol/L 之间变化，海底面以下 700 ～ 980 m 又呈增加趋势，变化范围在 2 500 ～ 5 000 mmol/L，最高达 6 377 mmol/L（位于海底面以下 774.70 m）；钻孔顶部沉积物的 SO_4^{2-} 呈线性下降，从海底的 29 mM 到海底面以下 150 m 降为 2 mmol/L；Cl^- 含量从上向下整体呈逐渐下降的趋势；有机碳含量变化较大，最低仅 0.02%，最高可达 1.97%，平均为 0.58%，反映了深部沉积物中可能存在天然气水合物。此外，先前的站位调查资料也显示，在距离站位 1165 约 62 n mile 的地震剖面中识别出 BSR。尽管在 1165 钻孔位置处没有 BSR，但设计时预计在甲烷高含量的层位可能采到天然气水合物样品，不过在实际钻井过程中并没有在岩心中发现天然气水合物，而且也没有足够的气体在岩心管里产生孔隙或气泡。这可能是该钻孔的孔隙水中溶解甲烷浓度低于甲烷水合物稳定存在的最低值，不足于使孔隙水饱和及水合物稳定。根据该钻孔的温压条件分析，近海底甲烷水合物稳定存在需要的溶解甲烷浓度的最低值为 80 ～ 90 mmol/L，而到甲烷水合物稳定带底界（理论深度值约为海底面以下 460 m），则快速增高到约 180 ～ 200 mmol/L。孔隙水中溶解甲烷浓度低的原因可能是厌氧甲烷氧化作用消耗掉了一个曾经活跃的产甲烷生物带，从而破坏了原来曾经稳定存在的天然气水合物。

针对普里兹湾陆缘天然气水合物调查工作比较少，现有的地震剖面和钻孔资料还不能有效解释该海湾陆缘天然水合物气源、良好的沉积条件和地质构造环境等情况。现有的地球物理和地球化学资料没有发现天然气水合物存在的明显证据，需要今后进一步加强对普里兹湾海区天然气水合物资源调查和研究工作。

6.3　南极半岛东缘南奥克尼群岛东南海域天然气水合物特征

6.3.1　南奥克尼群岛东南陆缘海域天然气水合物地球物理数据

南奥克尼群岛在南大西洋斯科舍（Scotia）海和威德尔（Weddell）海之间，60°15′—60°55′S，44°20′— 46°45′W。而南奥克尼群岛东南陆缘为南奥克尼微陆块，该微陆块是南斯科舍脊上最大的陆块。南斯科舍脊为一东西走向的海底地貌单元，认为是现今南极板块与斯科舍板块的界限（图 3-1）。

1985 年 ODP 航次 113 野外调查获得了在东南大陆架和边缘上的三条多道地震反射剖面。其中过 ODP 695 钻孔的地震剖面发现了清晰的似海底反射层（BSR）（图 6-8）。

对该 BSR 的解释可能认为是二氧化硅的成岩作用，而且在钻孔 695 处获得的温度和导热性数据的证据也被认为可能并非天然气水合物的成因。因此，当仅用地震数据作为证据情况下解释天然气水合物存在时要格外小心。

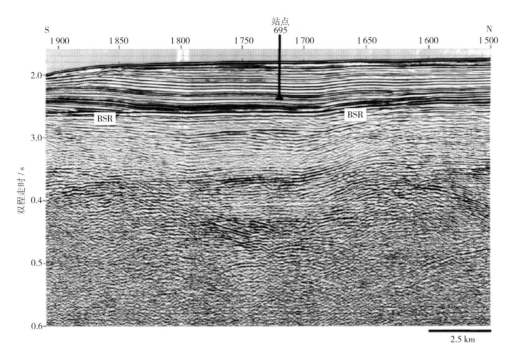

图6-8 地震剖面AMG845-18部分中BSR，大致在2.5～2.7 s双程走时（Barker et al.，1988）

6.3.2 南奥克尼群岛东南陆缘海域天然气水合物地球化学数据

大洋钻探计划 ODP 113 航次在威德尔海区钻探了 9 口井，其中有三口井分布在南奥克尼群岛东南缘，分别为 695、696 及 697 钻孔。本章节主要针对这三口钻孔的地球化学工作展开。

6.3.2.1 ODP113 航次 695、696 和 697 钻孔烃类气体

沉积物中甲烷浓度的突然增大是海底可能存在水合物的重要证据。在南奥克尼群岛东南陆缘 ODP 113 航次 695、696 和 697 钻孔岩芯中都发现了甲烷浓度异常增加的现象。其中 695 钻孔下部沉积物的甲烷含量骤增，从 1.2 mmol/L（259.75 m）增加到 31 mmol/L（295.45 m），在 335.8 m 深度甲烷年度达到 102.5 mmol/L（图 6-9）。

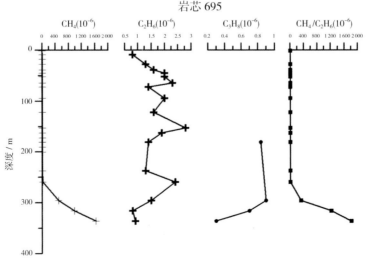

图6-9 ODP113航次695钻孔烃类气体分布（Barker et al.，1988）

696 钻孔下部沉积物的甲烷含量也表现为增加的现象，沉积物中甲烷从 588.81 m 深度的 6.2 mmol/L 增加到 611.04 m 深度的 79.9 mmol/L，最后在 643.04 m 深度其甲烷浓度达 380.8 mmol/L，表明 696 钻孔下部沉积物中甲烷随深度增加而增大（图 6-10）。

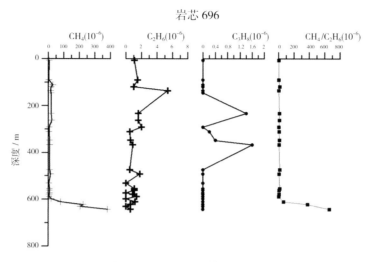

图6-10　ODP113航次696钻孔烃类气体分布（Barker et al., 1988）

697 钻孔岩芯甲烷浓度变化与 695 和 696 钻孔沉积物存在较大的差异，表现在 42.80 m 深度出现增大的现象，其值为 103.1 mmol/L，之后随深度的增加在 132.75 m 深度出现减小，逐渐减小到 163.15 m 深度的 58.2 mmol/L，之后随着深度增加，甲烷浓度基本稳定（图 6-11）。由岩芯中甲烷浓度的变化表明在南奥克尼群岛东南陆缘沉积物随深度增加产甲烷生物活动增强，并在沉积下部形成大量生物成因的甲烷，在温压条件适合、具有良好储存空间的条件下可形成天然气水合物。

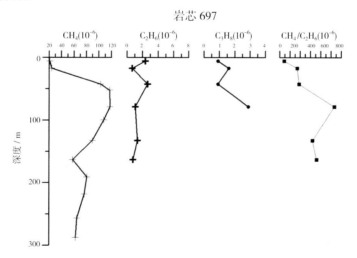

图6-11　ODP113航次697钻孔烃类气体分布（Barker et al., 1988）

6.3.2.2　ODP113 航次 695、696 和 697 钻孔孔隙水离子浓度

孔隙水中离子浓度异常变化也是天然气水合物存在的主要指标。天然气水合物赋存层段沉积物的 SO_4^{2-} 离子浓度同样呈现降低的趋势，其原因除了上述水合物形成过程导致的孔隙水淡化外，富烃类流体（主要是 CH_4）在向海底底床运移的过程中（即烃渗漏过程中），甲烷气

体也会还原海底沉积物中的 SO_4^{2-} 而将之不断消耗，我们把硫酸盐—甲烷交接带称为 SMI，其所发生的化学反应为 $CH_4 + SO_4^{2-} \rightarrow 2HCO_3^- + HS^- + H_2O$ 从而造成 SO_4^{2-} 浓度自海底向水合物稳定带的降低趋势，因此，线性的、陡的硫酸盐梯度和浅的硫酸盐甲烷界面（SMI）都是天然气水合物可能存在的主要标志。三个钻孔 695、696 和 697 孔隙水中随着深度的增加都发现了，SO_4^{2-} 浓度减小的现象，只是出现的深度和减小的强度有所不同，具体如下.

695 钻孔孔隙水中 SO_4^{2-} 从 200.1m 深度的 13.5mmol/L 逐渐降低到 237.35m 深度的 9.3mmol/L，最后 SO_4^{2-} 降低到 335.10m 深度的 1.2mmol/L（图 6-12）。696 钻孔下部孔隙水中 SO_4^{2-} 也出现了较小的趋势，其中 SO_4^{2-} 从上部的 6.7m 深度的 26.6mmol/L 快速的减小到 65.7m 深度的 12.0mmol/L，之后随着深度的增加其浓度快速的减小，最后减小到 640.0m 深度的 0.1mmol/L（图 6-13）。697 钻孔岩芯孔隙水中硫酸盐的浓度从 5.95m 深度的 28.0mmol/L 逐渐减小到 132.75m 深度的 10.3mmol/L，到 132.75m 深度快速减小到 6.5mmol/L，之后随深度的增加，孔隙水中 SO_4^{2-} 的浓度随深度的增加基本没有减小趋势（图 6-14）。三个站位孔隙水中 SO_4^{2-} 浓度自海底向下表现为降低趋势，进一步表明了在这两个站位下部存在水合物的可能。

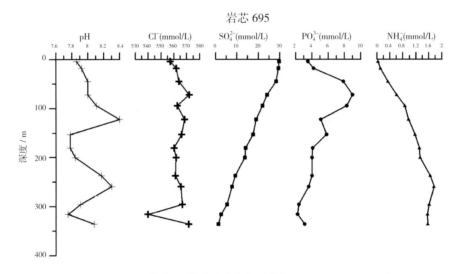

图6-12　ODP113航次695钻孔孔隙水离子浓度（Barker et al.，1988）

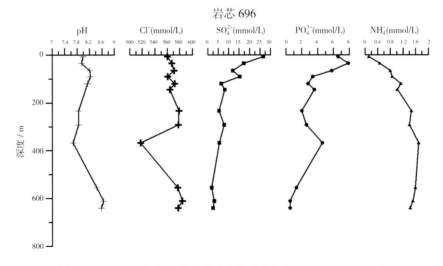

图6-13　ODP113航次696钻孔孔隙水离子浓度（Barker et al.，1988）

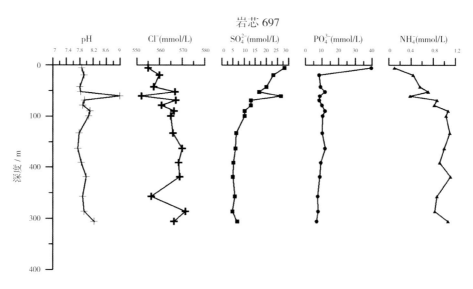

图6-14 ODP113航次697钻孔孔隙水离子浓度（Barker et al., 1988）

6.3.3 南奥克尼群岛东南陆缘海域油气化学参数

在这个关于威德尔海沉积物碳氢化合物地球化学的初级研究中，我们发现富含有机质中生代的沉积物中碳氢化合物不成熟混合，而新生代沉积物中碳氢化合物成熟混合。新生代沉积物明显包含一小部分初级的海原有机质。大部分这种有机质在氧化过程中遗失；留下来的有机质发生二次的再循环。在新生代沉积物中少量最初的有机质对南极大陆较旧沉积岩的侵蚀。这个来源似乎解释了威德尔海还有南极洲近岸的新生代沉积物的大部分碳氢化合物的地球化学特征。

中生代样品的有机质主要是初级的，碳氢化合物在沉积物历史变迁中明显变化很小，承受最小埋藏深度和最低的热压。如果这些样品中存在某些再循环有机质，它们被大量初级有机质掩盖。新生代沉积物代表了古环境，利于有机质产生和保存，成岩作用影响很小。沉积物更高的成熟度可以被认为含有潜在的油气资源。

6.3.4 南奥克尼群岛东南陆缘天然气水合物初步评价

沉积物中甲烷浓度的突然最大是海底可能存在水合物的重要证据。在南奥克尼群岛东南陆缘 ODP 113 航次 695、696 和 697 钻孔岩芯中都发现了甲烷浓度异常增加的现象。其695钻孔下部沉积物的甲烷含量骤增，从 1.2 mmol/L（259.75 m）增加到 31 mmol/L（295.45 m），到 335.8 m 深度达 102.5 mmol/L。696 钻孔下部沉积物的甲烷含量也表现为增加的现象，沉积物中甲烷为从 588.81 m 深度的 6.2 mmol/L 增加到 611.04 m 深度的 79.9 mmol/L，到 643.04 m 深度其甲烷浓度达 380.8 mmol/L，表明 696 钻孔下部沉积物的甲烷随深度增加而增大。697 钻孔岩芯甲烷浓度变化与 695 和 696 钻孔沉积物存在较大的差异，表现在 42.80 m 深度出现增大的现象，其值为 103.1 mmol/L，之后随深度的增加在 132.75 m 出现减小的，逐渐减小到 163.15 m 深度的 58.2 mmol/L，之后随着深度增加，甲烷浓度基本稳定。这表明在南奥克尼群岛东南陆缘沉积物随深度增加产甲烷生物活动增强，形成大量生物成因的甲烷，在温压条件适合、具有良好储存空间的条件下可形成天然气水合物。

3个钻孔695、696和697孔隙水中随着深度的增加都发现了，SO_4^{2-}浓度减小的现象，只是出现的深度和减小的强度有所不同。具体如下：695钻孔孔隙水中SO_4^{2-}从200.1 m深度的13.5 mmol/L逐渐降低到237.35 m深度的9.3 mmol/L，最后SO_4^{2-}降低到335.10 m深度的1.2 mmol/L。696钻孔下部孔隙水中SO_4^{2-}也出现了较小的趋势，其中SO_4^{2-}从上部的6.7 m深度的26.6 mmol/L快速的减小到65.7 m深度的12.0 mmol/L，之后随着深度的增加其浓度快速的减小，最后减小到640.0 m深度的0.1 mmol/L。697钻孔岩芯孔隙水中SO_4^{2-}的浓度从5.95 m深度的28.0 mmol/L逐渐减小到132.75 m深度的10.3 mmol/L，到132.75 m深度快速减小到6.5 mmol/L，之后随深度的增加，孔隙水中SO_4^{2-}的浓度随深度的增加基本没有减小趋势。3个站位孔隙水中SO_4^{2-}浓度自海底向下表现为降低趋势，进一步表明了在这两个站位下部存在水合物的可能（图6-14）。

综上所述，陆缘具备天然气水合物形成和赋存的有利地质条件。天然气水合物不仅可在陆坡和陆隆区，而且还可在300m以浅的陆架区形成和赋存；充足的气源、良好的沉积条件和地质构造环境则使南极陆缘富集天然气水合物成为可能。奥克尼群岛东南边缘往下产甲烷生物活动增强，形成大量生物成因的甲烷。在温压条件适合、具有良好储存空间的条件下可形成天然气水合物（图6-15）。

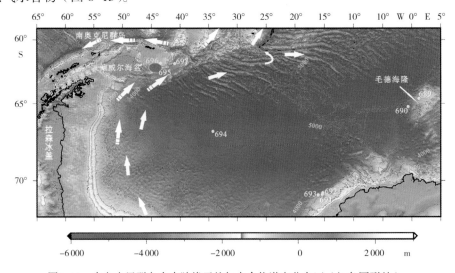

图6-15　南奥克尼群岛东南陆缘天然气水合物潜在分布区（红色圆形处）

6.4　南极半岛西缘南设得兰群岛海域天然气水合物特征

南设得兰陆缘位于南极半岛的太平洋陆缘东北部，是南极地区唯一残留的古生代—中生代冈瓦纳俯冲陆缘，处于古菲尼克斯海洋板块俯冲到南极板块的汇聚板块边界，也是南设得兰群岛和菲尼克斯洋壳微板块之间的汇聚带（图4-1）。在这个汇聚带中，菲尼克斯洋壳微板块俯冲到南极板块的陆块之下，形成一套典型的沟-增生楔-弧前盆地的沉积序列。而菲尼克斯脊大约在2.3～3.3 Ma停止扩张。因此，俯冲作用导致了海洋岩石圈的沉降和反转，南设得兰陆缘在俯冲作用活跃阶段形成一个岩浆弧，目前，火山活动集中在布兰斯菲尔德弧后盆地地壳拉张地区。根据以往研究结果表明，该地区呈现"两个不同的叠加构造区域"；较老的区域是与中生代俯冲构造作用相关的冈瓦纳大陆边缘；较为年轻的是与一个主要为外延的构造阶段相联系的渐新世发展起来的西部斯科舍海。简言之，即位于地球最南端的南极板块，其大陆边缘多为非活动型大陆边缘，但在南极半岛附近海域，由于古菲尼克斯板块的不断俯冲，形成以南设得兰海沟为代表的活动型大陆边缘。目前，俯冲过程由下沉和逆行的大洋板块控制。南设得兰陆缘与横向岩性均一且较少变形的被动大陆边缘发现的水合物相比其地质构造的复杂性需进行深入探讨。

6.4.1　南设得兰群岛海域天然气水合物地球物理证据

1989—1990 年和 1996—1997 年在南设得兰边缘海域进行多道地震采集，结果得到强似海底反射（BSR）。第一阶段所用震源两个气枪阵列，每个阵列 15 条气枪，总气体容量大 45 L。炮间距 50 m，地震道缆长 3 000 m，道间距 25 m。采样率 4 ms。第二阶段是用两条 GI 作震源，总容量 4 L，激发间隔 25 m。地震道缆与第一阶段相同。采样率为 2 ms。在工区中 BSR 信号特别明显的地方还放置了一台海底地震仪（OBS）。

在增生楔的地震剖面显示该区有 BSR 的存在。在测线 I97213（图 6-16）选择的剖面部分显示了剖面中部位置上每一侧速度高的两种不同 BSR 声学特性。构造西侧，BSR 很弱、不连续及断层冲抵；相反，东侧 BSR 则很强且连续。有几处正异常速度也与地质构造有关。在海底开始 500 ~ 600 m 深，增生楔中 BSR 上速度场与特定的地质构造（断层和褶皱）或天然气水合物的存在相关的一些局部正异常相一致。BSR 下存在的游离气带厚度是变化的（图 6-16）。

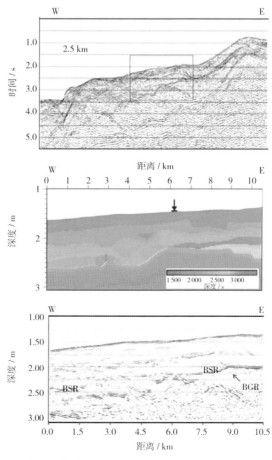

图6-16　顶图：测线I97213部分叠加剖面；中图：反演得到速度模型；底图：叠前深度偏移地震剖面

（Lodolo et al., 2002）

为了确定参考速度，即在没有水合物和游离气的情况下速度与深度的关系，我们对选择的三个位置处反演获得的速度剖面与 Hamilton 速度在陆源、钙质和硅质沉积物上的比较（图 6-17）。由于冰川压实和侵蚀作用，陆架上获得的速度最高，而其他两个剖面与在陆源沉积物上 Hamilton 曲线一致，除了 BSR 上地层和下地层。参数与深度的关系可由在陆源沉积物上 Hamilton 数据得到。

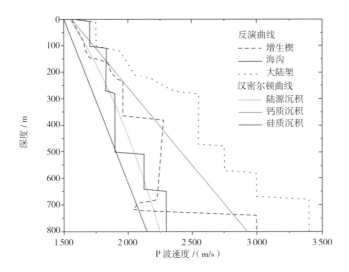

图6-17　Hamilton速度与纵波速度比较

利用 OBS 的水平分量观测的横波能量旅行时反演得的平均泊松比，等于 0.435。OBS 数据观测的同相轴与 BSR 处转换反射 P 波，BGR 处转换反射 S 波和在 BSR 处中的转换透射 S 波然后在 BGR 处再反射有关。OBS 数据水平分量反演得到的泊松比与多道地震数据 AVO 反演得到的加权平均泊松非常一致。BSR 上两速度场之间一致性支持了泊松比值的假设。

首先，可估算该区域的参考速度场，并比较旅行时反演得到的结构。如存在差异的地方，就能确定水合物的浓度或游离气浓度的增加。图 6-18 显示了两个气相的分布；正值代表天然气水合物的浓度，而负值则与游离气所占的体积百分比有关。当不同点的浓度比较时考虑体积百分比是很有必要的，与孔隙比例成反比，但没有给出真正气体含量，因为由孔隙度即深度相关。在东侧，高浓度天然气水合物和游离气是在更强的 BSR 发现的，体积约为（8% ~ 10%）±1.2%，平均浓度为 5.9% ± 0.3%；但在西侧，天然气水合物和游离气浓度分别为 4.8% ± 1.2% 和 3.1% ± 0.3%。值得注意的是，海底下的沉积物不会水化。因此游离气量依赖于 BSR 的声学特征，并且其厚度也是变化的。

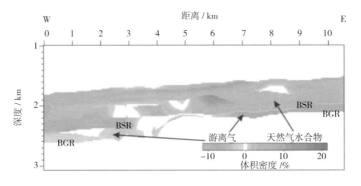

图6-18　两个气相的分布情况（Lodolo et al., 2002）

6.4.2 南极半岛南设得兰群岛天然气水合物和游离气的估算

南设得兰群岛边缘 NE 向剖面普遍存在着 BSR，水深在 1 000 ~ 4 800 m 范围（图 6-18）。在设得兰群岛海槽附近，BSR 海底双程旅行时一般在最浅水深处 500 ms 和 4 800 m 水深处的 900 ms 变化。南设得兰边缘 BSR 穿过反射层，范围从增生沉积变形的下部边坡，到斜坡盆地，再到冰川楔形沉积。

关于南设得兰群岛边缘岩性地层没有钻探资料。但是像大多数南极边缘一样，当气候变冷和冰盖开始形成时，陆源有机碳来源被消除了。有机碳含量主要在 1% ~ 3% 范围。作为在温度和压力增加的条件下长期有机物埋藏的结果，把有机碎屑转化成天然气的量很充足。在其他南极边缘海域的几个 DSDP 和 ODP 钻孔，已经证明了伴有冰盖发育的沉积速率以 0.1 m/ka 快速沉降，有助于快速埋藏过程。

南设得兰边缘具有两个性质不同、叠加的构造背景。在水深 1 000 ~ 4 800 m 范围内，南设得兰边缘 NE 块上 BSR 是不连续出现。强度变化大。在区域尺度上，地质构造更复杂的地方，BSR 振幅更高。没有显著构造连续性出现的地方，则 BSR 振幅更低。地震资料显示 BSR 偏移与主要不连续面和断层相符，而现有地层背景和褶皱构造存在不会很大程度影响 BSR 强度（图 6-19）。断层构造有利于流体向地面的输送，从而使得天然气水合物稳定场基底处错动。在海底和 BSR 层之间重建纵波速度场时，用反射层析成像方法可生成 BSR 深度图。通过模拟含水合物和游离气沉积物声波参数，可以得到天然气平均分布并转化成天然气聚集浓度。南设得兰群岛边缘潜在天然气储存量约为 2.36×10^{12} m^3，存储都包括天然气水合物和游离气。

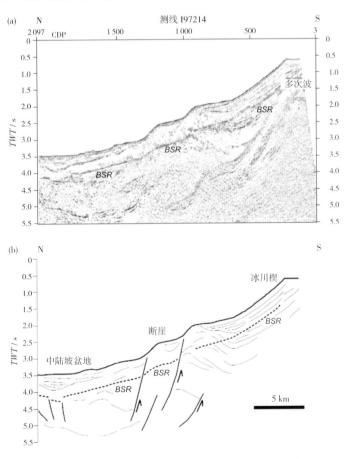

图6-19 地震测线I97214偏移反演（Lodolo et al., 2002）

6.4.3 南设得兰群岛海域天然气水合物地球化学数据

6.4.3.1 南极半岛南设得兰群岛海底泥火山和沉积物中烃类气体

2003—2004 年南极夏季由 R/V OGS Explora 调查船在于 1996—1997 在南极半岛南设得兰群岛大陆边缘发现了 BSR 的地区，发现了活性淤泥火山（图 6-20），OBS 和地震剖面，表明这些泥火山的气源通过该地区海底埋藏的天然气水合物物分解来维持。在附近地区采集的 GC01 和 GC02 重力柱沉积物（图 6-21），沉积物中轻烃气体含量分别为：甲烷（46 μg/kg），戊烷（45 μg/kg），乙烷（35 μg/kg），丙烷（34）μg/kg，己烷（29 μg/kg），丁烷（28）μg/kg。沉积柱 GC02，采自 Vualt 泥火山的侧翼，相应的数据为甲烷（0 μg/kg），戊烷（45 μg/kg），乙烷（22 μg/kg），丙烷（0 μg/kg），己烷（2 μg/kg），丁烷（25 μg/kg）。戊烷是两个沉积物中的主要气体，而不是其他区域检测到的甲烷，这有力地表明在这个边缘存在热成因的气体，表明了水合物由混合来源的气体形成。

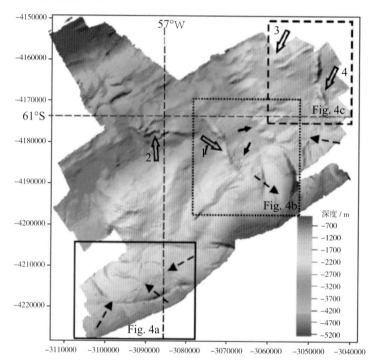

图 6-20 研究区多波束测深图显示了泥火山存在的证据（空心箭头），滑塌的海槽（实心箭头）和最近的滑坡（虚线箭头），这其中包括 4 个泥火山褶皱（Tinivella et al.，2008）

6.4.3.2 ODP178 航次 1098、1099 和 1100 钻孔沉积物中烃类气体浓度异常

沉积物中甲烷浓度的突然最大是海底可能存在水合物的重要证据。在南极半岛太平洋边缘 ODP 178 航次 1098、1099 和 1100 钻孔岩芯中都发现了甲烷浓度异常增加的现象（图 6-21）。在 1098 站位，岩芯在 25 m 深度以上的顶空气中甲烷的浓度位于背景浓度的水平（< 200 mg/L），在 25 m 深度以下随这深度的增加，岩芯沉积物中甲烷浓度大幅增高，在 34.90 m 深度，顶空气中甲烷的浓度大于 32 000 mg/L）（图 6-22），1098 站位岩芯沉积物中甲烷浓度在较浅的深度就出现了异常增加的现象表明了该地区可能存在天然气水合物。在 1099 站位，岩芯中甲烷浓度在所有深度超过背景水平，在 3 m 深度，其甲烷浓度就达到 352 mg/L，

随着深度增加而逐渐增大，在 9.8 m 深度其甲烷浓度增加了接近 10 倍，其值达到了 3 410 mg/L，19.3 m 其值达到了 42 200 mg/L，47.8 m 深度附近，达到最大 112 000 mg/L，表明该站位附近岩芯下部有大量的甲烷，甚至通过海底表层沉积进入上覆的海水，这个站位沉积物下部很有可能存在天然气水合物，我们应该重点关注该地区，该地区应该是天然气水合物潜在的区域。

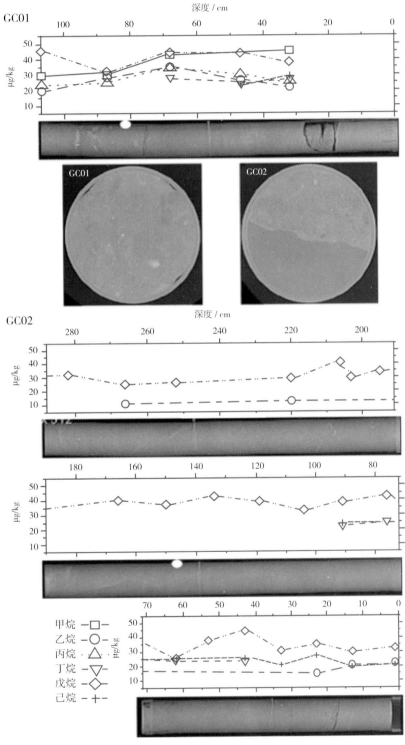

图6-21 沉积柱CT断层扫描图像和两个岩芯GC01和GC02轻烃浓度。白色圆点表示的两个截面的朝向中间所示的位置（Tinivella et al.，2008）

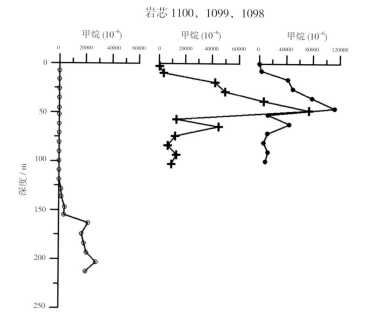

图6-22　钻孔1098A，1099和1100岩芯中甲烷浓度的垂直分布（Tinivella et al.，2008）

6.4.3.3　ODP178 航次 1097 钻孔孔隙水离子浓度

孔隙水中离子浓度异常变化也是天然气水合物存在的主要指标。天然气水合物赋存层段沉积物的 SO_4^{2-} 离子浓度同样呈现降低的趋势，其原因除了上述水合物形成过程导致的孔隙水淡化外，富烃类流体（主要是 CH_4）在向海底底床运移的过程中（即烃渗漏过程中），甲烷气体也会还原海底沉积物中的 SO_4^{2-} 而将之不断消耗，我们把硫酸盐—甲烷交接带称为 SMI，其所发生的化学反应为 $CH_4 + SO_4^{2-} \rightarrow 2HCO_3^- + HS^- + H_2O$ 从而造成 SO_4^{2-} 浓度自海底向水合物稳定带的降低趋势，因此，线性的、陡的硫酸盐梯度和浅的硫酸盐甲烷界面（SMI）都是天然气水合物可能存在的主要标志。1097 钻孔 300 m 深度附近取得的孔隙水中，SO_4^{2-} 浓度表现为减小的现象，进一步表明了该站位下部存在硫酸盐还原与甲烷厌氧氧化作用。

6.4.4　南设得兰群岛海域陆缘天然气水合物初步评价

2003—2004 年南极夏季由 R/V OGS Explora 调查船在于 1996—1997 在南极半岛南设得兰群岛大陆边缘发现了 BSR 的地区，发现了新的地球物理学数据。新的资料数据，也就是多波束海洋测探，地震剖面，以及通过计算机辅助层面 x 线照相技术的两个重力柱岩芯及其气体组分和内容，都清楚地反映出活性淤泥火山作用都是通过该地区海底埋藏的天然气水合物排气来维持的：通过该航次被拍照和被鉴定的沉积物样品所反映，泥火山附近的几个喷口和最近的滑动边界都位于在 1996—1997 年被发现的天然气水合物区。采集的这些岩芯由僵硬的淤泥组成。在 GC01 号岩芯中，泥土主要采集自一个泥火山山脊附近，沉积物中轻烃气体含量分别为：甲烷（46 μg/kg），戊烷（45 μg/kg），乙烷（35 μg/kg），丙烷（34 μg/kg），己烷（29 μg/kg），丁烷（28 μg/kg）。岩芯 GC02，采自 Vualt 泥火山的侧翼，相应的数据为甲烷（0 μg/kg），戊烷（45 μg/kg），乙烷（22 μg/kg），丙烷（0 μg/kg），己烷（2 μg/kg），丁烷（25 μg/kg）。戊烷是两个沉积物中的主要气体，而不是其他区域检测到的甲烷。这有力地表明在这个边缘存在热成因的气体，表明了水合物由混合来源的气体形成。

南设得兰边缘具有两个性质不同、叠加的构造背景。老的边缘主要类似于在 Panthalassa 海壳和冈瓦纳边缘之间长期相互作用产生的受压构造，年轻的边缘，这里区域构造作用与拉张场有关，与斯科特海西侧的晚第三纪发育有关。在水深 1 000 ~ 4 800 m 范围内，南设得兰边缘 NE 块上 BSR 是不连续出现。强度变化大。在区域尺度上，地质构造更复杂的地方，BSR 振幅更高。没有显著构造连续性出现的地方，则 BSR 振幅更低。地震资料显示 BSR 偏移与主要不连续和断层相符，而现有地层背景和褶皱构造存在不会很大程度影响 BSR 强度。断层构造对向地面流体偏移的优先导管起作用，造成天然气水合物稳定场基底处错动。在海底和 BSR 层之间重建纵波速度场时，用反射层析成像方法可生成 BSR 深度图。

沉积物中甲烷浓度的突然最大是海底可能存在水合物的重要证据。在南极半岛太平洋边缘 ODP 178 航次 1098、1099 和 1100 钻孔岩芯中都发现了甲烷浓度异常增加的现象。在 1098 站位，岩芯在 25 m 深度以上的顶空气中甲烷的浓度位于背景浓度的水平（< 200 mg/L），在 25 m 深度以下随这深度的增加，岩芯沉积物中甲烷浓度大幅增高，在 34.90 m 深度，顶空气中甲烷的浓度大于 32 000 mg/L。1098 站位岩芯沉积物中甲烷浓度在较浅的深度就出现了异常增加的现象表明了该地区可能存在天然气水合物。在 1099 站位，岩芯中甲烷浓度在所有深度超过背景水平，在 3 m 深度，其甲烷浓度就达到 352 mg/L，随着深度增加而逐渐增大，在 9.8 m 深度其甲烷浓度增加了接近 10 倍，其值达到了 3410 mg/L，19.3 m 其值达到了 42 200 mg/L，47.8 m 附近在 ~ 50 m 深度附近，达到最大 112 000 mg/L（> 100 000 mg/L），表明该站位附近岩芯下部有大量的甲烷，甚至通过海底表层沉积进入上覆的海水，这个站位沉积物下部很有可能存在天然气水合物，我们应该重点关注该地区，该地区应该是天然气水合物潜在的区域（图 6-23）。通过模拟含水合物和游离气沉积物声波参数，可以得到天然气平均分布并转化成天然气聚集浓度。南设得兰群岛边缘潜在天然气储存量约为 $2.36 \times 10^{12} m^3$，存储都包括天然气水合物和游离气。

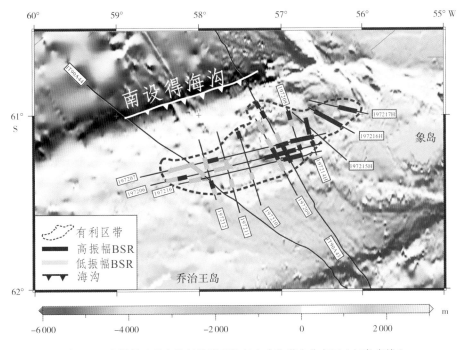

图6-23 南设得兰群岛海域陆缘天然气水合物潜在分布区（红色虚线）

6.5　南极陆缘天然气水合物资源形成条件和有利区带分析

天然气水合物分布十分广泛，主动和被动陆缘的海隆及陆坡和岛坡海洋沉积物、内陆湖泊和海洋的深水沉积物以及极地大陆和陆架沉积物中均有分布。要形成天然气水合物，充足的气源、良好的沉积条件、合适的温压条件和地质构造环境是最为关键的几个因素。

（1）天然气水合物形成的关键是要有充足的甲烷供应，因此沉积物中有机碳含量是生物成因天然气水合物形成的重要控制因素。南极由于气候寒冷，冰川作用强烈，陆缘区在新生代以来很少受到陆源有机物的供给，因此有机碳主要来自海水表层浮游生物的供给。南极周围洋流活动强烈，尤其是绕南极流使得大洋循环增加，海水中富含有机物，这也从南极周缘海水中丰富磷虾资源可以得知。到达海底的海洋生源沉积通量增加，会使得南极陆缘盆地沉积物中硅质有机物质含量较高。在 DSDP，ODP 以及 IODP 在南极陆缘，包括罗斯海区、南极半岛的南设得兰陆缘区、普里兹湾区开展的多次钻探中，均在岩心中发现有大量的甲烷气体，中国南极第 28、第 29 次科考航次在南极半岛的鲍威尔盆地区以及普里兹湾区的重力活塞柱状样也发现了随深度增加的甲烷气，这些均表明南极陆缘具有充足的甲烷供给。

（2）良好的沉积条件，尤其是沉积速率较高、砂/泥比适中的各种扇体、三角洲以及重力流沉积体系是天然气水合物储集的必要条件。南极陆缘发育了大量的中-新生代陆缘盆地，沉积巨厚。冰川作用会携带大量的陆缘物质到达陆架及陆坡区，在陆架区沉积了在陆架区沉积了大量的、以极细粒为主的未发生分选的沉积物，陆坡-陆隆环境以下超的泥质沉积物(泥石流、等深流和槽渠-堤坝沉积物)为主，远端沉积区则以较粗粒的浊流沉积物为主。这样在陆坡和陆隆区沉积了大量的冰海沉积物、等深流沉积和浊流沉积等，这些沉积物具有颗粒较粗、物性好、气源充足和有利流体运移等特点，有利于天然气水合物的富集。DSDP 和 ODP 钻孔资料揭示南极陆缘新近系的沉积速率由 浅到深呈增高趋势，且沉积速率较高，一般都超过 30 m/Ma，为数十米到 100 m/Ma 余，最高可达 200 m/Ma 余，这样容易在沉积速率高的沉积区形成欠压实区，从而构成良好的流体输导体系，将有利于天然气的运移并在合适的位置形成天然气水合物。

（3）热流及温压条件是衡量是否有利于天然气水合物形成和赋存的一项重要指标。资料表明天然气水合物分布区热流较低，热流值范围为 $2 \sim 62\,mW/m^2$。这些热流值很高的地区，通常也是流体非常活跃的地区，流体中含有丰富的天然气，容易形成天然气水合物。热流与天然气水合物的厚度和埋深有一定关系，通常天然气水合物稳定带厚度和埋深与热流值呈负相关：即热流值较高的区域天然气水合物厚度小，埋深较浅；热流值较低的区域水合物厚度大，埋深较深。从南极陆缘热流分布图可以看出（图 6-24），南极陆缘的热流值范围为 $20 \sim 120\,mW/m^2$，除威德尔海西侧、南极半岛西侧和罗斯海东侧的局部区域热流值稍高，可达到 $80 \sim 120\,mW/m^2$ 之外，其他地区的热流值都较低，一般都低于 $80\,mW/m^2$。由此可见，南极陆缘的低热流值特征有利于天然气水合物的形成和赋存。

（4）地质构造。全球各海域中已发现的天然气水合物主要分布于活动大陆边缘增生楔、陆坡盆地、弧前盆地等地区以及非活动大陆边缘的陆坡、岛坡、海山、内陆海、边缘海盆地和海底扩张盆地等地区。南极陆缘的发育受冈瓦纳古陆的裂解所控制，现今的南极陆缘只有南极半岛西部到玛丽伯德地之间的地段在冈瓦纳古陆裂解前就已经是陆缘，其他的陆缘都是在冈瓦纳古陆裂解后形成的。这就导致了南极陆缘除南极半岛北端的少数地区为主动陆缘外，其他地区均为被动陆缘。由于受罗斯海的张裂、南极半岛的热沉降和威尔克斯地的均衡地壳挠曲等作用的影响，南极陆缘新生代发生快速沉降，在张性应力条件下形成一系列张性断裂。此外，南极陆缘海底的泥火山作用较为发育，已相继在南设得兰陆缘和罗斯海的海底识别出泥火山。这些地质构造条件都有利于天然气水合物的形成和赋存。

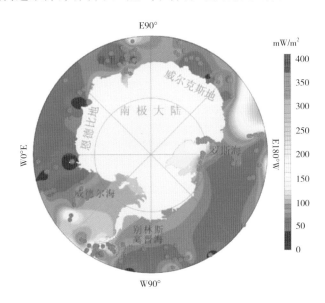

图6-24 南极陆缘热流分布图

紫色圆点为热流数据站位，据王力峰等，2013

南极陆缘天然气水合物调查和研究始于20世纪70年代，在后续进行的地球物理调查和钻探工作中，在陆缘的很多地区发现有BSR的存在，在钻孔中也发现含有大量的甲烷气体。通过对南极陆缘天然气水合物成藏条件的分析，认为该陆缘具备天然气水合物形成和赋存的有利地质条件。天然气水合物不仅可在陆坡和陆隆区，而且还可在300 m以浅的陆架区形成和赋存。充足的气源、良好的沉积条件和地质构造环境则使南极陆缘富集天然气水合物成为可能。目前的调查和研究工作，可以判定在南设得兰陆缘区、普里兹湾区、罗斯海陆缘区均是天然气水合物有利的聚集区。随着地质与地球物理工作的进一步开展，不仅上述潜在的天然气水合物分布区的资源量可以得到证实，而且很可能发现新的天然气水合物分布区。

参考文献

王力峰, 邓希光, 沙志彬, 吴庐山, 杨永. 2013. 南极陆缘热流分布于天然气水合物资源量研究. 极地研究, 25（3）: 241-248.

Barker P F, Kennett J P, et al. 1988. Proceeding of ODP initial Reports[M], 113: College Station, TX (Ocean Drilling Program), 527-606

Borowski W S, Cagatay N, Ternois Y, and Paull C K. 2001. Data report: Carbon isotopic composition of dissolved CO_2, CO_2 gas, and methane, Blake-Bahama Ridge and Northeast Bermuda Rise, ODP Leg 172[C]. In: Keigwin L D, Rio D, Acton G D, and Arnold E (Eds.), Proc. ODP, Sci. Results, 172, 1‐16 [CD-ROM]. Available from: Ocean Drilling Program, Texas A&M University, College Station TX 77845-9547, USA.

Claypool G E, Lorenson T D, Johnson C A. 2004. Authigenic carbonates, methane generation, and oxidation in continental rise and shelf sediments, ODP Leg 188 sites 1165 and 1166, offshore Antarctic(Prydz Bay)[C]. In: Cooper A K, O'Brien P E. and Richter C. (Eds.), Proc. ODP, Sci. Results, 188 [Online].

Cooper A K, O'Brien P E. 2004. Leg 188 synthesis: transitions in the glacial history of the Prydz Bay region, East Antarctica, from ODP drilling [J]. Proceedings of the Ocean Drilling Program, 2004, Scientific Results Volume 188: 1-32

Cooper A K, O'Brien P E, and Richter C. 2004. Proceedings of the Ocean Drilling Program, Scientific Results Volume 188 [M], College Station TX(Ocean Drilling Program)

Cooper A K, stagg H, Geist E. 1991. Seismic stratigraphy and structure of Prydz Bay, Antarctica: Implications from Leg 119 drilling [J]. Proceedings of the Ocean Drilling Program, 1991, Scientific Results Volume 119: 5-25

Hicks K S, Compton J S, McCracken S, and Vecsei A. 1996. Origin of diagenetic carbonate minerals recovered from the New Jersey continental slope [C]. In: Mountain G S, Miller K G, Blum P, Poag C W, and Twichell D C (Eds.), Proc. ODP, Sci. Results, 150: College Station, TX (Ocean Drilling Program), 311-323.

Lodolo E, Camerlenghi A, Madrussani G, Tinivella U, Rossi G. 2002. Assessment of gas hydrate and free gas distribution on the South Shetland margin (Antarctica) based on multichannel seismic reflection data[J]. Geophys J Int, 148: 103-119

Malone M J, Claypool G, Martin J B, and Dickens G R. 2002. Variable methane fluxes in shallow marine systems over geologic time: the composition of pore waters and authigenic carbonates on the New Jersey shelf[j]. Marine Geology, 189:175-196.

Matsumoto R. 1989. Isotopically heavy oxygen-containing siderite derived from the decomposition of methane hydrate [J]. Geology, 17:707-710.

Paull C K, Lorensen T D, Borowski W S, Ussler W, Olsen K, and Rodriguez N M. 2000. Isotopic composition of CH4, CO2 species, and sedimentary organic matter within samples from the Blake Ridge: gas source implications[C]. In: Paull C K, Matsumoto R, Wallace P J, and Dillon W P (Eds.), Proc. ODP, Sci. Results, 164: College Station, TX (Ocean Drilling Program), 67-78.

Rudnicki M D, Elderfield H, and Spiro B. 2001. Fractionation of sulfur isotopes during bacterial sulfate reduction in deep ocean sediments at elevated temperatures[J]. Geochim. Cosmochim. Acta, 65:777-789.

Shipboard Scientific Party. 2001. Proceedings of the Ocean Drilling Program, Initial Reports Volume 188 [C], College Station TX(Ocean Drilling Program). 1-191.

Stein R, Brass G, Graham D, Pimmel A, and the Shipboard Scientific Party. 1995. Hydrocarbon measurements at Arctic Gateways sites (ODP Leg 151)[C]. In: Myhre, A.M., Thiede, J., Firth, J.V., et al, (Eds.) Proc. ODP, Init. Repts., 151: College Station, TX (Ocean Drilling Program), 385-395.

Tinivella U, Accaino F, Della Vedova B. 2008. Gas hydrates and active mud volcanism on the South Shetland continental margin, Antarctic Peninsula[J]. Geo-Mar Lett, 28:97-106.